触媒化学

大嶌幸一郎　大塚 浩二　川﨑 昌博　木村 俊作
田中 一義　田中 勝久　中條 善樹　編

江口 浩一 編著

丸善出版

化学マスター講座
発刊にあたって

　本講座は，化学系を中心に広く理科系（理・工・農・薬）の大学・高専の学生を対象とした基礎的な教科書・参考書として編みました．"基礎"と"応用"の二部構成となっています．"基礎"は一般化学，物理化学，有機化学，無機化学，無機材料化学，分析化学，生体物質関連化学，高分子化学—合成編，高分子化学—物性編の9巻から構成されています．1～3年次で学んでいただければと考えています．一般化学は理工系他学科の学生を対象に化学への入門書として工業化学概論ともいうべき内容についてまとめました．化学の重要性・面白さを伝えるとともに，社会において化学が必要な学問であることを知ってもらいたいという意図です．これ以外の6教科の教科書については読みごたえのある本格的な内容とし，講義が終わってからも何度も読み返したくなるような教科書をめざしました．

　一方，"応用"は，分子のための量子化学・計算化学，化学で使う化学数学，電気化学，触媒化学，有機金属化学，環境化学，安全化学，工学倫理，バイオテクノロジー，ナノテクノロジーの10巻から構成されています．こちらは半年の講義に対応する内容で3～4年次で学ぶことを想定しています．

　各巻の記述にあたっては，対象読者にとってできるだけ平易な内容とし，懇切でしかも緻密さを失わないよう配慮しました．しっかりと基礎が身につき，卒業した後にも手許において役立つ教科書になるよう心掛けました．そして学生諸君が苦手とし，つまづきやすいところでは例題をあげて理解を助けるようにしました．また各章のはじめに，その章で

学ぶことをまとめました．さらに"基礎"編では章末に，練習問題を載せ巻末に解答をつけました．

　おもな読者対象としては学部学生を想定していますが，企業で化学にかかわる仕事に取り組むようになった研究者・技術者にとっても役立つものと考えています．このシリーズが多くの読者にとって化学の指南書になることを願っています．

　　2009年　錦秋

編者を代表して
大　嶌　幸一郎

はじめに

　触媒は，化学，環境，石油精製・石油化学，資源，エネルギーの分野で広く用いられ化学工業の根幹をなす技術といえます．多様な化学製品を合成し，環境を浄化し，燃料を効果的に利用するには触媒が不可欠であることは広く認識されていますが，触媒技術や触媒作用については，一般的には知られていないのが現状です．本書では主として，触媒作用の基礎から触媒の応用分野，評価手法や将来の利用分野に至るまで，広く触媒化学の基礎を身につけることを目的としています．本化学マスター講座では有機合成に関する均一系触媒と触媒反応については別の巻で取り扱うことになっているため，本巻では不均一系の固体触媒を中心に解説しています．

　本書では触媒研究の第一線で活躍されている方々に執筆をお願いし，様々な分野における触媒の工業的使用や触媒作用機構の解説，触媒の物性評価の実際など，現在の触媒の使用，開発，解析に即してわかりやすく解説していただきました．本書が触媒の実態をより把握するのに役立てばと考えています．触媒化学の全体像が理解できるだけでなく，必要に応じて関係する章や節から知識を習得することができるよう，それぞれの章は独立した内容になっています．本書が触媒化学の基礎を学ぶ学生に有効に役立てていただくことを期待しています．

　最後に，本書を編集・刊行するにあたり，ご尽力いただいた丸善出版の糠塚さやか氏に厚くお礼申し上げます．

　2011年初夏

著者を代表して

江 口 浩 一

編集委員一覧

編集委員長

大　嶌　幸一郎　　京都大学名誉教授

編集委員

大　塚　浩　二　　京都大学大学院工学研究科材料化学専攻
川　﨑　昌　博　　総合地球環境学研究所
木　村　俊　作　　京都大学大学院工学研究科材料化学専攻
田　中　一　義　　京都大学大学院工学研究科分子工学専攻
田　中　勝　久　　京都大学大学院工学研究科材料化学専攻
中　條　善　樹　　京都大学大学院工学研究科高分子化学専攻

（五十音順，2011年5月現在）

執筆者一覧

編著者

江口　浩一　　京都大学大学院工学研究科物質エネルギー化学専攻

執筆者

浅岡　佐知夫　　北九州市立大学国際環境工学部エネルギー循環化学科
井上　正志　　京都大学大学院工学研究科物質エネルギー化学専攻
上田　　渉　　北海道大学触媒化学研究センター触媒物質化学研究部門
江口　浩一　　京都大学大学院工学研究科物質エネルギー化学専攻
片田　直伸　　鳥取大学大学院工学研究科化学・生物応用工学専攻
亀川　　孝　　大阪大学大学院工学研究科マテリアル生産科学専攻
榊　　茂好　　京都大学福井謙一記念研究センター
薩摩　　篤　　名古屋大学大学院工学研究科物質制御工学専攻
佐藤　啓文　　京都大学大学院工学研究科分子工学専攻
宍戸　哲也　　京都大学大学院工学研究科分子工学専攻
竹口　竜弥　　北海道大学触媒化学研究センター
椿　　範立　　富山大学大学院理工学研究部工学系
野村　琴広　　首都大学東京大学院理工学研究科分子物質化学専攻
細川　三郎　　京都大学大学院工学研究科物質エネルギー化学専攻
町田　正人　　熊本大学大学院自然科学研究科産業創造工学専攻
松井　敏明　　京都大学大学院工学研究科物質エネルギー化学専攻
室山　広樹　　京都大学大学院工学研究科物質エネルギー化学専攻
森　　浩亮　　大阪大学大学院工学研究科マテリアル生産科学専攻
八尋　秀典　　愛媛大学大学院理工学研究科物質生命工学専攻
山下　弘巳　　大阪大学大学院工学研究科マテリアル生産科学専攻

（五十音順，2011 年 5 月現在）

目　　次

序 …………………………………………［江口　浩一］ *1*
　I・1　触媒開発の概略　*1*
　I・2　均一系触媒反応と不均一系触媒反応　*1*
　I・3　固体触媒作用の基礎　*2*
　I・4　触媒反応の利用　*2*

1　触媒化学の基礎概念 ……………………………［町田　正人］ *5*
　1・1　触 媒 の 作 用　*5*
　　　1・1・1　触媒と反応速度　*5*
　　　1・1・2　触 媒 と 吸 着　*7*
　　　1・1・3　触 媒 と 平 衡　*8*
　　　1・1・4　触 媒 と 選 択 性　*9*
　1・2　触媒作用のエネルギー的側面　*10*
　　　1・2・1　直線自由エネルギー関係　*10*
　　　1・2・2　触媒活性の火山型序列　*12*
　1・3　触 媒 活 性 点　*14*
　　　1・3・1　活 性 中 心 説　*14*
　　　1・3・2　幾何学的因子と電子的因子（アンサンブル効果とリガンド効果）　*16*
　1・4　触 媒 の 劣 化　*17*
　　　1・4・1　劣 化 と 寿 命　*17*
　　　1・4・2　劣化の要因と対策　*18*

2 触媒反応速度　……………………………………〔江口　浩一〕21

2・1　平衡と触媒反応速度　21
2・2　触媒反応器の解析　22
　　2・2・1　触媒反応期と反応時間　22
　　2・2・2　流通型反応器における反応速度　23
　　2・2・3　微分反応器の仮定　24
2・3　触媒反応のエネルギーと反応座標　25
2・4　固体表面上への気体の吸着　26
　　2・4・1　化学吸着　26
　　2・4・2　物理吸着　28
　　2・4・3　毛細管凝縮　30
2・5　触媒反応の機構と速度式　30
　　2・5・1　ラングミュア・ヒンシェルウッド機構（L-H 機構）　31
　　2・5・2　イーレイ・リディール機構　32
　　2・5・3　逐次反応の解析　32

3 触媒材料と触媒調製の化学　……〔井上　正志・細川　三郎〕35

3・1　種々の触媒材料　35
3・2　単独酸化物　37
　　3・2・1　沈殿法　37
　　3・2・2　アルコキシドの加水分解法（ゾル-ゲル法）　43
　　3・2・3　気相合成法　45
3・3　複合酸化物　45
　　3・3・1　固相法　45
　　3・3・2　共沈法　46
　　3・3・3　アルコキシド法　46
　　3・3・4　錯体重合法　47
3・4　活性成分担持　48
3・5　水熱合成法　51
3・6　メソポーラス材料の合成法　54

3・7 触媒の成型　55

4 触媒のキャラクタリゼーションと触媒作用 …………… 57

4・1　機　器　分　析　［八尋　秀典］ 57
  4・1・1　触媒研究に利用される機器分析　59
  4・1・2　触媒研究への応用例　69

4・2　in-situ キャラクタリゼーション　［宍戸　哲也］ 76
  4・2・1　in-situ IR スペクトルによるキャラクタリゼーション　77
  4・2・2　in-situ XAFS 法によるキャラクタリゼーション　80
  4・2・3　in-situ UV/VIS スペクトルによるキャラクタリゼーション　83
  4・2・4　in-situ STM によるキャラクタリゼーション　85
  4・2・5　オペランド分析によるキャラクタリゼーション　86

4・3　理論化学からのアプローチ　［佐藤　啓文・榊　茂好］ 88
  4・3・1　分子系の量子化学理論　88
  4・3・2　触媒反応計算の実際　97

5 触媒反応プロセス工学 ……………………………………… 103

5・1　石油精製触媒プロセス　［浅岡佐知夫］ 103
  5・1・1　石油精製における触媒の役割　103
  5・1・2　水　素　化　精　製　105
  5・1・3　接　触　分　解　112
  5・1・4　接触改質（リフォーミング）　114

5・2　酸化反応の触媒化学　［上田　渉］ 116

5・3　還元反応の触媒化学　［椿　範立］ 129
  5・3・1　各種有機化合物の水素添加　129
  5・3・2　アセチレン，ジオレフィンの選択的水素添加　132
  5・3・3　水　素　化　処　理　133
  5・3・4　炭素酸化物の水素化：フィッシャー・トロプシュ合成　135

5・4　酸塩基反応の触媒化学　［片田　直伸］ 140
  5・4・1　酸と塩基の触媒作用　140
  5・4・2　固体酸塩基触媒　144
  5・4・3　酸塩基性質の表し方と測定法　149

　　　　5・4・4　新しい酸塩基触媒　*151*
5・5　高分子合成反応の触媒化学　　［野村　琴広］*153*
　　　　5・5・1　遷移金属触媒を用いるオレフィンの配位重合　*153*
　　　　5・5・2　遷移金属触媒を用いるオレフィンのメタセシス重合　*162*
　　　　5・5・3　遷移金属触媒を用いるアセチレンの重合　*164*
5・6　触媒化学無機合成　　［江口　浩一・室山　広樹］*165*
　　　　5・6・1　アンモニアの合成　*165*
　　　　5・6・2　硝　酸　の　合　成　*169*
　　　　5・6・3　硫　酸　の　合　成　*170*
　　　　5・6・4　過酸化水素の合成　*172*
　　　　5・6・5　メタノールの合成　*173*
5・7　燃料電池システムでの触媒　　［竹口　竜弥］*174*
　　　　5・7・1　燃料電池システムとCO_2の排出削減効果　*174*
　　　　5・7・2　家庭用PEFCの燃料改質プロセス　*175*
　　　　5・7・3　脱硫反応(PEFCシステム)　*176*
　　　　5・7・4　水蒸気改質反応(PEFCシステム)　*177*
　　　　5・7・5　水性ガスシフト反応(PEFCシステム)　*178*
　　　　5・7・6　PROX(CO選択酸化)　*180*
5・8　電　極　触　媒　　［松井　敏明］*180*
　　　　5・8・1　水素電極反応　*181*
　　　　5・8・2　酸素電極反応　*183*
5・9　光　触　媒　化　学　　［亀川　孝・山下　弘巳］*185*
　　　　5・9・1　光触媒・光触媒反応とは　*185*
　　　　5・9・2　活躍する光触媒　*186*
　　　　5・9・3　光触媒のメカニズム　*187*
　　　　5・9・4　光触媒活性を支配する因子　*188*
　　　　5・9・5　可視光応答型光触媒　*188*
　　　　5・9・6　シングルサイト光触媒　*189*

6　環境触媒　　　［薩摩　篤］*191*

6・1　固定発生源における窒素酸化物の削減　*192*
6・2　ガソリン自動車のための三元触媒　*194*
　　　　6・2・1　三元触媒の役割と構造　*194*
　　　　6・2・2　三元触媒の課題と最近の進歩　*198*

- 6・3 ガソリンリーンバーンエンジンのための触媒技術　*201*
- 6・4 クリーンディーゼルのための触媒技術　*202*
    - 6・4・1 DPF　*203*
    - 6・4・2 リーンNO_xトラップ触媒　*204*
    - 6・4・3 尿素-SCR　*205*
    - 6・4・4 炭化水素-SCR　*205*
- 6・5 さまざまな環境触媒　*207*
    - 6・5・1 揮発性有機化合物処理　*207*
    - 6・5・2 フロン分解　*207*
    - 6・5・3 アメニティ触媒(生活関連機器触媒)　*208*
    - 6・5・4 水質浄化　*208*
- 6・6 グリーン・ケミストリー　*209*
    - 6・6・1 液相法から気相法へのプロセス転換　*210*
    - 6・6・2 原料の転換　*212*
    - 6・6・3 プロセスの改良　*214*
- 6・7 バイオマスの利用　*215*

7 最新の触媒化学　［森　浩亮・山下　弘巳］*219*

- 7・1 硫酸代替カーボン系固体酸触媒　*219*
- 7・2 金属ナノ粒子触媒　*220*
    - 7・2・1 金ナノ粒子　*220*
    - 7・2・2 ジングルベル型半導体ナノ粒子　*221*
    - 7・2・3 金属ナノ粒子担持触媒の新規調製法　*222*
    - 7・2・4 シングルサイト光触媒と光析出法を利用した新規ナノ粒子合成法　*223*
- 7・3 多孔体材料の新展開　*224*
    - 7・3・1 ゲート機能による触媒反応制御　*224*
    - 7・3・2 多孔性金属錯体　*225*
- 7・4 マイクロ波，超音波の利用　*226*
    - 7・4・1 マイクロ波誘電加熱　*226*
    - 7・4・2 マイクロ波誘電加熱による触媒合成　*227*
    - 7・4・3 マイクロ波を用いる触媒反応　*228*
    - 7・4・4 超音波を用いる触媒反応の促進　*229*

索　引　*231*

序

I・1　触媒開発の概略

　触媒は化学反応の反応速度を速め，反応前後でそれ自体が変化しない物質と説明される．また，化学平衡を変化させることはない．このような定義から，広い意味では酵素反応や生体反応においても触媒的な反応が進行する．工業的な観点からは多くの化学プロセスが触媒反応を利用しており，今日では反応の種類に応じてたくさんの種類の触媒が開発され，化学工業や有機化学では欠くことができない．

　本書は触媒化学に関する基礎的な理解を目的としているが，触媒とは何かに関して実質的な利用形態や反応を通して，触媒の実態としての理解を目的としてまとめた．

I・2　均一系触媒反応と不均一系触媒反応

　触媒反応は**均一系触媒反応と不均一系触媒反応**に分類される．均一系触媒反応は単一の液相内に触媒と反応物が共存している触媒反応系であり，有機溶媒中における有機合成触媒反応に多くみられる．本シリーズでは"有機金属化学"などにおいて多く取り扱われているため，本巻では主として不均一系の触媒について取り扱う．一般に，**均一系触媒反応**では，① 有機溶媒中で低温のマイルドな条件下で進行させ，② 触媒の活性構造を精密に設計して，高い選択率が達成される傾向にある．また，③ 原料，生成物も触媒も同じ液相内に存在するので，それぞれを分離する過程が必要とされる．

　それに対して，**不均一系触媒反応**では，① 反応物や生成物が気体や液体で，触媒層が固体であるために，反応系と触媒の接触によって反応が進行する．② 触媒の耐熱性が上限温度を決めるため，室温付近から1000 ℃程度まで広範な温度領域で実施される．③ 活性は温度とともに上昇するため高い転化率が達成されるが，選択率を高くすることが容易でなく，活性とトレードオフの関係にあることが多い．④ 生成物と触媒の分離は容易である，などの特徴がある．

I・3　固体触媒作用の基礎

　同じ原料，生成物であっても触媒表面反応は気相ラジカル反応とは過程が大きく異なる．気相ラジカル反応は結合解離を伴うラジカル連鎖反応である．結合解離には大きな活性化エネルギーがあり，高温が必要とされる．一方，固体触媒は表面上への吸着状態を経由して反応が進行すると考えられている．例として触媒上で進行する一酸化炭素(CO)の酸化反応の模式図を図I・1に示す．反応開始時においては，触媒上に気相酸素(O_2)が解離吸着し，固体触媒表面上の露出金属原子や配位不飽和な金属イオンが吸着点に相当する．吸着は化学結合の生成を伴う化学吸着である．COも吸着し触媒表面上でそれらが衝突することによって両者が消費され，CO_2吸着種となったのち気相に脱離する．触媒表面上での反応は化学結合が維持されているため，低温でも反応が進行し，活性化のためのエネルギー障壁も小さい．触媒表面は吸着点を提供するだけで，反応後あるいは成分脱離後は元の表面が回復し，反応前後で変化しない．

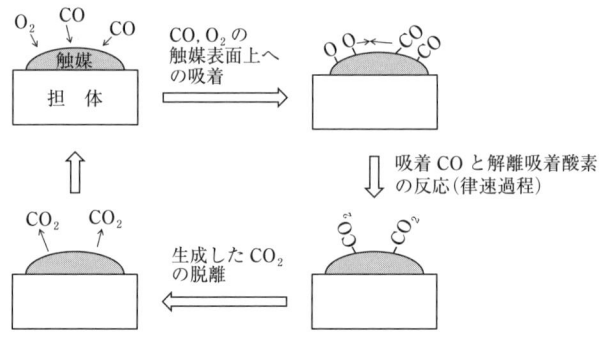

図I・1　触媒上の表面反応の模式図(CO酸化反応の例)

I・4　触媒反応の利用

　固体触媒作用については，それぞれの章において触媒反応と触媒およびそれらの作用について詳しく取り扱うが，ここでは大まかに固体触媒の利用分野について眺めてみることとする．

　触媒の重要性が強く認識されたのは，1907年のHaberとBoschによるアンモニア合成触媒の発見である．空中窒素の固定という点で大きな意味をもっている．その後メタノールや硫酸，硝酸などの基礎化学品の，触媒を使用した合成方法が次々に開発

された．

　石油精製分野では原油を常圧蒸留して得た各留分を需要に応じた留分割合にできるだけ近づけるために，ガソリン・ナフサを重質の成分から変換するのに接触分解触媒が使用される．また，オクタン価の最適化のための接触改質など，使用目的に適合した成分に変換するなどのために，触媒が開発され，使用されている．さらに有害の硫黄成分を除く脱硫触媒は環境保全の面からも重要であり，近年，高深度脱硫触媒技術が急速に進展している．

　石油化学工業でほとんどのプロセスに触媒が使用されているといっても過言ではなく，重要な固体触媒が次々に発見された．たとえば触媒による部分酸化については，Ag触媒を使用したエチレン酸化によるエチレンオキシド合成，Bi–Mo系酸化物触媒のアリル酸化，アンモ酸化，ヘテロポリ酸系触媒によるメタクリル酸合成など従来，複雑な多段のステップからなる工業プロセスを大幅に簡略化できる．原料の利用効率が高く，有害な原料を使用しないなど新たな発明が次々に発表された．酸化反応以外にも水素化，アルキル化，水和など多くの固体触媒を用いたプロセスが開発され，石油化学工業における触媒の重要性は現在でも変わっていない．触媒を用いた化学工業プロセスは均一系触媒の分野でも目覚ましい進展があるが，詳細は他書に譲る．

　1970年頃から大気汚染や公害問題が社会問題として強く取り上げられ，環境触媒とよばれる分野が急速に発達した．脱硫触媒や脱硝触媒は急速に発展し，自動車の三元触媒や，発電所やボイラなどの燃焼器から発生する選択還元触媒などは，現在でも重要な技術である．NO_x吸蔵還元触媒はNO_xを酸化し，硝酸イオンの状態で固体上に吸蔵し，システムと合わせて間欠的に触媒を運転する新しい手法であり，実用上も重要である．さらに近年，規制が厳しくなったディーゼル排ガスにおいても触媒による浄化システム，パティキュレートフィルタなど環境触媒分野における技術の進展は重要である．

　今後，エネルギーや燃料変換触媒の開発も促進されていくと考えられる．燃料電池など水素利用分野では電極触媒だけでなく水素製造のための触媒が必要であり，また，ジメチルエーテル合成触媒や gas to liquid (GTL) として知られるガソリン合成触媒は，LPGや石炭ガス化ガスからのエネルギー変換システムにおける，より利便性の高い燃料への変換に用いられる触媒である．バイオディーゼルをはじめとするバイオ燃料合成触媒や変換触媒は，新規エネルギー，再生可能エネルギーシステムとして触媒開発が重要な位置を占めている．このように時代に応じて固体触媒への要求はさまざまに変貌しているが，使用目的に応じた触媒の基礎学理や設計指針など，学問や研究の

面からの支援もますます求められることとなる．

　多くの固体触媒に要求されるのは反応温度における活性と選択性である．完全燃焼反応は温度が高いほど有利に進行するが，一般には転化率と選択率はある特定の条件下でのみ高い値が達成される．本来の触媒の定義からは反応前後で不変であるが，実際には長い間使用していると徐々に活性が劣化する．反応の副生成物の強い吸着，活性物質の凝集，焼結，活性種の不動態化，触媒の微粉化など，さまざまな要因により劣化が進行する．触媒の寿命や機械的な形状の安定性も大きな要因である．貴金属触媒や希少金属では価格も大きな問題となる．

触媒化学の基礎概念 1

- 触媒反応の素過程を理解する.
- 平衡論(熱力学)と速度論の両面から触媒の作用を理解する.
- 触媒の三つの機能(活性,選択性,寿命)を理解する.

1・1 触媒の作用

1・1・1 触媒と反応速度

　触媒とは少量で化学反応の速度を著しく増加させ,それ自身は反応の前後で変化しない物質である.分子レベルでみた触媒反応の進み方は簡単だが実用的に重要な反応——CO 酸化——を例として序章図 I・1 に示した.触媒層へと供給された CO 分子と O_2 分子は気相を拡散して,触媒表面へとたどり着き,分子の形で吸着する.吸着した分子は表面拡散によって移動しながら段階的に変化していく.まず,O_2 は解離して原子状酸素 O になるが,CO は解離しない.両者の違いは結合エネルギーの大きさ(O_2:500 kJ mol^{-1},CO:1076 kJ mol^{-1})を反映している.次の段階において,解離した酸素原子は CO と反応して表面上で CO_2 を生成する.このような表面反応段階が律速になる場合が多い.生成した CO_2 は表面から脱離し,触媒表面は元の状態へと戻る.脱離した CO_2 は気相を拡散して最終的には触媒層から流出する.

　このような反応過程のポテンシャルエネルギー変化を図 1・1 に模式的に示す.ここでいうポテンシャルエネルギーとは反応の熱力学的性質のうちのエンタルピー項 H に相当する.触媒がない気相での均一反応経路(破線)では分子内の結合を切断して活性錯合体に至るエネルギー障壁(活性化エネルギー E_{homo})は大きい.気相で CO–O_2 反応を起こすには E_{homo} は 500 kJ mol^{-1} 必要で,これには 600 °C 以上の高温にしなければならない.一方,適当な触媒の存在下では,吸着反応物→吸着活性錯合体→吸着生成物の順に進行する反応経路が形成され,室温でも反応が進む.触媒反応経路では,吸着,表面反応および脱離のそれぞれにエネルギー障壁(E_{ad}, E_s, E_{de})があり,もっ

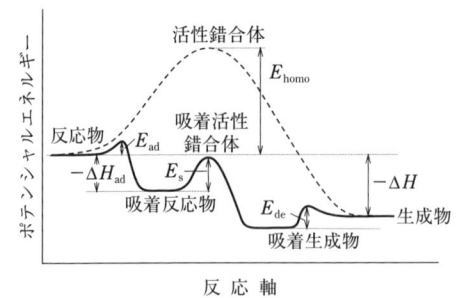

図 1・1　触媒反応過程のエネルギー

とも大きい E_s は触媒にもよるが，Pd では 100 kJ mol^{-1} 程度で気相反応の E_{homo} に比べると小さい．これは吸着種が触媒表面と結合することで，吸着活性錯合体が適度に安定化されるためである．

図 1・1 において O_2 が解離して生成した O 原子は金属との結合を保ちながら CO と反応するため，エネルギー障壁は低く反応性が高い．このとき O 原子と金属との結合には適度な強度が必要である．結合があまりに強いと吸着反応物のエネルギー準位が下がりすぎて，吸着活性錯合体へと進みにくくなる．逆に結合が弱すぎると O 原子が生成しにくくなり，やはり反応は進行しない．吸着活性錯合体と生成物とのエネルギー差が小さいうえに，各ステップのエネルギー障壁も小さい場合に，速やかに反応が進むのである．反応物に比べて生成物のエネルギーが低い下り坂の過程でありさえすれば，その間のエネルギー障壁を下げる反応経路を形成することは，反応速度を増加させることと等しい．**速度定数** k はアレニウス (Arrhenius) 式 $k=A\exp(-E_a/RT)$ で示される*ので，活性化エネルギー E_a の減少は反応速度の増大を意味する．このように触媒は，より低い活性化エネルギーの新しい反応経路をつくることによって反応速度を数桁も増大させる．この増大の程度を活性といい，触媒の性能を表す．

不均一系触媒の活性は，触媒の表面積あるいは重量あたりの反応速度で定量的に表される．これを**比活性**という．また，均一系触媒の場合は，ある反応時間の触媒 1 モルあたりの生成物の物質量（モル）（ターンオーバー数，TON）が用いられる．いずれの場合も後述する活性点の数が明らかであれば，活性点あたりの反応速度（ターンオーバー頻度，TOF）として表現するのがより理想的である．

---

* 反応速度 v は速度定数 k と濃度 C の積で表現できる．A→B で表されるもっとも簡単な一次反応の場合，$v=kC_A$ となる（C_A：A の濃度）．詳細は 2 章で述べる．

1・1・2 触媒と吸着

図 I・1 に示したように触媒反応の初めのステップは**吸着**である．均一系触媒の場合は，吸着の代わりに**配位**というが基本的には類似の現象と考えてよい．気相や液相を自由に三次元運動していた反応物分子が，表面に束縛される．熱力学的にはエントロピー減少 ($\Delta S<0$) を伴う定圧過程が自発的に起こるためには，$\Delta G=\Delta H-T\Delta S<0$ であり，$\Delta H<0$ でなければならない．すなわち，吸着は本質的に発熱現象である．吸着過程のエネルギー変化は図 1・2 に示す一次元のレナード–ジョーンズ (Lennard–Jones) 型ポテンシャルで近似できる．A_2 分子が表面へと接近すると，ファンデルワールス (van der Waals) 相互作用と静電分極による引力を受ける．さらに接近すれば分子と表面の外殻電子の反発を招く．この結果，A_2 分子のエネルギーが最小となる．この状態を**物理吸着**といい，冷えたガラス窓に水蒸気が凝縮するような弱い相互作用である．吸着熱 ($-\Delta H_{ad}(A_2)$) は小さく (<20 kJ mol^{-1})，分子の大きさや分子量に依存する．もし A_2 分子が気相で解離して，さらに高いエネルギー状態の A 原子を生成した場合も表面に接近するとエネルギーはより急激に低下して，原子状に吸着した状態に至る．A 原子と表面との強い結合形成がエネルギー低下の原因である．A_2 分子を気相で解離するのに必要なエネルギー (ΔH_{dis}) を考慮しても，なお正味の発熱 ($-\Delta H_{ad}(A)$) が得られるほどにこの状態はエネルギー的に低い．この強く結合した状態を**化学吸着**といい，吸着熱は表面との結合の強さに依存して 40〜600 kJ mol^{-1} の範囲になる．この位置からさらに表面に近づけようとすると，やはり A 原子と表面との外殻電子の反発が生じてエネルギーは増加する．図 1・2 に示すように二つの曲線は交差し，その交点において吸着分子 A_2 が吸着原子 A へと遷移する．遷移は吸着活

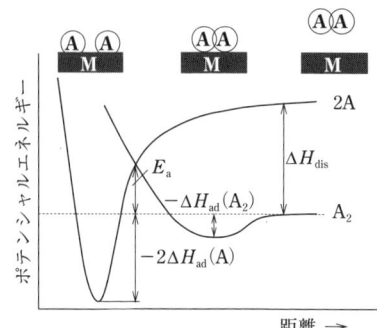

図 1・2 　A_2 分子が金属 M に吸着する場合のポテンシャルエネルギー

ΔH_{dis} ：解離熱
$\Delta H_{ad}(A_2)$ ：物理吸着熱
E_a ：見かけの活性化エネルギー
$2\Delta H_{ad}(A)$ ：化学吸着熱

性錯合体の形成に相当し，正味 E_a の活性化エネルギーを伴う．E_a の大きさは表面の組成と構造や分子の種類によって異なる．活性な触媒であるほど，このエネルギー障壁は小さくなる．

1・1・3 触媒と平衡

触媒は新しい反応経路をつくるが，反応物と生成物は同じなので，反応の熱力学的性質（ΔG, ΔH, ΔS）には影響ないことに注意しなければならない．つまり，触媒は化学反応が平衡に到達するまでの速度を増すのであって，温度，圧力などの熱力学的条件で決まる平衡そのものは変えない．たとえば次の可逆的な反応について考える．

$$A \rightleftarrows B$$

一定体積の容器の中に A を入れて，反応を開始すると，A と B の濃度 C_A, C_B の経時変化が図 1・3 の破線のようになったとしよう．触媒のない場合，十分な時間をかけると濃度は $C_{A\,equil}$, $C_{B\,equil}$ で一定になる．B から反応を始めても到達する濃度が $C_{A\,equil}$, $C_{B\,equil}$ に等しければ，これを平衡状態といい，**平衡定数 K** は次式で示される．

$$K = \frac{C_{B\,equil}}{C_{A\,equil}}$$

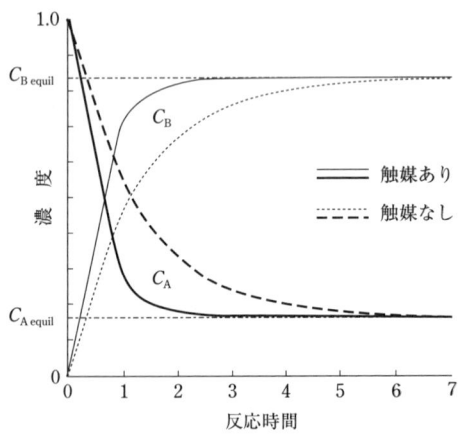

図 1・3 平衡反応 A $\rightleftarrows$ B における触媒の効果

この状態では正反応と逆反応の速度が等しく，反応は起こっているにもかかわらず，見かけ上は A と B の濃度が変化しないので，**動的平衡状態**であるという．一次反応を仮定すると速度定数 k_+, k_- を用いて次式の関係が成立する．

$$k_+ C_{\text{A equil}} = k_- C_{\text{B equil}}$$

この関係から，平衡定数は速度定数の比として表される．

$$K = \frac{k_+}{k_-}$$

以上の反応を適当な触媒の存在下で行うと図1・3の実線で示すように，反応速度が増して，より短時間で平衡に達するが，平衡そのものに変化はない．もちろん，Bから反応を開始しても，触媒の存在下では同様に反応速度が増加するが，同じ平衡に到達しなければならない．

1・1・4 触媒と選択性

一般に，化学反応においては複数の生成物が得られ，そのうちの一つのみが有用な目的生成物である場合が多い．触媒を利用する目的は，単に反応速度を増すだけでなく，目的の生成物だけを無駄なく得ることにある．これは省資源，省エネルギーの観点からだけでなく，生成物の分離精製を容易にし，かつ有害な副生成物による環境負荷を低減するうえでも重要である．

例として，図1・4に示すAがBおよびCを生成する反応を考えよう．Bは有用な目的生成物でCは利用価値のない副生成物である．それぞれの濃度を C_A, C_B, C_C とすると $(C_{A0} - C_A)/C_{A0}$ が**転化率**（C_{A0}：初期濃度），$C_B/(C_B + C_C)$ が B の**選択率**である．これは酸化反応によくみられる場合で，たとえば反応物Aをプロピレン（C_3H_6），生成物Bをアクロレイン（C_3H_4O），そして生成物Cを二酸化炭素（CO_2）と置き換えるとわかりやすい．

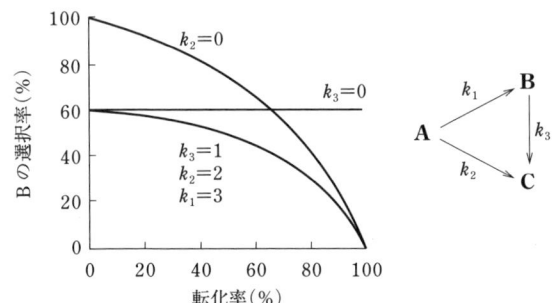

図 1・4　選択率に及ぼす速度定数と転化率の影響
　　　　[M.Browker, "The Basis and Applications of Heterogeneous
　　　　Catalysis", p. 49, Oxford Scientific Publications（1998）]

反応 1　$C_3H_6 + O_2 \longrightarrow C_3H_4O + H_2O$　　$\Delta H° = -336\,\text{kJ mol}^{-1}$

反応 2　$C_3H_6 + \dfrac{9}{2}O_2 \longrightarrow 3\,CO_2 + 3\,H_2O$　　$\Delta H° = -2060\,\text{kJ mol}^{-1}$

反応 3　$C_3H_4O + \dfrac{7}{2}O_2 \longrightarrow 3\,CO_2 + 2\,H_2O$　　$\Delta H° = -1724\,\text{kJ mol}^{-1}$

プロピレンの選択酸化によるアクロレインの生成はプロピレンの燃焼やアクロレインの燃焼に比べて$-\Delta H°$が小さく熱力学的には不利に思えるかもしれない．しかしながら，反応 1 の速度を相対的に高めれば，選択的にアクロレインを生成できる．図 1・4 に速度定数 k_1，k_2 および k_3 が生成物の選択率に及ぼす影響を示す．$k_1 > k_2$，k_3 となる触媒と反応条件を選べば，ある程度は目的生成物 B の選択率は高いことがわかる．しかし，k_3 がゼロでない限り，転化率の増加とともに必ず B の選択率は低下する．この場合でも，転化率を低く抑えることで B の選択率を高くできる．このような理由で多くの工業用不均一系触媒による選択酸化は低い転化率で運転される．未反応の反応物 A は回収され，再び触媒層に供給することによって正味の選択率を高めている．プロピレン選択酸化に用いられる工業触媒は 95% もの高い転化率で 95% 以上のアクロレイン選択率を達成している．

1・2　触媒作用のエネルギー的側面

1・2・1　直線自由エネルギー関係

　触媒作用とは特定の反応の速度を増加させるもので，熱力学的な平衡そのものを変えるのではないことを前節で述べた．一方，熱力学的に有利な反応は速度論的にも起こりやすい傾向にある．このような平衡論と速度論との相関は触媒作用を理解し，触媒を設計するうえで重要な知見になる．

　図 1・5 に反応系および生成系のポテンシャル曲線を示す．反応系(曲線 1)から生成系(曲線 2)へと移るのは発熱過程($Q > 0$)であるが，交点で示される活性錯合体を経るのに活性化エネルギー E_a が必要になる．いま生成系のポテンシャルエネルギーが曲線 2 から 2′ と低下すると，反応熱の増加($Q' - Q = \Delta Q > 0$)と活性化エネルギーの減少($E_a' - E_a = \Delta E_a < 0$)を生じる．両者の間には，

$$\Delta E_a = -\beta \Delta Q \qquad (0 < \beta < 1) \qquad (1\cdot1)$$

の比例関係が成立し，これを**堀内-Polanyi の規則**という．図 1・5 ではエントロピーは考慮されていないので，エントロピー一定と仮定すると式(1・1)はギブズ(Gibbs)

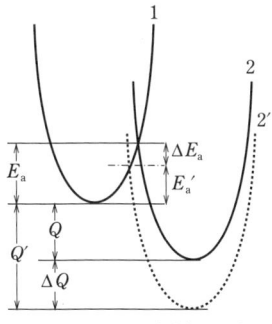

図 1・5 反応物(1)と生成物(2)のポテンシャル曲線
[今中利信,"触媒作用―活性種の挙動―",p. 171, 大阪大学出版会(2000)]

の自由エネルギーを用いて,$\Delta G^* = -\beta \Delta G$ と表され,反応系から活性錯合体への自由エネルギー変化 ΔG^* と反応前後の自由エネルギー変化 ΔG が直線関係で結ばれる.

反応の平衡定数 K と $\Delta G°$ との関係は次式で表される.

$$-\Delta G° = RT \ln K \tag{1・2}$$

一方,速度定数 k と ΔG^* との関係は次式で表される.

$$k = A \exp\left(-\frac{\Delta G^*}{RT}\right) \tag{1・3}$$

式(1・2)と式(1・3)より,図1・5の曲線 1→2 および 1→2′ の場合の速度定数と平衡定数は次のようになる.

$$K = \exp\left(-\frac{\Delta G}{RT}\right) \qquad K' = \exp\left(-\frac{\Delta G'}{RT}\right)$$

$$k = A \exp\left(-\frac{\Delta G^*}{RT}\right) \qquad k' = A \exp\left(-\frac{\Delta G^{*'}}{RT}\right)$$

以上の関係を式(1・2)と式(1・3)に代入してまとめると,

$$\Delta G' - \Delta G = -RT \ln\left(\frac{K'}{K}\right) = \Delta(\Delta G)$$

$$\Delta G^{*'} - \Delta G^* = -RT \ln\left(\frac{k'}{k}\right) = \Delta(\Delta G^*)$$

したがって,ΔG^* と ΔG との間に直線関係 $\Delta(\Delta G^*) = \beta \Delta(\Delta G)$ が成り立てば,$\ln(k'/k)$ と $\ln(K'/K)$ との間にも直線関係が成り立つ.

$$\frac{k'}{k} = \left(\frac{K'}{K}\right)^\beta \tag{1・4}$$

式(1・4)の左辺は速度定数であり,右辺は自由エネルギーから導かれる平衡定数である.すなわち,触媒反応において反応物質,触媒,溶媒などどれか一つを変数として系統的に変化させる場合,反応速度や活性化エネルギーと自由エネルギーや平衡定数などの熱力学的性質との間に直線関係がみられる.これを**自由エネルギーの直線関係**(linear free energy relationship:LFER)という.この関係は後述する火山型触媒序列のほか,酸塩基触媒反応における Brønsted 則および Hammett 則にも広く適用されている.

1・2・2 触媒活性の火山型序列

反応物 A から生成物 B への反応が吸着活性錯合体 AS を経る次の反応から成り立っているとする.

$$A + S \longrightarrow AS \qquad (1・5)$$
$$AS \longrightarrow B + S \qquad (1・6)$$

このような反応のポテンシャルエネルギーは図1・6の3種の曲線で描ける.A+S および AS のポテンシャル曲線の関係は図1・5の場合と同様である.すなわち,曲線2から2′へとエネルギーが低下すると式(1・5)の活性化エネルギーが,

$$\Delta E_{a1} = -\beta \Delta Q \qquad (0 < \beta < 1) \qquad (1・7)$$

だけ低下し,式(1・5)による AS の生成速度が増加する.一方,式(1・6)に注目すると,その活性化エネルギーの変化($E_{a2}' - E_{a2} = \Delta E_{a2}$)は次式で表される.

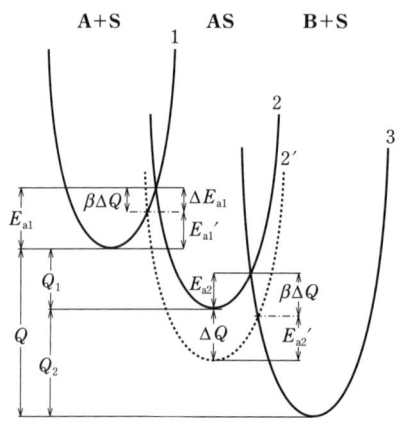

Q :A $\longrightarrow$ B 反応の反応熱
Q_1:A + S $\longrightarrow$ AS 反応の反応熱
Q_2:AS $\longrightarrow$ B + S 反応の反応熱
E_{a1}:A + S $\longrightarrow$ AS 反応の活性化エネルギー
E_{a2}:AS $\longrightarrow$ B + S 反応の活性化エネルギー

図 1・6 反応 A + S $\longrightarrow$ AS $\longrightarrow$ B + S におけるポテンシャル曲線
[今中利信,"触媒作用―活性種の挙動―",p.175,大阪大学出版会(2000)]

$$\Delta E_{a2} = (1-\beta)\Delta Q \qquad (0<\beta<1) \qquad (1\cdot 8)$$

$\Delta E_{a2}>0$ であるので曲線2から2′へのエネルギー低下は式(1・6)の活性化エネルギーを増大させ，ASからB+Sへの速度を低下させてしまう．

式(1・5)と式(1・6)の反応の速度が等しいときの活性化エネルギーを$E_{a1(e)}$, $E_{a2(e)}$, 反応熱を$Q_{1(e)}$, $Q_{2(e)}$とすると

$$\begin{aligned} Q &= Q_1 + Q_2 \\ Q_1 &= Q_{1(e)} + \Delta Q_{(e)} \\ Q_2 &= Q - Q_1 = Q_{2(e)} - \Delta Q_{(e)} \end{aligned} \qquad (1\cdot 9)$$

式(1・7)と式(1・8)より

$$E_{a1} = E_{a1(e)} - \beta\Delta Q_{(e)} \qquad (1\cdot 10)$$

$$E_{a2} = E_{a2(e)} + (1-\beta)\Delta Q_{(e)} \qquad (1\cdot 11)$$

$\beta=0.5$の場合，

$$E_{a1} + E_{a2} = E_{a1(e)} + E_{a2(e)} \qquad (1\cdot 12)$$

となる．

$Q_1<Q_{1(e)}$の場合，$\Delta Q_{(e)}<0$であるので，

式(1・10)より$E_{a1}>E_{a1(e)}$となり，式(1・5)の速度は減少する．

式(1・11)より$E_{a2}<E_{a2(e)}$となり，式(1・6)の速度は増加する．

したがって，式(1・5)が律速段階になる．この領域ではQ_1が低下するほど全反応(A→B)の速度は減少する．

一方，$Q_1>Q_{1(e)}$の場合，$\Delta Q_{(e)}>0$であるので，

式(1・10)より$E_1>E_{1(e)}$となり，式(1・5)の速度は増加する．

式(1・11)より$E_2>E_{2(e)}$となり，式(1・6)の速度は減少する．

したがって，式(1・6)が律速段階になる．この領域ではQ_1が増加するほど全反応(A→B)の速度は減少する．

以上の結果から明らかなように，種々の触媒物質に対して全反応速度をQ_1に対してプロットすると図1・7の概略図のような火山型の関係が得られる．Q_1としては反応に応じて，金属酸化物や塩化物の生成熱，金属イオンの電気陰性度，酸化還元電位などが用いられる．触媒活性の火山型序列から"反応物と触媒との結合が強すぎても弱すぎても触媒活性は低くなる"という結論が導かれ，多くの触媒反応で得られる経験則と一致している．この考えは触媒活性をエネルギー的側面のみから理解しようとするものであり，構造的に類似の触媒については当てはまる場合が多い．しかしながら，触媒の立体的因子が重要になる高選択的反応には不十分な結果を与えやすく，そ

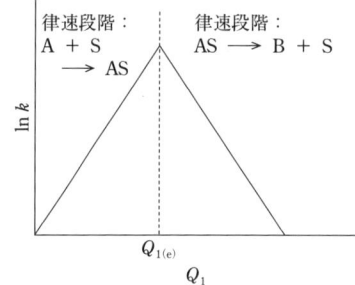

図 1・7 触媒反応中間体の生成熱と活性化エネルギーおよび反応速度定数との関係
[今中利信, 触媒作用―活性種の挙動―, p. 176, 大阪大学出版会 (2000)]

の取扱いには注意が必要である.

1・3 触媒活性点

1・3・1 活性中心説

　触媒作用の機構を解明するには，反応分子が触媒上でどのように結合の切断と形成を起こすかを知る必要がある．このためにはまず反応が起こる部位を特定しなければならない．この部位を**活性点**あるいは**活性サイト**という．均一系触媒では活性点はほぼ等価で定量も比較的容易である．たとえば，ウィルキンソン (Wilkinson) 錯体を触媒とするアルケンの水素化反応は，図 1・8 に示すように平面四配位 Rh(I) 錯体への水素の酸化的付加と，アルケンの π 配位および挿入によるアルキル錯体を経由して進行する．反応物である水素とアルケンはつねに共通の反応部位である中心金属 Rh に配位して反応が進む．これに対して，同じ反応を固体表面上で行う不均一系触媒の場合，金属粒子表面で水素分子が解離吸着し，生じた金属−水素結合に π 吸着アルケンが挿入されて進行する．一見すると両者は類似の過程であるが，ウィルキンソン錯体の場合とは異なり，二次元的に広がった金属固体表面では活性点を特定できない．しかも表面は均一ではないのでその全部が均等に反応に寄与するわけではない．表面の一部分のみが分子と反応しやすく，正味の触媒活性を決定すると考えたほうがよい．不均一系触媒の場合のこのような考え方は**活性中心説**として知られている.

　金属触媒の結晶表面には，固体内部の原子とは異なり，結合が切断されて配位不飽和な原子が露出している．図 1・9 に示す面心立方格子の場合，表面から深い位置の原子には 12 個の隣接原子が配位しているが，表面原子はこれより少ない配位数を示す．配位数は平坦なテラス (terrace) の原子では 9 だが，ステップ (step) では 7，キンク (kinc) では 6 と減少していく．このような配位不飽和度の高い部位が活性点になり

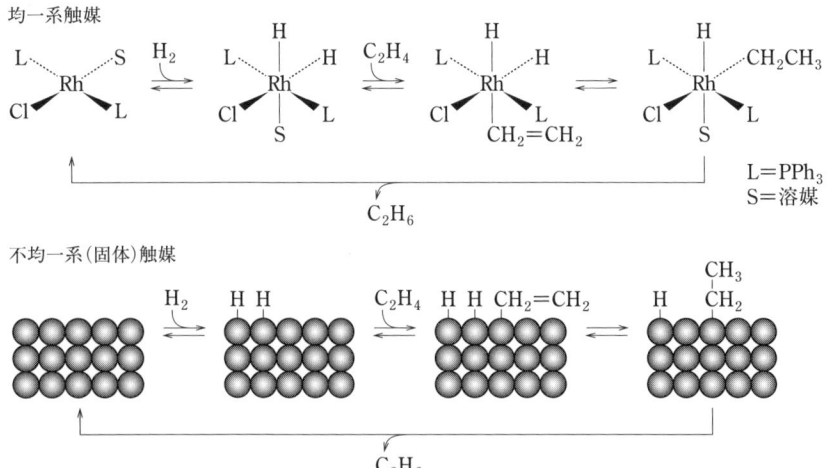

図 1・8 均一系触媒および不均一系触媒によるアルケンの水素化反応
[千鯛眞信, 市川 勝, "均一触媒と不均一触媒入門", p.5, 丸善 (1983)]

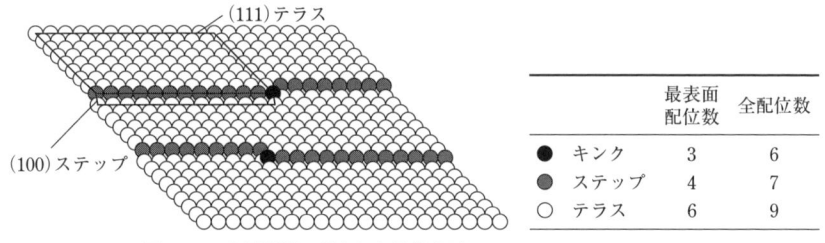

図 1・9 金属触媒の露出した結晶表面
(100)ステップをもつ面心立方格子(111)テラス面を示す.

やすい. なぜなら配位不飽和度が高いほど解離吸着のためのエネルギー障壁が低い傾向にあるためである. また, アルカンの水素化分解など C-C 結合を切断する反応はステップやキンクなど特定の表面構造を必要とし, **構造敏感反応**とよばれる. これに対して, アルケンの水素化のような C-H 結合の切断は表面構造に敏感ではなく, すべての表面露出原子が活性点になり得る.

不均一系触媒の活性点の定性および定量分析には, 適当な分子の化学吸着を利用することが多い. 担持金属触媒では CO や H_2 などの吸着によって表面に露出した金属の原子数が決定される. 固体酸触媒では, ピリジンやアンモニアなどの塩基性分子の吸着を用いて, 酸の種類(Brønsted 酸, Lewis 酸), 酸の強さおよび量が決定される. また, 固体塩基触媒では CO_2 など酸性分子の吸着が用いられる.

1・3・2　幾何学的因子と電子的因子（アンサンブル効果とリガンド効果）

　金属の触媒特性は異種金属を組み合わせると著しく変わることが多い．複数の金属元素を含む触媒の活性点の形成に関する考え方には，金属原子間の相互作用に基づいて**幾何学的因子**（アンサンブル効果）と**電子的因子**（リガンド効果）とがある．実際の触媒において両者を厳密には区別できないが，合金触媒の活性を理解するうえでは有用な概念である．

a.　幾何学的因子（アンサンブル効果）

　金属 A からなる触媒に金属 B を添加する場合，A 原子に配位する A 原子の数は減少し，B 原子が増加する．A が高活性で B が低活性な場合，両者を組み合わせた合金では，表面組成から予想する以上に触媒活性が低下する．この現象は複数の A 原子の組合せからなる多重吸着点で反応物が活性化される場合にとくに顕著である．たとえば，アルカンの水素化分解は脱水素に比べて多くの表面原子 A を吸着点として要するので，アンサンブル効果が発現しやすい．このような効果は吸着種の赤外分光スペクトルで観察できる．Pd 上に吸着した CO には liner 型および bridge 型がある（図 1・10）．CO 吸着能をもたない Ag を Pd に添加していくと，隣接する 2 個の Pd を吸着点とする bridge 型吸着種は急激に減少し，liner 型はむしろ増加する．

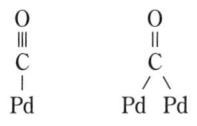

図 1・10　Pd 上の CO の吸着型

b.　電子的因子（リガンド効果）

　合金触媒では，金属原子の周囲に異なる金属原子が配位すると，両者の電気陰性度の差により電子移行を生じ，電子状態が変化する．これはバンド理論によって記述されるような，固体全体の平均的電子物性の変化ではなく，活性点周辺で局所的に起こる原子レベルでの現象であると考えられている．局所的な現象であっても吸着種との電子授受に関与する d 電子の密度が変化し，触媒特性が大きく改質される．18 族金属の合金など触媒活性が高い金属の組合せで顕著に現れる場合が多い．

1・4 触媒の劣化

1・4・1 劣化と寿命

　触媒の定義によると，触媒は正味の反応後に"元の状態"に戻り，反応によって消費されないため，その性能に変化はないと考えられがちだが，現実には劣化する．劣化とは触媒の機能である活性と選択性の低下を意味し，最終的に交換の必要が生じるまでの期間を寿命という．触媒が化学的にみて活性な，すなわち反応性に富んだ物質であること，およびそのような物質が一般的には不安定であることを合わせ考えれば触媒劣化は避けられないといえる．実用触媒の場合，触媒寿命はプロセスの経済性に直結する．このため，劣化を抑えて寿命をいかに長く保つかは，高活性・高選択性をいかに実現するかに匹敵する重要な課題である．表1・1に示すように実用触媒の寿命は長ければ10年以上にも達する．

表 1・1　おもな工業触媒の寿命とその支配因子

反応	条件	触媒	寿命年	支配因子
アンモニア合成	450〜500 ℃ 20〜50 MPa	Fe-Al_2O_3-K_2O	20〜30	シンタリング
アセチレン水素化	30〜100 ℃ 5 MPa	Pd/Al_2O_3	5〜10	シンタリング・炭素析出
低温COシフト	200〜250 ℃ 30 MPa	Cu-ZnO-Al_2O_3	2〜6	被毒・シンタリング
高温COシフト	350〜500 ℃ 30 MPa	Fe_2O_3-Cr_2O_3	2〜4	シンタリング・破壊
水素化脱硫	300〜400 ℃ 30 MPa	CoS-MoS_2/Al_2O_3	2〜8	炭素析出・金属付着
エチレン酸化	200〜270 ℃ 10〜20 MPa	Ag/Al_2O_3	1〜4	シンタリング
ベンゼン酸化	350 ℃ 1 MPa	V_2O_5-MoO_3/Al_2O_3	1〜2	不活性相の形成・Moの揮散
メタノール合成	200〜300 ℃ 50〜100 MPa	Cu-ZnO-$/Al_2O_3$	2〜8	触媒還元
水蒸気改質	700〜850 ℃ 30 MPa	Ni/Al_2O_3	2〜4	シンタリング・炭素析出
自動車触媒	400〜800 ℃ 1 MPa	$Pt,Pd,Rh/CeO_2/Al_2O_3$	10	シンタリング・被毒

1・4・2 劣化の要因と対策

触媒劣化はプロセスの種類に依存して多様で複雑な原因によって引き起こされる. それぞれの劣化要因を共通する項目で分類すると, 以下のようにまとめられる. 表1・1に示すように実用触媒の場合, **シンタリング(焼結)** および被毒がおもな劣化要因である.

a. 触媒の化学的変化

活性成分が蒸気圧の高い化合物へ変化して揮散したり, 準安定な活性成分や担体を用いる場合に安定相へ転移する, あるいは担体, 反応物, 生成物と活性成分とが反応するなどの場合に劣化する. これらの変化が触媒の機械的強度を低下させ, 目詰まりによる背圧上昇を招き, 最終的に触媒が破壊される場合もある. 化学的変化の速度が遅くても, 長期の使用では無視できない. たとえばベンゼン酸化, トルエン酸化, プロピレン酸化などにおいて用いられる MoO_3 は O_2/H_2O との反応によって $MoO_3 \cdot H_2O$ として揮散する. 揮散を抑えるために反応温度を低下させる, 損失した Mo 成分を補って触媒を再生するなどの方法がとられる.

b. 触媒の物理的変化

固体触媒の多くの場合, 高比表面積の触媒あるいは担体を用いる. 多くの担体は耐熱性に優れる酸化物などの無機材料を用いる. その比表面積が大きいほど表面エネルギーが高く, 長時間高温にさらされるとシンタリングによる粒子成長, 比表面積低下および細孔閉塞などを起こしやすくなる. シンタリングは熱力学的には避けられないので, シンタリング速度を低下させる対策がとられる. 担体のシンタリングの抑制には添加物が有効である. たとえば典型的な触媒担体の γ-Al_2O_3 は La, Ba などの添加によりシンタリングが抑制される.

担体上の金属微粒子のシンタリング機構は, 図1・11に示す2種のモデルで考えられている. 一つは粒径が 5 nm 以下の小さい場合にみられ, 粒子ごと担体上を移動し, 衝突と融合を繰り返して成長する機構である. もう一方は, 粒子から原子もしくは分子が離脱して表面上を移動し, 別の粒子に捕捉される機構で, 大きい粒子が比較的高温で成長する場合に起こる. このほか, 金属もしくは酸化物が揮発性の場合には, 気相を介した移動で粒子成長が加速される. したがって金属のシンタリング挙動には温度だけでなく, 雰囲気(酸化還元, 水蒸気分圧など)も重要な影響を及ぼす. 高温の水素雰囲気における金属のシンタリングに対する安定性は, (　)内に示した金属の融点の序列とよく対応する.

Re(3180 ℃) ＞ Os(3045 ℃) ＞ Ir(2443 ℃) ＞ Ru(2250 ℃) ＞ Rh(1960 ℃)
＞ Pt(1769 ℃) ＞ Co(1495 ℃) ＞ Ni(1455 ℃) ＞ Fe(1536 ℃)
＞ Pd(1552 ℃) ＞ Au(1063 ℃) ＞ Cu(1084 ℃) ＞ Ag(962 ℃)

還元雰囲気では金属と担体との結合力は弱い場合が多く，粒子移動による成長が起こりやすい．

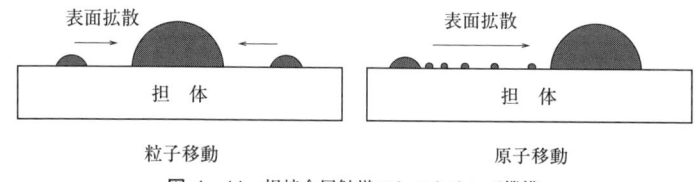

図 1・11　担持金属触媒のシンタリング機構

これに対して，酸素雰囲気では酸化物が生成しやすく，その蒸気圧が高い場合に気相を介したシンタリングが加速される．シンタリングに対する安定性は，

Rh ＞ Pd ＞ Pt ＞ Ir ＞ Ru ＞ Os

の序列になる．Os や Ru の酸化物は蒸気圧が高く，高温の酸素雰囲気における実用性はない．金属がより微細な粒子であるほど，また酸化雰囲気であるほど担体表面との相互作用は強く，その結果がシンタリング挙動に影響する．たとえば Pt/CeO_2 を高温酸素雰囲気におくと，Pt–O–Ce 結合の形成によって Pt が粒子から原子状に離脱し，再分散する．このように適当な担体と雰囲気とを選択すれば，原子移動を引き起こすことによって，シンタリングした金属粒子を再分散できる場合がある．

c. 被　毒

触媒に強く吸着し，たとえ少量でも存在すると反応分子の活性点への吸着を妨げて，著しい触媒劣化を引き起こす物質を**触媒毒**という．金属触媒の場合，反応物よりも強く吸着する物質が共存すると被毒されやすい．酸性物質は塩基に，塩基性物質は酸による被毒を受ける．触媒毒は触媒の原料あるいは反応物中に含まれる場合が多い．原因を特定できれば，その源を取り除くことが望ましいが，プロセス全体の制約上，必ずしも可能ではない．被毒耐性をもつ触媒組成や構造の開発が並行して行われている．

d. 炭素析出

反応物あるいは生成物の炭化水素が分解重合して，触媒上に析出する炭素質(コーク)によって活性点が被覆され劣化する．反応条件によっては速やかな炭素析出が起こる．金属触媒で生成する炭素は，純度が高くグラファイト化しているが，酸触媒では炭素とともに水素を含み，多環芳香族である場合が多い．炭素析出の防止には水蒸

気注入や水酸化カリウム添加などの対策がとられる．また，炭素析出した触媒を空気中で加熱して，炭素を燃焼除去することによって再生できる場合もある．

e. 機械的破壊

熱衝撃や振動などによる触媒成形体の破壊，流動床触媒における触媒粒子の衝突，摩耗，微粉化などがあげられる．対策としては衝撃の緩衝，機械的強度の向上，反応器構造の改良などが行われる．

参考文献

触媒に関する各用語に関する事典
1) 小野嘉夫，御園生誠，諸岡良彦 編，"触媒の事典"，朝倉書店(2000)．

触媒化学の基礎全般に関する参考図書
2) 日本化学会 編，"第5版 実験化学講座25 触媒化学，電気化学"，丸善(2006)．
3) 服部 英，多田旭男，菊池英一，瀬川幸一，射水雄三，"新しい触媒化学 第2版"，三共出版(1997)．
4) 御園生誠，斉藤泰和，"触媒化学 第2版"，丸善(2009)．
5) J. M. Thomas, W. J. Thomas, "Principles and Practice of Heterogeneous Catalysis", VCH(1997).

触媒反応のエネルギー論に関する参考図書
6) 今中利信，"触媒作用—活性種の挙動—"，大阪大学出版会(2000)．

酸化物触媒の火山型活性序列に関する参考図書
7) 清山哲郎，"金属酸化物とその触媒作用"，講談社(1978)．

活性点に関する参考図書
8) 千鯛眞信，市川 勝，"均一触媒と不均一触媒入門"，丸善(1983)．

活性化エネルギーおよび生成物選択性に関する参考書
9) M. Browker, "The Basis and Applications of Heterogeneous Catalysis", Oxford Scientific Publications(1998).

触媒劣化に関する参考図書
10) 村上雄一 監修，"触媒劣化メカニズムと防止対策"，技術情報協会(1995)．

触媒劣化に関する参考図書
11) 室井髙城，"工業貴金属触媒"，JETI(2003)．

触媒担体のシンタリングに関する参考図書
12) G. C. Kuczynski, A. E. Miller, G. A. Sargent, eds., "Sintering and Heterogeneous Catalysis", Plenum Press(1984).

金属触媒のシンタリングに関する参考図書
13) J. M. Anderson, M. F. Garcia, eds., "Supported Metals in Catalysis", Impreial College Press(2005).

触媒反応速度 2

- 触媒反応の速度論的取扱いを学ぶ．
- 吸着速度式，反応速度式の基礎を理解する．

2・1 平衡と触媒反応速度

　化学反応の進む方向は熱力学的平衡で与えられる．触媒反応は平衡を変化させることはないが，その反応の中間状態や経路を変化させることにより反応速度を変化させる．平衡に向かう反応の方向を理解することは重要であるが，基本的に触媒反応速度は平衡論ではなく，速度論に支配される．しかし，前章に述べたように自由エネルギーの直線関係の観点からは，反応の速度定数と平衡論的な自由エネルギーで表される平衡定数とは緊密に関連している．

　触媒反応には熱活性化過程が含まれるため，多くの場合，温度とともに反応速度は増大するが，平衡転化率を超えることはできない．平衡転化率があまり高くない場合，反応の転化率は触媒の活性化と平衡転化率の両方に制限を受けて変化する．たとえば平衡的には高温ほど不利な発熱反応で，転化率の温度依存性に極大が現れる場合や，吸熱反応において触媒活性は触媒の活性化と平衡転化率の両方に制限を受けた変化をする場合がある（図2・1）．活性触媒反応か無触媒の反応かによって，反応経路は異なるため，反応速度は大きく変化する．燃焼反応は無触媒では火炎を伴って気相での炭化水素や酸素の結合解離を伴い，高エネルギー状態のラジカル生成を経由して進行する．一方，触媒上の燃焼反応では触媒表面上に吸着した酸素と吸着した炭化水素が反応すると考えられている．中間状態でも触媒との化学結合が保たれるため，高い励起状態に対応した炎は生成せず，低温では触媒反応のほうが低温で燃焼が開始する．一方，非常に高い温度になると活性化エネルギーが大きく連鎖的なラジカル反応のほうが有利となり，無触媒の火炎燃焼の速度のほうが速くなる．本章ではおもに固体触媒を使用した気相接触反応について，反応速度の理解と解析法などについて述べる．

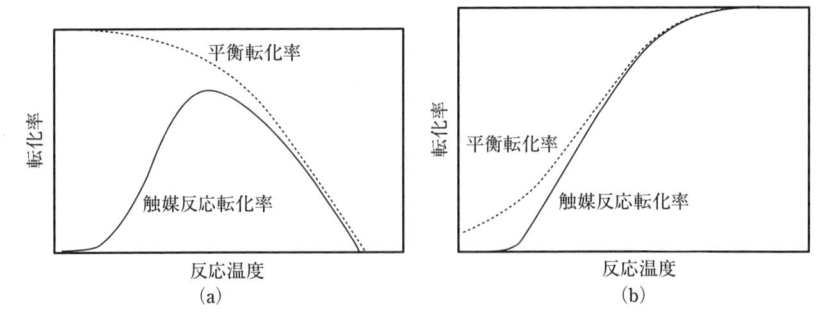

図 2・1 平衡転化率に制限を受けた場合の触媒反応の活性の温度依存性の例
平衡転化率が温度とともに(a) 減少および(b) 増加する場合の触媒反応の例

2・2 触媒反応器の解析

2・2・1 触媒反応器と反応時間

　触媒を用いた反応器は大別して，連続式反応器とバッチ式反応器に分類される．後者は，容器内に触媒と反応原料が閉鎖系の反応器中に仕込まれ，時間の経過とともに反応率が変化する．ガラス容器やオートクレーブなどの閉じた反応器内における反応，閉鎖循環系の気相接触反応などがこれに相当する．このようなバッチ式反応装置において一般的には時間とともに原料は減少，生成物は増加していくので，両者の濃度の経時的変化を解析する．

　一方，気相触媒反応では工業プロセス，触媒活性評価などに連続式反応装置が用いられることが多く，この触媒反応器では連続的に原料が供給され，生成物が系外に取り出される．気相触媒反応では固定床流通反応装置がもっとも一般的である．触媒反応速度を評価するにあたっては，反応に供される触媒の量と流通速度によって規定される接触時間（滞在時間）により反応時間が規定される．固定床流通反応器では固体触媒に，ある一定の流量で原料ガスが供給される．接触時間は触媒重量を気体流量で割ったもので，触媒と反応物が接触する時間に相当する．

　流通系における触媒反応の時間は滞在時間などによって規定される．より実際的な立場からは反応時間の逆数の次元である，空間速度が定義され，広く一般的に使用されている．空間速度は反応物が気体の場合は gas hourly space velocity (GHSV) とよばれ，触媒単位体積あたりに通過する気体の体積流量で単位は h^{-1} と反応時間の逆数の

次元である．固体触媒へ液体の反応物質を流通させる場合には liquid hourly space velocity（LHSV）を用いる．空間速度が小さいほど触媒と気体との接触時間は長く，触媒反応が進行する．触媒反応成績を議論するには反応率，選択率とともに，空間速度（あるいは接触時間）の議論も必要であり，これらを明確にすることによって反応器の大きさなどが推定される．触媒反応の種類によって要求される空間速度の大きさの程度が異なる．所定の空間速度における通過時間で目的とする反応が進行している必要がある．自動車触媒などでは空間速度が数十万 h^{-1} の大きさにもなり，化学反応器で要求される数千 h^{-1} のオーダーとは大きく隔たっている．

2・2・2　流通反応器における反応速度

流通反応器において触媒中の物質移動過程が速度に影響を及ぼす場合がある．とくに反応率が高くなってくると原料ガス濃度が低下し，生成ガス濃度が増加するために拡散の影響が現れるようになる．一般に触媒反応速度は温度に対して指数関数的に増加するのに対し，転化率が 100% 付近で活性曲線が頭打ちになるのは物質移動の影響が現れるためである（図 2・2）．触媒反応速度 r は k を反応速度定数として，式（2・1）のように反応気体や共存する気体種（x や y）の分圧 p_x，p_y の指数表記の形で表される．

$$r = k \cdot p_x^n \cdot p_y^m \cdots \qquad (2・1)$$

このような指数表記の速度式から出発して，反応機構を明らかにする観点からは得られた分圧依存性の起源について解析して，素反応速度式を機構と関連付けて明確にする．一方，反応器内での反応の進捗状況や濃度温度分布を明らかにする観点からは，この速度式を用い，積分反応器に発展させて解析を進める．

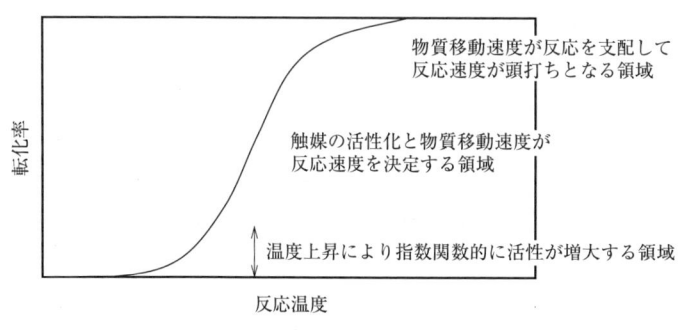

図 2・2　触媒反応の温度依存性

2・2・3 微分反応器の仮定

固体触媒を使用した気相接触反応を流通反応器で行う場合，反応速度は所定の反応温度の触媒へある供給速度において定常的に気体を供給して求められる．初期に触媒の状態変化があって反応成績が変動するものの，時間が経過すれば転化率や選択率など反応成績が安定してくる．この時点で定常状態になったと判断し，ここでの反応成績をもって触媒を評価する．流通反応装置における反応時間は接触時間，滞在時間などで定義される．

流通反応装置において原料をモル流量 N_{i0} で供給し，触媒微小部分にある重量 Δm_{cat} の触媒による転化率変化が Δx_i で与えられる場合，その部分における反応速度を原料モル流量の触媒重量あたりの減少量として定義すれば $r = N_{i0}(\Delta x_i/\Delta m_{cat})$ と表される．したがって反応速度は原料流量 F_{i0} を使って微分形で表される．

$$r = \frac{P}{RT} F_{i0} \frac{dx}{dm} \tag{2・2}$$

触媒微小部分における転化率は触媒層における場所によって変化するため，反応速度も場所によって異なる．しかし触媒量が少なく転化率が十分小さな反応器においては近似的に $r = (P/RT)F_{i0}(x/m)$ とすることができる．これは触媒量に比例して転化率が上昇する領域に適応される．触媒層中でこれが成立すると反応速度が転化率と触媒量から求められることになる．これは微分反応器の仮定が成立する領域である．この仮定が成立するには 10% 未満の転化率領域が適当とされる．触媒反応の反応速度定数や分圧依存性を求める場合など速度解析のためには微分反応器の仮定が成り立つ，十分低い反応率のところで活性を評価する．

高い転化率領域ではこの関係は成立せずに，触媒層を進むに従って反応率は上昇するが，その上昇率は一定ではない．したがって，触媒全体の転化率を求めるには触媒層の反応進行方向に反応速度を積分して転化率との対応を求める必要がある．また生成物濃度の増加，原料濃度の低下に伴って気相や境膜内の拡散など活性点への物質移動速度も盛り込む必要がある．発熱や吸熱を伴う反応では触媒層の温度分布も考慮する．このような観点からモデリングによって反応器内の触媒反応の進展状況を予測することが頻繁に行われる．ここで触媒の素反応速度と反応経路，条件依存性など触媒の素反応速度さえわかっていれば，モデリングによってスケールアップした反応器の反応成績や温度の分布拡散の影響など計算によって求めることができる．細孔径や屈曲係数が求められれば拡散係数などは予想できるため素反応速度の正確な算出が実験

的に重要となる．

接触時間は触媒重量 W と気体流量 F を用いて，W/F として定義される．W と F を同時に変化させて W/F 一定に保った場合でも気体の流量が小さいと拡散過程が全体の反応速度に影響を及ぼすようになる．これは触媒反応に比して触媒表面上に仮想的に形成される境膜内の拡散が問題となるためである．したがって気体の流通量が少ないと触媒表面上の原料が消費され，境膜内の成分の拡散律速となる．拡散の影響を調べるためには接触時間 W/F を一定に保ち，反応ガスの流量と触媒重量を同時に変化させる．通常の触媒量では W/F を一定にしている限り転化率は一定であるが，流量が少ない領域では触媒へのガス拡散の影響があらわれ，反応速度は低下する（図 2・3）．

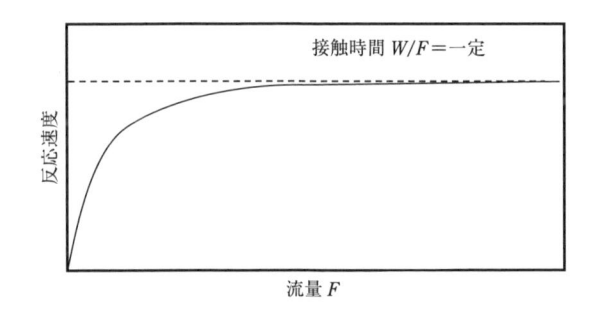

図 2・3 反応速度の流量依存性

触媒活性は転化率または生成物の収率として与えられるが，速度解析の場合は反応速度で表現する．通常単位重量あたりの精製速度で表現される．一方，ターンオーバー数は触媒の活性点あたりの活性である．活性点が触媒反応を単位時間に何回起こしたかであるため，活性種の量を定量的に求められる均一系触媒では本質的な活性を求めるため有効である．固体触媒では表面上に露出している活性サイト数の見積もりは困難であるが，貴金属触媒では CO 吸着などにより表面にある原子数を測定することができるため，ターンオーバー数の取扱いが可能となる．

2・3 触媒反応のエネルギーと反応座標

同じ原料から生成物に至る反応であっても，触媒を用いない反応は気相における結合解離およびラジカル生成を伴う反応であり，結合解離のための大きな活性化エネルギーが必要である．結合解離反応を熱的に活性化するため高温を必要とするが，より高温では連鎖的に反応が進行するため大きな反応速度となる．

触媒反応は活性化過程を含むため，一般的に反応速度定数は反応温度に対して指数関数的に増加する．反応速度定数 k はポテンシャル障壁を超えるのに要する活性化エネルギー E_a と頻度因子 A から次に示すアレニウス(Arrhenius)式で与えられる．

$$k = A\exp\left(\frac{-E_a}{RT}\right) \tag{2・3}$$

のように $\ln k$ を $1/T$ に対してプロットする，いわゆるアレニウスプロットの傾きから活性化エネルギー E_a を求めることができる．

固体触媒反応は複数の素反応が連続して進行する場合が多い．たとえば吸着平衡にある分子の触媒表面での反応速度が，後で述べるようなラングミュア・ヒンシェルウッド(Langmuir-Hinshelwood)機構で表されるとき，原料 A の反応速度 r は速度定数 k と吸着平衡定数 K を用いて，$r_R = k_R K_A p_A/(1+K_A p_A)$ のように表されるとする．この場合吸着平衡となった A が反応する場合は，吸着エンタルピーを ΔH_{ads} とすると，吸着平衡定数 $K_A = K_{A0}\exp(-\Delta H_{ads}/RT)$ と表される．したがって温度に依存する定数部分としては $k_R K_A = k_A K_A \exp\{-(E_a + \Delta H_{ads})/RT\}$ となる．反応部分の活性化エネルギーは E_a であるのに対して，アレニウスプロットの見かけの活性化エネルギーとしては $E_a + \Delta H_{ads}$ となる(吸着は発熱なので，$\Delta H_{ads} < 0$)．また被覆率が大きくなって分母の $K_A p_A$ の項が大きくなると，アレニウスプロットは直線から逸脱する．気体の拡散などの活性化過程によらない因子が速度過程に含まれるとアレニウス型の温度依存性に従わない場合もある．

2・4 固体表面上への気体の吸着

2・4・1 化学吸着

固体触媒の表面反応は触媒表面上への吸着から開始する．吸着は反応の速度過程の初期段階に含まれる．化学吸着は活性化過程を経由して，たとえば金属触媒を使用する場合は触媒表面の原子への化学結合の形成を伴い，発熱反応である．

吸着する結合様式によって，表面上の原子数と吸着分子数の対応は異なる．しかし化学吸着では，多層吸着は起こらないので表面の原子数が吸着点の数と同程度となり，すべての吸着点に配置された段階で吸着量は飽和する．このような化学吸着のモデルとしてラングミュア(Langmuir)型の吸着式が使用される．

分子状の吸着が進行する場合，吸着速度は気相 A の分圧 p_A および空位の吸着点の割合 θ_v，吸着速度定数を k_A で表すと $k_A p_A \theta_v$ となる．一方，逆反応である脱離の素反

応速度は脱離の速度定数 k_A' と A の被覆率 θ_A により $k_A'\theta_A$ で表されるため，全体の吸着速度は $r_{Aads}=k_A p_A \theta_v - k_A' \theta_A$ で表される．吸着が平衡に達している場合，吸着速度と脱離速度は等しいので $k_A p_A \theta_v - k_A' \theta_A = 0$ となり，その結果被覆率 θ_A は $\dfrac{k_A}{k_A'} p_A \theta_v$ で表されることになる．$k_A \gg k_A'$ あるいは A の分圧が高い場合，被覆率は 1 に近づく．吸着が分子状であるかあるいは解離して吸着するかによって吸着サイトの占有率が異なる．気相の分子 A が分子状吸着により 1 個の吸着サイトを占める場合は，

$$A_g + V_a \longrightarrow A_{ads} \qquad r_{Aads}=k_A p_A \theta_v - k_A' \theta_A \tag{2・4}$$

吸着平衡が成立している場合には $r_{Aads}=0$ となるので，$K_A=k_A/k_A'$，とおいて，

$$\theta_A = \frac{K_A p_A}{1+K_A p_A} \tag{2・5}$$

このようなラングミュア型の吸着式に従う場合の吸着等温線は図 2・4(a) のようになる．圧力とともに吸着量は増大するが，吸着サイトが占有されるに従って，被覆率 $\theta=1$ に漸近する．一方気相の 2 原子分子 A_2 が解離して 2 個の吸着サイトを占めるときは，

$$A_{2g} + 2V_a \longrightarrow 2A_{ads} \qquad r_{Aads}=k_A p_A \theta_v^2 - k_A' \theta_A^2 \tag{2・6}$$

吸着平衡の場合は

$$\theta_A = \frac{(K_A p_A)^{1/2}}{1+(K_A p_A)^{1/2}}$$

いずれの場合も平衡定数 K_A や分圧 p_A が大きいときには被覆率は 1 に近づき，被覆率が小さいときは p_A に比例する．

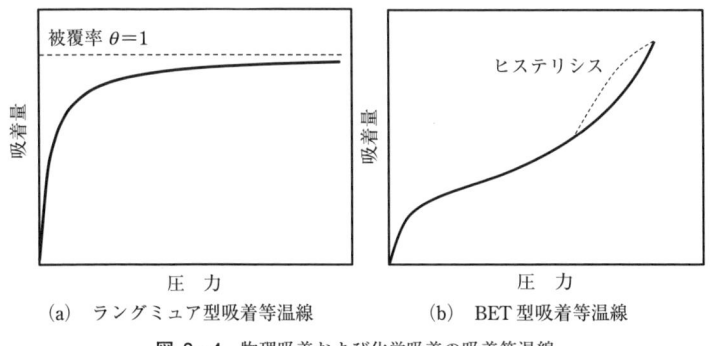

(a) ラングミュア型吸着等温線　　(b) BET 型吸着等温線

図 2・4　物理吸着および化学吸着の吸着等温線

2・4・2 物 理 吸 着

物理吸着の場合は吸着分子の結合解離や，触媒表面との化学結合生成は進行せず，表面への多層吸着となる．物理吸着は化学吸着に比べて吸着媒と吸着質の距離が大きく，またポテンシャルエネルギーの安定化も少なく，吸着熱は小さい．したがって多孔質表面上への凝縮相の生成として取り扱うことができる．初期の領域は表面への多層吸着の領域であり，Brunauner，Emmett，Teller の取扱いが成立する．提案者の頭文字から BET 法とよばれる．表面における多層吸着のモデルを図2・5に示す．一般的に多分子層吸着 BET の解析手法は以下のとおりである．多層吸着が支配的となり，吸着等温線は，一定値にとどまる領域はなく，圧力とともに単調に上昇する．

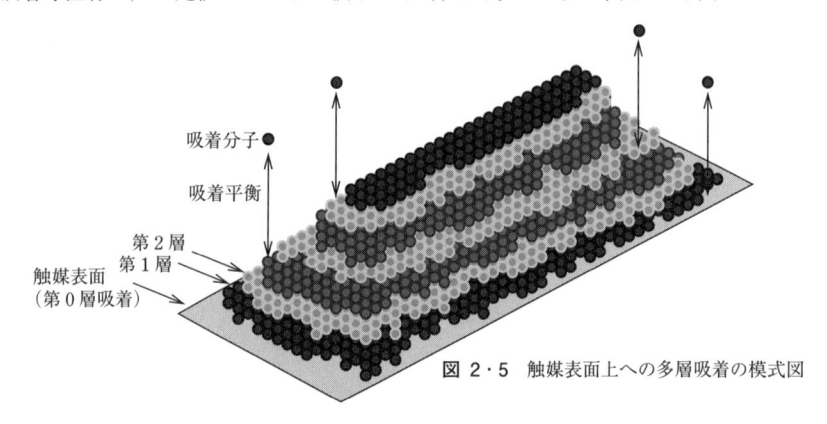

図 2・5 触媒表面上への多層吸着の模式図

第1層の吸着平衡に関しては吸着質の気相の圧力を p, 吸着速度定数を k_1, 脱離速度定数を k_1' とすれば

$$k_0 \theta_0 p = k_1' \theta_1 \tag{2・7}$$

露出固体表面(第0層)の割合 θ_0 は1層目の吸着相の形成により減少し，1層目からの脱離によって増加する．平衡では両者の速度がつり合っているので，平衡定数 K_1 から与えられる吸着熱を Q_1 として，

$$a_1 \theta_0 p = b_1 \theta_1 e^{-Q_1/RT} \tag{2・8}$$

第1層の形成では θ_0 への吸着，θ_2 の脱離によって θ_1 は増加し，θ_1 からの脱離および θ_1 への吸着によって減少する．増加，減少の速度が平衡状態で均衡をとっていると仮定する．

$$a_1 \theta_0 p + b_2 \theta_2 e^{-Q_2/RT} = b_1 \theta_1 e^{-Q_1/RT} + a_2 \theta_1 p \tag{2・9}$$

式(2・8)の関係から式(2・9)は，

$$b_2\theta_2 e^{-Q_2/RT} = a_2\theta_1 p \tag{2・10}$$

同様にして第 i 層については,

$$b_i\theta_i e^{-Q_i/RT} = a_i\theta_{i-1} p \tag{2・11}$$

吸着熱 Q_1 は固体表面上への第 1 層の吸着熱として区別するが,2 層目以上において吸着熱は吸着質の凝縮熱 Q_{liq} と等しくまた $a_i/b_i=a/b$ で一定とみなす.

$$\theta_i = \left(\frac{a_i}{b_i}p\right) e^{Q_{\text{liq}}/RT} \theta_{i-1} = \left(\frac{a_i}{b_i}p\right) e^{Q_{\text{liq}}/RT} \left(\frac{a_{i-1}}{b_{i-1}}p\right) e^{Q_{\text{liq}}/RT} \theta_{i-2}$$

$$= \left(\frac{a_1}{b_1}\right)\left(\frac{b}{a}\right) e^{(Q_1-Q_{\text{liq}})/RT} \left\{\left(\frac{a}{b}p\right) e^{Q_{\text{liq}}/RT}\right\}^i \theta_0 \tag{2・12}$$

単分子層吸着量 V_{mono},総吸着量 V とすると,

$$\frac{V}{V_{\text{mono}}} = \frac{\sum_{i=0}^{\infty} i\theta_i}{\sum_{i=0}^{\infty} \theta_i} = \sum_{i=0}^{\infty} i\theta_i$$

となるので,ここで,

$$\left(\frac{a_1}{b_1}\right)\left(\frac{b}{a}\right) e^{(Q_1-Q_{\text{liq}})/RT} = C, \quad \left\{\left(\frac{a}{b}p\right) e^{Q_{\text{liq}}/RT}\right\} = z$$

とおくと,

$$\theta_i = Cz^i \theta_0 \tag{2・13}$$

$$\theta_0 = 1 - \sum_{i=1}^{\infty} \theta_i = 1 - C\theta_0 \sum_{i=1}^{\infty} z^i = 1 - C\theta_0 \frac{z}{1-z} \tag{2・14}$$

式 (2・14) を変形して

$$\theta_0 = \frac{1-z}{1-z+Cz} \tag{2・15}$$

$$\frac{V}{V_{\text{mono}}} = \sum_{i=1}^{\infty} i\theta_i = \sum_{i=1}^{\infty} iCz^i \theta_0 = C\frac{1-z}{1-z+Cz} \sum_{i=1}^{\infty} iz^i = C\frac{z}{(1-z)(1-z+Cz)} \tag{2・16}$$

$p=p_0$ のとき $V=\infty$ となり,そのとき $z=1$ となるため,$z=p/p_0$ となる.これを変形して,

$$\frac{1}{V_{\text{mono}}} = Cp\frac{p_0}{V(p_0-p)(p_0-p+Cp)} \tag{2・17}$$

$$\frac{p}{V(p_0-p)} = \frac{1}{V_{\text{mono}}C} + \frac{(C-1)p}{V_{\text{mono}}Cp_0} \tag{2・18}$$

この式の $p/\{V(p_0-p)\}$ を p/p_0 に対してプロットすることにより,切片および傾きから V_{mono} を求め,さらに吸着気体の断面積をかけることによって表面積を求める.p

は吸着質である気体の圧力，p_0 は飽和蒸気圧である．V_{mono} は単分子層を形成するのに要する気体の体積，V は吸着した気体の体積である．このような BET 式に従う吸着等温線を図 2・4(b) に示す．窒素，クリプトンなど不活性な気体種で物理吸着が進行する系でこの部分から窒素などを吸着媒として表面積を算出する．BET 式の取扱いが可能なのは $p/p_0 < 0.35$ 程度であるとされている．

2・4・3 毛細管凝縮

吸着の平衡圧が気体の飽和蒸気圧に近づくに従い，細孔内への吸着質の毛細管凝縮が進行する．小さな径の細孔ほど低い平衡圧で毛細管凝縮が進行し，凝縮相で満たされる．毛細管凝縮による取扱いは，相対圧 $p/p_0 > 0.4$ 程度から必要になる．半径 r が小さい細孔ほど飽和蒸気圧よりも低い圧力で毛細管凝縮が進行する．その挙動はケルビン (Kelvin) 式 (2・19) で表される．

$$\ln \frac{P}{P_0} = -\frac{2V\gamma\cos\theta}{rRT} \qquad (2\cdot 19)$$

ここで，P, P_0 はそれぞれは気体の平衡圧，飽和蒸気圧，V は分子容積，γ は凝縮相の表面張力，θ は固体表面に対する接触角である．

圧力 P において，この式 (2・19) で表される半径 r より小さい細孔はすべて凝縮相で満たされる．このようなことを利用して細孔径分布を求めるのが窒素吸着による細孔系分布の測定法である．

一般には多孔体は円筒形状以外の複雑な形状を有している．インクつぼ型などとよばれる複雑形状の細孔では加圧方向と減圧方向の吸着等温線にヒステリシスが現れる．これはいったん加圧時に凝縮相で満たされた細孔からの凝縮相の気化が起こりにくくなるためである．

2・5 触媒反応の機構と速度式

触媒反応は表面上の反応であり，その進行の過程を観察する手法に乏しいため，完全に明確になっている反応は少ない．反応速度の分圧依存性や，機器分析手法による表面構造，吸着状態の解析，トレーサー法などさまざまな手法を組み合わせることによって，以前に比較して多くの部分が解明されつつある．ここでは反応速度の解析としていくつかの機構を仮定して解析する手法について述べる．

2・5・1 ラングミュア・ヒンシェルウッド(Langmuir-Hinshelwood)機構（L-H機構）

触媒表面上の反応に対して気相反応物が触媒表面上に吸着し，その表面反応が律速段階となる反応を考える．触媒反応は多段の素反応プロセスからなる．

一連の反応が完結するためには多段の素反応が連続して進行する．たとえば気相のAとBが反応してCが生成する反応A+B→Cにおいて，素反応が次のようにA，Bの触媒表面上への吸着過程を経由して進行する．

$$A_g + V_a \longrightarrow A_a, \quad B_g + V_a \longrightarrow B_a \quad (2・20)$$

ここでA_gは気相のA，A_aは表面上に吸着したA，V_aは触媒表面上の空の吸着サイトを表す．Bについても同様で，ここではA，Bいずれも同一の吸着サイトV_aを占有すると仮定する．表面上での吸着種の反応により気相のCが生成し，吸着サイトが空になる．

$$A_a + B_a \longrightarrow C + 2V_a \quad (2・21)$$

L-H機構ではAとBの触媒表面への吸着は平衡に達していると仮定する．Aの吸着速度定数をk_A，脱離速度乗数をk_A'，Aの吸着サイトの占有率すなわち被覆率をθ_A，空位の吸着サイトの割合をθ_vと表す．Aの吸着速度$r_{A\,ads}$は，

$$r_{A\,ads} = k_A p_A \theta_v - k_A' \theta_A \quad (2・22)$$

Bについても同様に，吸着速度$r_{B\,ads}$は，

$$r_{B\,ads} = k_B p_B \theta_v - k_B' \theta_B \quad (2・23)$$

A，Bいずれについても吸着平衡が成立している場合は，$r_{A\,ads}=0$，$r_{B\,ads}=0$となる．式(2・22)，式(2・23)において吸着平衡定数$K_A = k_A/k_A'$，$K_B = k_B/k_B'$と定義すると，

$$\theta_A = K_A p_A \theta_v, \quad \theta_B = K_B p_B \theta_v \quad (2・24)$$

さらに，生成物Cは速やかに脱離すると仮定すると，$1 = \theta_v + \theta_A + \theta_B = \theta_v + K_A p_A \theta_v + K_B p_B \theta_v$となるので，

$$\theta_v = \frac{1}{1 + K_A p_A \theta_v + K_B p_B \theta_v} \quad (2・25)$$

表面反応速度r_RはA，Bの被覆率θ_A，θ_B，反応速度定数k_Rに比例するので，

$$r_R = k_R \theta_A \theta_B = \frac{k_R K_A p_A K_B p_B}{(1 + K_A p_A + K_B p_B \theta_v)^2} \quad (2・26)$$

となる．

被覆率が低い場合，反応速度は p_A および p_B に比例する分圧依存性を示す．一方，p_A または K_A が大きい場合は A の被覆率が大きくなり，反応速度 $r_R = k_R K_B p_B$ となる．触媒表面上に多く吸着した A により B の吸着が少なくなり，反応が阻害されている．

L-H 機構は吸着種の表面反応を律速過程とするが，吸着律速の場合，生成物の脱離律速の場合，A と B の吸着サイトが異なる場合，A や B が解離吸着する場合など，類似の取扱いで式を組み立てることによってそれぞれの機構に対する速度式を組み立てることができる．

2・5・2 イーレイ・リディール(Eley-Rideal)機構

A, B 2 成分の気体の反応において，片方のガス成分 A_g は触媒表面へ吸着するが(式(2・27))，もう片方の B_g は吸着せずに，直接吸着物質 A_a と反応する．

$$A_g + V_a \longrightarrow A_a \qquad (2・27)$$

$$A_a + B_g \longrightarrow C_g \qquad (2・28)$$

この場合，反応速度は A の被覆率と B の気相の分圧に比例し，B の被覆率は 0 とすると，前項の L-H 機構と同じような手順によって，

$$r_R = \frac{k_R K_A p_A p_B}{1 + K_A p_A} \qquad (2・29)$$

2・5・3 逐次反応の解析

触媒反応では複数の生成物が得られることが多く，この場合，逐次的に中間生成物を経由して最終生成物に至る．触媒反応の中間生成物が目的生成物である場合も多く，その場合には反応時間と生成物分布や選択率の解析が重要となる．たとえば接触酸化反応における部分酸化生成物を得るような場合である．

逐次反応 A→B→C の場合，各反応速度が次のように表されるものとする．

$$\frac{d[A]}{dt} = -k_1[A] \qquad (2・30)$$

$$\frac{d[B]}{dt} = k_1[A] - k_2[B] \qquad (2・31)$$

$$\frac{d[C]}{dt} = k_2[B] \qquad (2・32)$$

これらから [A]，[B]，[C] の各濃度の時間変化は次式で表される．

$$[A] = [A]_0 \exp(-k_1 t) \qquad (2・33)$$

$$[B] = \frac{k_1}{k_2 - k_1} \{\exp(-k_1 t) - \exp(-k_2 t)\} [A]_0 \qquad (2 \cdot 34)$$

$$[C] = \left(1 + \frac{k_1 e^{-k_2 t} - k_2 e^{-k_1 t}}{k_2 - k_1}\right) [A]_0 \qquad (2 \cdot 35)$$

となる．Bの濃度は初期に増加するが極大を経て減少し，Cがその後増加する．反応の収率を図2・6に示す．BはCに至る中間生成物であるため，初期に生成するが，極大を経たのち減少する．横軸の時間はバッチ式反応器の反応時間，流通式固体触媒反応の接触時間に相当し，その調節が各生成物の収率に大きな効果を与える．一般の反応速度式は単純でないため，解析的に求められることは少なく，数値計算によって求められる．

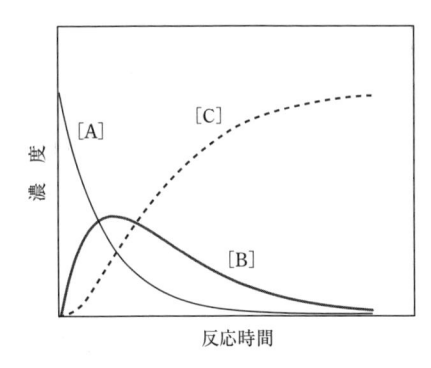

図 2・6 逐次反応に伴う原料，生成物濃度の経時変化

触媒材料と触媒調製の化学 3

- 種々の触媒の調製法を学ぶ.
- 触媒調製は分析化学や表面化学と密接に関連していることを理解する.

3・1 種々の触媒材料

　触媒材料の多くは, TiO_2 や Al_2O_3 のような単一元素からなる単独酸化物や, $LaCoO_3$ や SiO_2–Al_2O_3 のような2種以上の元素からなる複合酸化物である(表3・1). また, 酸化物に貴金属や遷移金属酸化物を少量担持した酸化物担持触媒もさまざまな反応に応用されている. このような酸化物はリン酸塩や硫酸塩などの化合物に比べ熱安定性が高く構造変化が少ないため, 広い温度域の触媒反応に適用可能である. さらに, 酸化物担持触媒は, 触媒の活性化や希少元素の使用量削減にきわめて有効である.

　高い活性をもつ触媒材料の重要な要素として, 表面積・結晶性・耐熱性があげられる. 多くの触媒反応は触媒材料の表面上で, 反応基質の吸着・反応および生成物の脱離が起こることで進行するため, 触媒材料はナノサイズの微結晶かつ高表面積なものが好ましい. 触媒材料の結晶性も, 反応基質との化学的特性を左右する. さらに, 高温での触媒反応に用いられる触媒材料の場合, 反応中に触媒の物性が変化すると失活や活性低下を招くため, 高い熱安定性が必要になる.

　これらの要素を兼ね備えた触媒材料の調製法はさまざまであり, 酸化物系触媒でも単独酸化物と固溶体のような複合酸化物では合成法が大きく異なる. 単独酸化物は単一元素から構成されているため, 表面積の制御と細孔構造の制御が重要な課題であり, アルミナのように結晶構造をもっている場合には結晶構造の制御も課題となる. 一方, 複合酸化物の場合, 2種以上の金属種が含まれるため, 表面積以外に各金属種の均一性もきわめて重要である.

表 3・1 代表的な触媒材料と触媒反応

分類	触媒材料	用途，触媒反応	分類	触媒材料	触媒反応
単独酸化物	Al_2O_3	担体，アルコール脱水	複合酸化物	$SiO_2-Al_2O_3$	クラッキング，異性化
	SiO_2	担体		SiO_2-NiO	エチレン二量化
	ZnO	アルコール脱水，水素化		$LaCoO_3$	燃焼触媒
	TiO_2	担体，光触媒		$Bi_2O_3-MoO_3$	酸化，アンモ酸化
	V_2O_5	o-キシレン・ベンゼン・SO_2 酸化		$Cu_2O-Cr_2O_3$	脱水素，水素化触媒
	Cr_2O_3	脱水素，水素化		$Cu-ZnO$	メタノール合成
	MoO_3	メタセシス，脱水素環化		$ZnO-Cr_2O_3$	メタノール合成
	WO_3	メタセシス，脱水素環化		$MoO_3-Fe_2O_3$	メタノール酸化
	MnO_2	酸化，N_2O 分解		$Fe-K_2O-Al_2O_3$	アンモニア合成
	Fe_3O_4	シフト反応		$Fe_2O_3-Cr_2O_3-K_2O$	エチルベンゼン酸化的脱水素
	Co_3O_4	酸化		Cr_2O_3/Al_2O_3	脱水素
				V_2O_5/TiO_2	NH_3 による NO_x の選択還元
硫化物触媒	$Co-Mo/Al_2O_3$	水素化脱硫	ヘテロポリ酸	$H_3PMo_{12}O_{40}$	オレフィン水和，アルコール脱水
	$Ni-W/Al_2O_3$	水素化分解		$H_3PW_{12}O_{40}$	オレフィン水和，アルコール脱水
	MoS_2	水素化，オレフィン異性化	リン酸塩	ピロリン酸ジバナジル	無水マレイン酸合成
担持金属触媒	$Pt(Re)/Al_2O_3(Cl)$	リホーミング（改質）	ゼオライト	ZSM-5	キシレン異性化，MTG
	$Pd/SiO_2, Al_2O_3$	部分水素化		USY	接触分解 F(CC)
	Ru/Al_2O_3	メタネーション，	ラネー金属触媒	Ni	水素化
		フィッシャー・トロプシュ合成	微粒金属触媒	Ru	水素化（シクロヘキセン合成）
	$Pt-Rh-Pd/CeO_2-ZrO_2$	自動車排ガス浄化	金属網触媒	Pt-Rh	NH_3 酸化（硝酸合成）
	Rh/Al_2O_3	CO 水素化			

［服部 英，多田旭男，菊池英一，瀬川幸一，射水雄三，"新しい触媒化学 第 2 版"，三共出版(1997)を基に一部改変］

3・2 単独酸化物
3・2・1 沈殿法

　単独酸化物の合成法として，市販の炭酸塩や硝酸塩を空気中で熱分解(焼成)することで，酸化物を得る方法がある．非常に簡便な方法であるが，市販品の炭酸塩や硝酸塩の製造工程まで理解しておかないと，不純物量の変化や原料塩の粒子形態の変化から，突如再現性が得られなくなる可能性がある．一方，沈殿法は金属硝酸塩や塩化物の水溶液にアルカリ水溶液などを加えて金属水酸化物のような難溶性の前駆体を調製する方法であるため(図3・1)，原料の製造工程とはほぼ無関係になる．こうして得られた前駆体を熱分解することで酸化物を合成する．

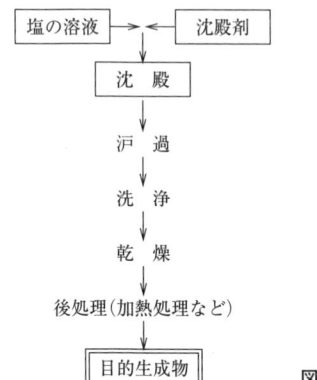

塩の溶液 → ← 沈殿剤
↓
沈殿
↓
沪過
↓
洗浄
↓
乾燥
↓
後処理(加熱処理など)
↓
目的生成物

　　　図3・1　沈殿法の概略図

　沈殿の生成にはまず溶解度積を考える必要がある．たとえば，所定濃度の金属硝酸塩を含む水溶液に水酸化ナトリウム水溶液を滴下して水酸化物の沈殿を調製する場合には，以下の反応式に示す溶解平衡に支配されることになる．

$$M_n(OH)_m(固体) \rightleftarrows nM^+(水溶液) + mOH^-(水溶液) \quad (3・1)$$

この反応の平衡定数は，

$$K = \frac{(a_{M^+})^n (a_{OH^-})^m}{a_{M_n(OH)_m}} \quad (3・2)$$

で表される．純物質の活量は1であり，固体である水酸化物の活量も1であるので，式(3・2)は近似的にモル濃度の積になる．このモル濃度の積が溶解度積である．

$$K_{sp} = [M^+]^n [OH^-]^m \quad (3・3)$$

この溶解度積を用いることにより，沈殿生成前の金属イオンのモル濃度から，沈殿を生成し始める水酸化物イオンの濃度を算出することができ，したがって，沈殿が生成し始める pH を知ることができる．上述の議論では，水酸化物が得られることを仮定したが，沈殿剤に炭酸ナトリウムや炭酸水素アンモニウムのような沈殿剤を用いた場合，水酸化物の溶解度積と炭酸塩の溶解度積の関係から，炭酸塩が沈殿として得られる場合もある(溶解度積は濃度の指数乗となっているため，水酸化物と炭酸塩の溶解度積の大小を単純に比較してはならない)．

ここで，水酸化イットリウム $Y(OH)_3$ の沈殿を調製する場合を考えよう．$Y(OH)_3$ の溶解度積から，溶液中の Y イオン濃度と pH の関係は図 3・2 のようになる．

$$Y(OH)_3 \longrightarrow Y^{3+} + 3\,OH^- \qquad (3・4)$$

$$K_{sp} = [Y^{3+}][OH^-]^3 = 8 \times 10^{-23} \quad (mol\,L^{-1})^4 \qquad (3・5)$$

水の自己プロトリシス定数を考慮すると次式の関係が得られる．

$$\log[Y^{3+}] = -3\,pH + 19.9 \qquad (3・6)$$

つまり，$1.0 \times 10^{-2}\,mol\,L^{-1}$ の Y イオンを含む溶液の場合，この図より pH=7.3 で水酸化イットリウムの沈殿生成が始まることになる．

水酸化イットリウムはイットリウム塩の水溶液に塩基を滴下することで沈殿するが，酸を加えて沈殿を調製する場合もある．たとえば $NaAl(OH)_4$ の溶液から $Al(OH)_3$ を沈殿させるときには，酸を添加する．これは，以下の反応が進行するためである．

$$Al(OH)_4^- + H^+ \longrightarrow Al(OH)_3 + H_2O \qquad (3・7)$$

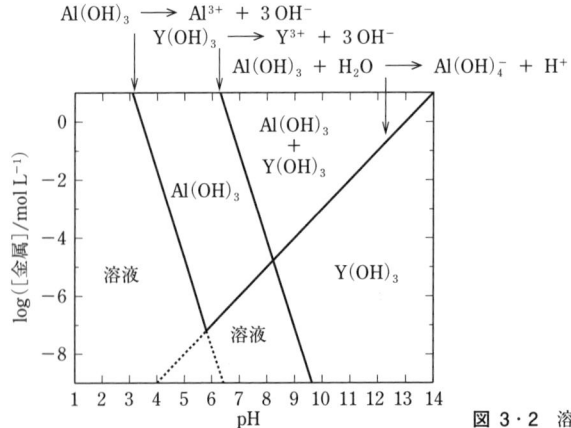

図 3・2 溶解度積と pH の関係

このときの溶解度積は下式になる．

$$K_{sp} = [\mathrm{Al(OH)_4^-}][\mathrm{H^+}] = 1 \times 10^{-13} \quad (\mathrm{mol\ L^{-1}})^2 \tag{3・8}$$

さらに，アルミニウムの塩の溶液(酸性)とNaAl(OH)$_4$の溶液(塩基性)を混合することによりAl(OH)$_3$を合成することも可能である．酸性溶液からの沈殿の生成を合わせると，Al(OH)$_3$の沈殿生成領域は図3・2のようになる．

$$\mathrm{Al(OH)_3} \longrightarrow \mathrm{Al^{3+}} + 3\,\mathrm{OH^-} \tag{3・9}$$

$$K_{sp} = [\mathrm{Al^{3+}}][\mathrm{OH^-}]^3 = 2 \times 10^{-32} \quad (\mathrm{mol\ L^{-1}})^4 \tag{3・10}$$

なお，溶解度積はカチオンとアニオンの組合せのみで決まる定数と錯覚しやすいが，溶解度積は析出する沈殿の熱力学的安定性に依存する．たとえば，水酸化アルミニウムには無定形のもののほかに，バイヤライト，ジブサイト，ノルドストランダイトという異なる結晶構造をもつ(これを**多形**という)ものが知られている．これらに対応して溶解度積は異なり，無定形の水酸化アルミニウムがもっとも溶解度積が大きく，もっとも熱力学的に安定なバイヤライトの溶解度積がもっとも小さい．なお，本章で用いた溶解度積は分析化学で用いられている値であり，無定形水酸化アルミニウムに対応するものである．

また，W，Mo，V，Nbのようにイソポリアニオンを生成する元素の酸化物を沈殿法で調製する場合，沈殿剤として酸を用いる．たとえば，WO$_3$を合成する場合にはタングステン酸アンモニウムなどの溶液に酸を加える．反応式は以下のようになる．

$$\mathrm{WO_4^{2-}} + 2\,\mathrm{H^+} \longrightarrow \mathrm{WO_3} + \mathrm{H_2O} \tag{3・11}$$

沈殿の粒子表面は帯電しているので，アルカリイオンを含む沈殿剤を用いる場合，アルカリイオンが沈殿粒子に吸着される可能性が高い．また，硫酸塩や塩化物を出発物質に用いる場合，沈殿物中に残留するS種やCl種は熱的に安定であるため，これらを除去するには高温での焼成が必要となる．このような不純物種は，原理的には洗浄過程で除去することができるが，実際は困難である．このような理由から，沈殿剤としては，アンモニアや炭酸アンモニウムなどのように，焼成段階で除去できる沈殿剤が好まれ，同様の理由で出発物質としては硝酸塩が好まれる．

沈殿を生成させたあと，母液と沈殿の分離が必要となる．沈殿剤や原料の対イオンが沈殿に混入するため，沈殿の洗浄が必要である．もっとも一般的な方法として，減圧沪過を用いて沈殿の分離・洗浄を行う．沪過を行う際，沈殿には重力方向のみに力がはたらくはずであるが，沈殿を乾燥させると沈殿に対して横方向の力がはたらいたと考えられるひび割れが生じる．これは，沈殿粒子間に存在する母液の表面張力に起因している．粒子間の母液が減少するにつれ，粒子間隙にメニスカスが生成する(図3・

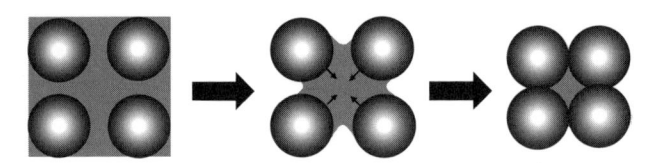

図 3・3 洗浄および乾燥過程における粒子の凝集メカニズム

3)．母液の減少とともにメニスカスの曲率が大きくなり，この曲率を小さくするため粒子同士に引力がはたらく．最終的に，粒子同士が凝集し，一部の母液は粒子間隙に閉じ込められる．一度沈殿にひび割れが生じると粒子間に閉じ込められた母液は，その後入念に沈殿の洗浄をしても取り除くことはできない．このため，母液に含まれる不純物イオンが生成物に吸蔵され，生成する酸化物中に含まれる不純物量が実験者によって異なることになる．この現象が，沈殿法で再現性がとれない原因の一つである．

このような事態を回避する方法として，デカンテーションがある．デカンテーションによる沈殿の洗浄は時間を要するものの，沪過操作で起きるひび割れに伴う問題は回避できる．しかし，母液（または洗液）中の沈殿は，微視的には溶解-再析出を繰り返しており，沈殿の結晶化が進行する場合がある．通常のデカンテーション法以外にも，遠心分離後，母液をデカンテーションし沈殿を分離，洗液を加えてかくはん・洗浄を繰り返すことも再現性を得るためには好ましい方法である．

沈殿の乾燥過程においても，粒子間に存在する媒体の表面張力による粒子の凝集が起きる．水酸化物のような微小な粒子を含む沈殿を 100 ℃ 以上に設定された乾燥器に入れると，沈殿自体が爆発的に飛び散ることがあるので注意が必要である．水分の蒸発が沈殿の物理的な外表面で起こるため，そこで粒子の凝集が起こり，水分の流れが阻害されて沈殿に内圧が発生するためである．

凝集が強固に起きると，表面積が大きく低下する．触媒材料として粒子の表面積低下は，避けるべきことである．そのため，洗浄の最終段階でアルコールやアセトンのように表面張力の小さな溶媒で粒子間の水を置換する方法がある．ただし，乾燥器を用いて乾燥させると，急激な有機溶媒の蒸発が起こり乾燥器内のガス組成が有機溶媒の燃焼範囲に入り，爆発する可能性がある．有機溶媒で置換した沈殿を乾燥器内で乾燥させるのは避けるべきである．さらに，沈殿を風乾させても有機溶媒の蒸発により蒸発潜熱が奪われ，沈殿の温度が室温より下がると空気中の水分が凝縮する可能性があり，有機溶媒で置換した効果がなくなる場合もある．そのため，N_2 などの不活性ガスを流通させたデシケーター内で沈殿を乾燥させることが望ましい．

3・2 単独酸化物

水酸化物や炭酸塩などの沈殿を焼成すると酸化物が得られる．この過程で金属イオンの酸化・還元が起こる場合がある．具体例として，以下のような反応が進行する．

$$2\,Ce(OH)_3 + \frac{1}{2}O_2 \longrightarrow 2\,CeO_2 + 3\,H_2O \qquad (3\cdot12)$$

$$3\,CoCO_3 + \frac{1}{2}O_2 \longrightarrow Co_3O_4 \longrightarrow 3\,CoO + \frac{1}{2}O_2 \qquad (3\cdot13)$$

水酸化物の場合は焼成過程で脱水が起こり，炭酸塩の場合は二酸化炭素が脱離する．水や二酸化炭素の脱離により細孔が生じ，沈殿のときに比べて表面積が増大する．しかし，水分子や二酸化炭素分子が脱離した場所に細孔が発生しているのではないことに注意が必要である．水分子は窒素分子よりも小さく，水分子の抜けたあとに細孔が発生するならば，その細孔には窒素分子が入ることができず，一般に窒素分子の吸着量から求められる表面積にはこのような細孔は寄与できないからである．

水酸化物や炭酸塩などの粒子の凝集体を焼成する場合を考えよう．この過程で固体から固体へ直接変化する場合には，焼成により凝集体全体は焼き締まるが，その形状はほぼ維持される（原料がゲル状の水酸化物の場合には，焼成により非常に大きな水和層が除去されるため収縮率がきわめて大きくなり，原料の凝集体の形が維持されない場合もある）．焼成過程で液相が生成する場合には，形態はまったく変化するであろう．同様なことは結晶レベルでも起こる．一つの水酸化物の結晶が，焼成により直接固体酸化物に変化する場合，生成した酸化物の見かけの形態は原料の形態を維持する．これを**擬晶**という（図3・4）．加熱による固相内の変化であるために，一つ一つの原子を大きく動かすことができないためである．結晶性の原料から無定形の中間体を経ずに結晶性の酸化物が生成する場合，両者の間には結晶学的な関係がみられる場合が多い．これをトポタクティック変化といい，相変化に伴う個々の原子の動きをできるだけ小さくするためにこのような関係が生じると考えられる．

水酸化物などを加熱して酸化物に変化させると，両者の真比重の差から粒子は小さくなる．しかし，原料の結晶を一様に収縮させることは不可能である．すべての水分子が同時に除去されるような過程を考えない限り，原料の結晶と生成物結晶の間に歪みが発生するためである．この歪みを回避するため，原料の結晶中に無数の生成物結晶が発生し，収縮した容積に相当する細孔が発生する．このようにして，相変化に伴う一つ一つの原子の動きを最小にしていると考えることができる．焼成による相変化の過程に無定形の中間体が生成する場合には原料結晶と生成結晶の間にトポタクティックな関係はみられず，擬晶が得られても形が若干崩れる．さらに，相変化の過程で液相が中間体として生成する場合には原料の形態はまったく維持されない．

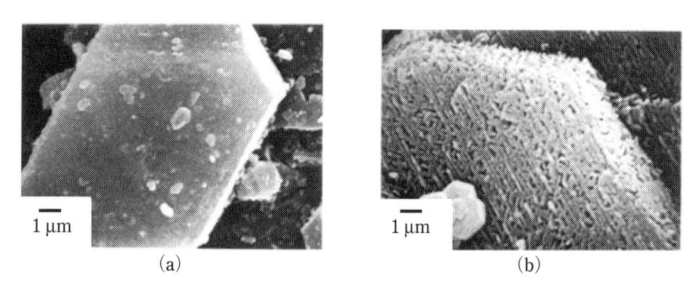

図 3・4 ジブサイト($Al(OH)_3$)を空気中で焼成してアルミナにしたもの(a)と特殊な条件で脱水してベーマイト($AlO(OH)$)にしたもの(b)

ジブサイトは六角板状の結晶であり，これから生成した生成物も六角板状の擬晶となっている．図(b)でみられるように六角板状の擬晶中に多数のベーマイトの板状結晶が生成し，ベーマイトの板状結晶の間隔に細孔が発生している．ベーマイトの板状結晶は特定の方向に配列しており，ジブサイト結晶とベーマイト結晶の間にはトポタクティックな関係が成り立っている．ジブサイトを通常の条件で加熱脱水してアルミナを生成する過程もトポタクティックな変化が起こるが，生成するアルミナの結晶は図(b)にみられるベーマイトの結晶よりはるかに小さく，またアルミナの結晶間隙に発生する細孔も小さい(約3nm程度)．

焼成温度が高くなりすぎると，粒子同士の会合(焼結)が起こり表面積は低下する．**焼結**とは融点以下の温度で粉体が焼き締まる現象をいい，粒子の表面エネルギーが減少する方向に物質移動が起こることによる．物質移動の過程には体拡散や表面拡散などがあり，タンマン(Tammann)温度以上の温度になると，固体内での体拡散が顕著になる．タンマン温度と融点 T_f 間には $T_M \approx 0.5 T_f$ の関係があることが知られている．焼結は酸化物表面の拡散でも起こり，タンマン温度より低温でも焼結は進行する．表面拡散が顕著になる温度はほぼ $T_H \approx 0.3 T_f$ とされている．これをヒュティッヒ(Hüttig)温度という．ただし，タンマン温度もヒュティッヒ温度も目安と考えるべきである．

沈殿法の中に均一沈殿法とよばれる方法がある．アルカリ性水溶液の滴下により沈殿を生成させる場合，滴下した液滴付近では急激な pH 変動が起こる．そのため，微視的にみれば，液滴周辺で微粒子が生成していることになる．このような問題を解決するために，均一沈殿法が開発された．この方法では，目的酸化物の原料塩と尿素を含む水溶液を加熱して，尿素を次式に示すように加水分解する．

$$(NH_2)_2CO + 3H_2O \longrightarrow 2NH_4^+ + CO_2\uparrow + 2OH^- \tag{3・14}$$

このとき発生するアンモニアにより，溶液の pH を一様に上昇させることができ，この pH 上昇により沈殿が生成する．単独酸化物合成の場合は，均一な粒径を有する酸

化物が得られる方法であると考えられる．

3・2・2　アルコキシドの加水分解法（ゾル-ゲル法）

　金属アルコキシドとはアルコールのプロトンを金属イオンに置換した一群の化合物をいい，ヒドロキシ酸($M(OH)_n$)のエステルと捉えることもできる．化学的安定性の高いSiやTiのような金属の場合，金属アルコキシドを加水分解して水酸化物を得，これより金属酸化物を合成することができる．ガラスの合成法として発展し，反応初期段階では≡M-O-R + H_2O → ≡M-OH + ROHという加水分解が進行し，コロイド粒子を含む分散液（ゾル）が生成する．さらに，反応を続けると 2≡M-OH → ≡M-O-M≡ + H_2O という式で表される縮合が進み，M-O-M結合のネットワークをもつ流動性のない生成物（ゲル）が得られる．全体の反応式は次式となる．

$$M(OR)_n + nH_2O \longrightarrow M(OH)_n + nROH \qquad (3・15)$$

このため，ゾル-ゲル法との呼び名もあるが，触媒材料合成ではゲル化過程は必ずしも必要ではない．本法の利点は，沈殿法とは異なり沈殿剤や原料塩に由来する対イオンを含まない粉末が得られることである．

　実際の方法としては，金属アルコキシドをアルコールなどの溶媒に溶解し，この溶液にアルコールなどで希釈した水を添加することで加水分解を起こさせる．テトラアルコキシケイ素（ケイ酸テトラアルキル）など加水分解速度が遅いものを用いる場合には加水分解速度を制御する目的で，硝酸やアンモニアなどを触媒として添加する場合もある．しかし，一般にはアルコキシドの加水分解は速く，空気中の水分により加水分解されてしまうため，グローブボックス中で作業するなど，作業環境の水分管理を行う必要がある．

　アルコキシドの加水分解による単分散粒子の合成として，ストーバー法によるSiO_2の単分散粒子合成がよく知られている．**単分散粒子**とは，形状および粒径が揃っている粒子である．ストーバー法の特徴はアルコキシドの希薄アルコール溶液にアルコキシドの物質量（モル）に対して3倍程度の水を含むアルコールを混合することである．混合段階で沈殿生成が始まるようでは単分散粒子にはならない．両者が均一に混合されたのち，ゆっくり濁っていく程度の条件にすることが必須であり，この速度はアルコールの選択（あるいは混合アルコール溶媒を使用）により制御可能である．

　単分散粒子が得られる条件は，図3・5に示したように時間に対する溶質の濃度の関係から考察することが可能である．粒子が生成する初期段階において，生成物に対応する溶質の濃度は生成物の飽和濃度以上（過飽和）に上昇する．生成物粒子の核が発

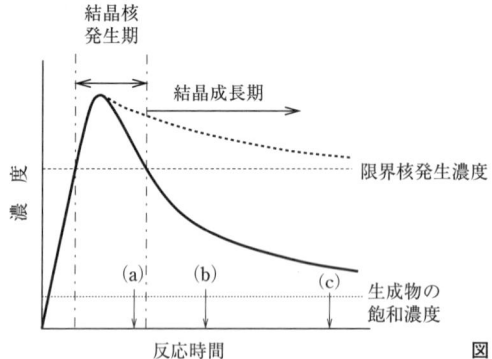

図 3・5 結晶核生成と結晶成長

生するためには十分な過飽和度が必要なことが知られている．核となる微粒子は表面エネルギーが大きいため，溶解度が通常の粒子より大きく，粒子の成長が起こるより先に溶解してしまうためである．溶質の濃度がある程度を超えると，粒子の成長のほうが溶解より速くなる．これを核発生といい，そのときの溶質の濃度を限界核発生濃度という．粒子の成長により溶質が消費され溶液中の濃度が低下し，限界核発生濃度以下になると，もはや核発生は起こらなくなる．この核の発生が反応初期の極短期間だけで起これば，単分散粒子が得られる(図 3・6)．しかし，破線に示したように，核発生後も溶質濃度が限界核発生濃度を下回らず，核発生と粒子成長が同時に起こるような条件を与えてしまうと，生成物粒子の粒径の分布が広がる．ストーバー法では反応初期に粒子の核が無数に発生し，その後の粒子成長時には核が発生しないため，単分散粒子が得られるものと考えられる．

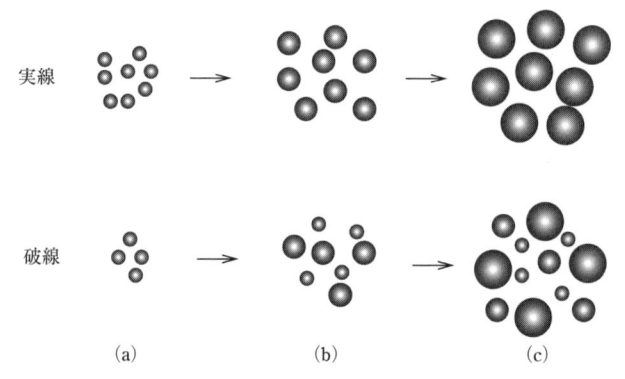

図 3・6 結晶核生成と結晶成長の模式図
(a), (b), (c)は図 3・5 の(a), (b), (c)に対応する．

3・2・3 気相合成法

　気相合成法は金属塩化物などの化合物を気化させ，それを気相のガスと反応させて金属酸化物を合成する方法である．たとえば，$SiCl_4$ や $TiCl_4$ の場合には以下のように反応が進行する．

$$SiCl_4 + O_2 \longrightarrow SiO_2 + 2Cl_2 \qquad (3・16)$$

$$TiCl_4 + O_2 \longrightarrow TiO_2 + 2Cl_2 \qquad (3・17)$$

また，微量の水蒸気を含んだガスを流すと以下に示す加水分解反応が起こり，金属酸化物が得られる．

$$SiCl_4 + H_2O \longrightarrow SiO_2 + 4HCl \qquad (3・18)$$

$$TiCl_4 + H_2O \longrightarrow TiO_2 + 4HCl \qquad (3・19)$$

金属酸化物合成の原料としては，四塩化ケイ素(b.p. 58 ℃)や四塩化チタン(b.p. 136 ℃)のように蒸気圧が高く，酸素や水との反応性が高い塩が好まれる．

　金属硝酸塩などを含む水溶液を超音波や静電力により噴霧させて得られる微細な液滴を，不活性ガス雰囲気下や酸素雰囲気下で熱分解させて金属酸化物を得る方法もある(噴霧熱分解法という)．しかし，2種以上の金属を含む複合酸化物合成では，熱分解温度が金属ごとに異なるため，均一に多種の金属イオンを粒子内に分散させることは困難になると考えられる．

　気相合成法では，沈殿法の場合とは異なり，沪過・洗浄・乾燥の工程が不要なため，生成物の凝集が少なく，分散性の高い金属酸化物が得られるという特徴をもっている．なお，気相法で合成された粒子は分散性が高いため，容易に空気中に舞い上がり粉じんとなる．このような粉じんを吸い込むと，1 μm 以下の粒子は肺胞まで達し，肺胞壁に沈着する．生体には肺胞壁に沈着した粒子を排泄する機能はないため，長期間にわたり徐々に肺機能を冒し，じん肺となる危険性がある．この点を十分認識する必要がある．

3・3 複合酸化物

3・3・1 固相法

　もっとも古典的な複合酸化物合成法は固相法である．この方法では，2種以上の酸化物や炭酸塩などを混合し，高温焼成することで目的生成物を合成する．均一な複合酸化物を合成するには，複数回の磨砕・混合・仮焼を繰り返す必要があり，エネルギー

コストが高い．さらに，本法では高温焼成が不可欠なため，表面積の小さい粗大粒子が得られる．このため，触媒材料の合成法としては一般には適していない．

3・3・2 共 沈 法

2種以上の金属イオンを含む溶液から沈殿を生成し，それを焼成することで複合酸化物を合成する方法を共沈法という．低温焼成で均一な複合酸化物を合成できる方法のなかで，もっとも代表的かつ簡便な方法である．分析化学の分野での共沈という用語は，本来沈殿するはずのないイオンがほかの沈殿に伴い沈殿することを意味するため，沈殿を汚染する事象として取り扱われる．しかし，触媒調製化学での共沈法は複合酸化物を目的として2種以上の金属イオンを沈殿させる方法を意味する．

3・2・1項の沈殿法で説明したように，沈殿の生成は沈殿に固有な溶解度に依存するため，2種類の金属イオンを同時に沈殿させることは難しい．たとえば，共沈法で合成した沈殿からの$Y_3Al_5O_{12}$合成を考えてみる．図3・2に示したようにAlは両性元素であり酸性領域でも塩基性領域でも溶解する．硝酸アルミニウムと硝酸イットリウムを含む水溶液に，中和滴定の感覚でアンモニア水を添加した場合(normal strike)，pHの上昇に伴い，まず，水酸化アルミニウムの沈殿が生成し，その後に水酸化イットリウムの沈殿が生成する．つまり，イットリウムイオンとアルミニウムイオンが同時に沈殿しないため，2種のイオンが均一に分散した沈殿は得られないことになる．逆に，過剰のアンモニアを含む水溶液に各種金属イオンを含む水溶液を添加する(reverse strike)ほうが，母液のpHの変化が小さく均一性の高い沈殿が得られる．

均一沈殿法を用いて複合酸化物を合成することも可能である．しかし，系内のpHの一様な上昇は，むしろ金属イオンを順次沈殿させることになり，このため，均一組成の沈殿を生成させるのに適切な方法とはいえない．実際，分析化学では"共沈"を防ぐための方法として均一沈殿法が用いられる場合もある．

3・3・3 アルコキシド法

アルコキシドを原料に用いて複合酸化物を合成することは一般的に行われているが，金属種によりアルコキシドの加水分解速度が異なるため，複数のイオンが均一に分散した前駆体を合成するには工夫が必要である．たとえば，1種類のアルコキシドを含む溶液に，アルコキシドと等モルの水を含む溶液を加えてアルコキシドのアルキル基の一部を加水分解させ(式(3・20))，これに他の金属アルコキシドを加えて異種金属間で縮合(式(3・21))を起こさせ，その後加水分解する方法などが知られている．

3・3 複合酸化物

$$M(OR)_n + H_2O \longrightarrow M(OR)_{n-1}(OH) + ROH \quad (3・20)$$

$$M(OR)_{n-1}(OH) + M'(OR')_m \longrightarrow M(OR)_{n-1}\text{-O-}M'(OR')_{m-1} + R'OH \quad (3・21)$$

また，一般に複数のアルコキシドから複合酸化物を合成する場合には，アルコキシドの溶液にアセチルアセトンなどを加え加水分解速度を遅くすると，異種のアルコキシド間での縮合が進行し，均一性の高い前駆体が得られることが知られている．

複数の金属種を分子内にもつ複核アルコキシドを加水分解する方法もあるが，複核アルコキシドは自分で調製しなければならない．さらに，複核アルコキシドは分子構造の関係から金属種のモル比が決まっているので，触媒用途のように金属種間の量比を任意に制御したいというような要請には対応できない．

3・3・4 錯体重合法

共沈法やアルコキシド法では液滴付近の不均一性などの問題から，均一に金属イオンが分散した前駆体を得るのは困難である．そこで，複合酸化物と同じ金属組成をもつクエン酸の金属錯体などの前駆体を合成し，それを焼成することで複合酸化物を合成する方法がある（クエン酸錯体法）．クエン酸のようなヒドロキシルカルボン酸を含む水溶液に金属硝酸塩を溶かし，その溶液を加熱することでゲル状の金属カルボン酸錯体が得られる．そのゲル状生成物を乾燥させ，焼成することで複合酸化物にする．たとえば，金属硝酸塩を含む水溶液に金属イオンに対して2倍量のクエン酸を加え，80℃で溶液を加熱する．しかし，本方法は，大量の水が存在する中での錯体合成であるため，加水分解が急速に進み金属錯体が得られる前に水酸化物の沈殿が生じることがある．

錯体重合法は，水をエチレングリコールに変え，金属錯体を内包する有機高分子ゲルを合成し，これを熱処理することで複合酸化物を合成する方法である．エチレングリコールに溶解しないような出発物質を用いるときには，出発物質の溶解を目的として少量の水を使用する場合もあるが，基本的には系内に水が存在しないので，加水分解による水酸化物の沈殿生成を回避でき，溶液中での金属イオンの分布の均一性を保ったまま，金属錯体を高分子中に取り込むことが可能である．

錯体重合法では，金属塩をクエン酸などのヒドロキシルカルボン酸を含むエチレングリコール溶液中に溶解させ，金属ヒドロキシルカルボン酸錯体を合成する．グリコールの沸点より低い80～150℃程度の温度で加熱すると，ヒドロキシルカルボン酸のカルボキシル基とグリコールのヒドロキシ基との間でエステル化反応が起こり，エステル化反応で生成した水が蒸発するにつれてエステル化反応がさらに進行し，最終的

に，過剰なグリコールも除去されて金属イオンを含むポリエステルの高分子ゲルが得られる．前述のクエン酸錯体法でも同様であるが，錯体重合法の特徴は沈殿法と異なり，沈殿と母液を分離するという過程がない点である．このため，反応に使用した金属原料の組成がそのまま生成物中に維持される．また，溶液内において均一である金属イオンの分散状態が，高分子ゲルの中においてもほぼ維持されるということも特徴である．この高分子ゲルに含まれる有機物を取り除くために，通常 400 ℃ 程度の温度で仮焼し，目的とする酸化物粉体の前駆体を得るが，この過程において，金属元素ごとに偏って析出する程度を低く抑えることができる．このため，目的とする組成をもつ酸化物粉体を，従来の方法での焼成温度と比べてより低温でかつ高純度に合成することができる．ただし，有機物を燃焼により除去する過程において，生成する酸化物粒子の温度は燃焼による発熱速度と放熱速度により決まるため，容器壁面近傍で生成する粒子とゲルの内部で生成する粒子では，まったく異なる熱履歴を受けている可能性がある．また，燃焼段階の実験スケールが異なると生成粒子の受ける熱履歴も異なる．実験のスケールを大きくする場合には，燃焼段階だけは小分けにして小さなスケールの実験を並行して行ったほうが無難である．

3・4 活性成分担持

　触媒担体の役割は，活性成分を表面上に高分散させて活性成分粒子を高表面積にすること，また，その表面積を長期間維持させることであり，発熱反応の場合には担体は活性成分を希釈することにより反応熱が集中するのを防止する役割をもち，吸熱反応の場合には，逆に熱の供給源になる．また，担体は反応原料や生成物の流れや拡散の経路を提供し，触媒に機械的強度を付与するという役目をもつ．さらに，担体の化学的性質により活性成分の機能を修飾し，また，担体自体に活性成分とは異なる機能をもたせる場合もある．触媒担体に活性成分を載せる操作を**担持**という．Al_2O_3 上に Pd を担持した触媒は，Pd/Al_2O_3 と記されるのが一般的であり，この触媒は炭化水素の燃焼反応や部分水素化反応などに用いられる．

a. 含 浸 法

　もっとも一般的な担持法は含浸法であり，たとえば Pd/Al_2O_3 触媒を調製する場合，Pd イオンを含む溶液に Al_2O_3 粉末を加え，その懸濁液を乾燥させて粉体を得る．この操作が含浸である．得られた粉体に熱処理や活性化処理などを施して触媒とする．この一連の操作を含浸法という場合もある．

3・4 活性成分担持

担体が粉末ではなく成型してある場合には，いくつかの含浸方法がある．

Pore-filling 法は，担体の細孔容積に相当する水の量を予め測定し，その量の金属水溶液を担体に吸い込ませることで，活性成分を担体上に担持する方法である．

活性成分の溶解度などの理由により活性成分の水溶液量が細孔容積より多くなる場合には incipient wetness 法や蒸発乾固法が用いられる．incipient wetness 法は担体の細孔容積に相当する量の溶液を担体に加えて乾燥させ，蒸発した水分量に相当する量の溶液を逐次加えていく方法で，成型体の細孔の中に活性成分を担持させることを目的とした方法である．蒸発乾固法は担体の細孔容積より過剰体積の活性成分の水溶液に担体を浸し，水分を蒸発させて金属種を強制的に担持する方法で，蒸発の進行に伴い溶液から活性成分が析出するため，成型体の外表面にも活性成分が担持される．積極的に成型体の外表面に活性成分が担持する方法として Spray 法があり，担体(成型体)に活性成分の水溶液を噴霧して乾燥させ，噴霧と乾燥を繰り返す方法である．

複数の活性成分を担持する場合には，複数の活性成分を一つの溶液にして担持する場合と，複数の活性成分を別々に担持する場合がある．このような場合，担持法により触媒活性や選択性に大きな影響が出てくることはよくあることである．後者の場合には，最初に活性成分を担持後，熱分解するとか還元するとかの方法で活性成分を水に不溶な形にしておく必要がある．なお，イオン化傾向の大きい金属(M(卑))を先に担持して，貴金属(M(貴))を後から担持すると，下式に従って卑金属が溶解する．

$$m\mathrm{M}(卑) + n\mathrm{M}(貴)^{m+} \longrightarrow m\mathrm{M}(卑)^{n+} + n\mathrm{M}(貴) \quad (3・22)$$

一つの活性成分を担持後，他の活性成分を担持するとき，担体上ではなく最初に担持した活性成分の粒子上に選択的に析出させることも可能である．たとえば，予備還元した Pt/Al_2O_3 触媒を懸濁液にして水素気流存在下，$Cu(NO_3)_2$ 水溶液を加えると，次の反応が起こり，白金粒子上に選択的に銅が析出すると報告されている．

$$Cu^{2+} + 2Pt\text{-}H \longrightarrow Pt_2Cu + 2H^+ \quad (3・23)$$

グラファイトや活性炭は，担持金属触媒に対して特異な電子的効果を与える担体として知られている．このような炭素系担体に活性成分を担持する場合には工夫が必要である．炭素系担体は水に対する親和性が低いため，活性成分の水溶液が担体の細孔に入らず，外表面に大きい粒子を生成してしまうためである．このような問題を回避する方法として，炭素材料を硝酸で処理して表面を酸化することにより $-CO_2H$ などの親水性官能基を生成させる方法，有機溶媒を用いて含浸担持する方法などがある．

含浸法において，活性成分を含む水溶液の乾燥工程が活性成分の分散性に大きく影響を与える可能性がある．毛細管に水を入れ，水を乾燥させると水の蒸発に伴い，水

は開口端に移動する．同様に，触媒担体に活性成分の塩の水溶液を含浸し，水分を蒸発させていくと，水分の蒸発は担体粒子の表面(毛細管の開口端に相当する)で起こるため，水分の蒸発に伴い水溶液も粒子表面に移動する．溶液から原料塩が結晶として析出するか無定形で析出するか，あるいは析出物と担体の相互作用の程度にもよるが，析出する塩の粒子と担体表面に相互作用がまったくないと仮定すると，ゆっくり乾燥を行うと粒子表面(毛細管の開口端)近傍での過飽和度がもっとも高くなるため，そこで核発生が起こり，大きな金属塩が析出することになる．このため，活性成分を担体上に高分散担持できない可能性がある．

含浸担持では，金属塩の選定も重要になる．使用する金属塩として，水への溶解度が高い硝酸塩や塩化物を使用することが多い．硝酸塩の場合，前駆体を空気中で熱処理することで，NO_3^- イオンを除去できる．しかし，塩化物の場合は，空気中の焼成では触媒毒である Cl^- が触媒中に残存する可能性があるため，水素雰囲気下での処理が必要となる場合がある．

b. 平衡吸着法(イオン交換法)

この方法の場合，担体の表面電荷を知ることが重要である．金属酸化物は表面ヒドロキシ基に覆われており，水溶液のpHによってヒドロキシ基の状態は変化する．低pHのときには $Me-OH_2^+$ の状態をとり粒子は正に帯電し，高pHのときには $Me-O^-$ の状態をとり粒子は負に帯電する．表面の電荷が入れ替わるpHを等電点とよび，この等電点は酸化物により異なり，酸性酸化物では低く(たとえば SiO_2 では2程度)，塩基性酸化物では高い(たとえばMgOでは12.4)．Al_2O_3 は両性酸化物であり等電点は9程度である．中性から弱塩基性の条件において，酸性酸化物をテトラアンミンパラジウム二塩化物($[Pd(NH_3)_4]Cl_2$)を含む水溶液に浸漬させると，正電荷をもつ $[Pd(NH_3)_4]^{2+}$ が負電荷をもつ担体に吸着・担持される．この過程は負に帯電した担体粒子表面上への錯イオンの化学吸着と考えることができるし，表面ヒドロキシ基のプロトンと錯イオンとのイオン交換と考えることもできる．この方法では通常アンミン錯体が用いられる．金属イオンも水中ではアクア錯体を形成するので，これでうまく行きそうに思えるが，アクア錯体の酸として解離や原料塩の対アニオンが配位座に入った錯体など，所定のpHでどのような化学種が溶液中に存在しているかの理解が必要になる．

c. 沈殿析出(precipitation-deposition)法

この方法は，活性成分の原料塩を含む水溶液中に担体を入れ，かくはん下，原料塩から何らかの方法で沈殿を生成させ，沈殿の微粒子を担体表面に析出させる方法であ

る．沈殿剤としてアルカリの水酸化物や炭酸塩を用いて，活性成分の水酸化物や炭酸塩を担体上に析出させる場合や，ホルマリンや$NaBH_4$のような還元剤を用いて金属微粒子を析出させる方法がある．担体をNa_2CO_3のような沈殿剤の水溶液中に懸濁させ，これに活性成分の原料塩を滴下する方法もある．

3・5 水熱合成法

　水熱合成法とは，液体（または超臨界状態）の水の存在下，その沸点以上の温度で起こる反応を利用する無機材料合成法である．密閉容器内での反応であるため，オートクレーブ（圧力釜）を使用する．水熱合成法は天然鉱物の生成機構を解明するために開発されたものであり，きわめて長時間反応させることが一般的であったが，材料合成目的ではいかに早く目的生成物を得るかも重要な課題である．共沈法やアルコキシド法では沈殿を焼成することで酸化物を合成するが，このような方法で得た沈殿を水熱結晶化させることにより，焼成を施すことなく低温でしかも比較的短時間のうちに結晶性の高い酸化物の合成することが可能である．

　水熱合成法では一般に結晶性の高い生成物が得られるため，触媒材料を合成する方法としては不向きともいえる．しかし，ゼオライトの合成にはこの方法が必須である．ゼオライトとは本来アルカリまたはアルカリ土類イオンを含むアルミノケイ酸塩鉱物であり，結晶構造として細孔をもつものをいう．現在では天然には存在しない構造をもつ数多くのゼオライトが合成されている．天然のゼオライトは地表温度できわめて長時間かけて生成したものであることが知られているが，ゼオライト合成において，気の遠くなるほどの時間かけることはできないので，反応温度を上げて合成速度を上げる必要があり，水熱合成法が必要な理由もここにある．

　ゼオライトの基本骨格はSiO_4四面体とAlO_4四面体から構成されており，それらが酸素原子を共有することで三次元的に連結している．SiO_4四面体が三次元的に連結しても電荷はもたないが，Siの一部をAlで置換するとAlが3価であるため，骨格が負に帯電する．この電荷を補償するためにカチオンが細孔内に存在する．図3・7にA型ゼオライトの骨格構造を示す．この図においてはSiやAl（四配位構造をとるのでT元素とよばれる）の位置のみが示されており，酸素を無視してT元素同士が直線で結ばれている．Aの部分はゼオライトの基本構成ユニットの一つで，ソーダライトケージとよばれている．このソーダライトケージがBの部分のD-4とよばれるユニットにより連結されてA型ゼオライトができる．この連結によりCの部分に酸素八員環

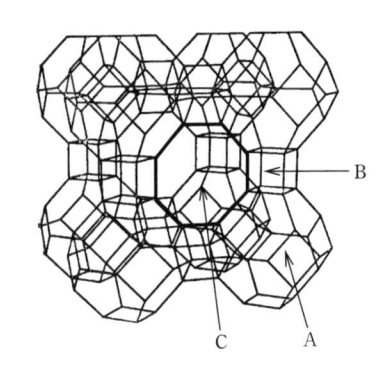

図 3・7 A型ゼオライトの構造
この構造モデルでは酸素はすべて無視され，T元素同士が直線で結ばれている．Aの部分に八つの酸素六員環と六つの酸素四員環からなるソーダライトケージがあり，この図には八つのソーダライトケージが示されている．Bの部分はD-4とよばれる基本構成ユニットで，T元素だけを結ぶと立方体になる．図中には12のD-4ユニットが描かれている．Cの部分が酸素八員環で直鎖パラフィンを吸着できるのはこの細孔である．図にみられるように，この細孔は図の前後方向だけでなく上下，左右に連結されており，A型ゼオライトでは細孔が3次元に連結している．

ができる．図では酸素が省略されているので，T元素からなる八員環がみられるが，実際はT-O-Tの結合からなる16員環である．しかし，T元素より酸素のほうがイオン半径が大きく，八つの酸素に囲まれた細孔ができるので，これを酸素八員環(または省略して八員環ということもある)という．このような環状構造が連結することで，サイズの揃ったミクロ細孔ができあがる．ソーダライトケージの六員環部分をD-6で連結するとホージャサイトとよばれるゼオライトになり，ソーダライトケージの間隔に酸素十二員環ができる．基本構成ユニットは上述のほかに多くあり，それらの組合せにより酸素十員環をもつゼオライトも合成できる．酸素八員環からなる細孔はほぼ直鎖アルカンの分子径と同じサイズであり，酸素十員環はほぼベンゼン環のサイズと同じである．ゼオライトは細孔のサイズより小さい分子のみ吸着し，そのサイズ以上の分子は吸着できないので，分子篩(モレキュラーシーブ)ともよばれる．

　ゼオライトを合成する場合，水ガラスのようなSi源とアルミン酸塩のようなAl源を水に加え，pH調整する．この段階でゲルが得られる．この混合液をオートクレーブに仕込み所定温度で反応させる．Si/Al比，アルカリカチオン/(Si+Al)比，アルカリカチオンの種類，pH，水熱処理温度により，生成するゼオライトの種類が異なる．ゼオライトの結晶化には比較的長い誘導期間が存在し，結晶化を始めると比較的短時間で結晶化が終了する．換言すると結晶核発生が困難であり，結晶成長は比較的速い．ゲル調製段階でSiとAlがゲル中に均一に存在するよう工夫する必要があり，この均一性が結晶核発生に大きな影響を与える．

　アルカリカチオンの代わりにテトラアルキルアンモニウムイオンなどの有機カチオンを用いることも可能であり，テトラプロピルアンモニウムイオンを用いることによ

り酸素十員環をもつ ZSM-5 が合成できる．有機カチオンを焼成により除去するとプロトン型の H-ZSM-5 となる．前述のようにこのゼオライトは芳香族化合物を吸着でき，さらに，Si/Al 比やプロトンを他のカチオンでイオン交換することにより，酸性質を制御できるため，多くの触媒反応や吸着剤として利用されている．テトラアルキルアンモニウムイオンなど用いた場合には，これらのイオンを鋳型(templete)として細孔が形成される．結晶構造も細孔構造により規定されるため，これらのイオンは**構造規定剤**(structure derecting agent：SDA)とよばれる．

　水熱合成法でもっとも注意すべきことは，原料溶液のオートクレーブへの充填率である．充填率とはオートクレーブの容積に対する原料(固体，液体を含む)の体積の割合である．水の密度は 25 ℃ では 0.997 g cm^3，100 ℃ で 0.958 g cm^3 であるので，25 ℃ から 100 ℃ に昇温することにより水は 4% 近く体積膨張する．水の臨界密度は 0.315 g cm^{-3} であり，加圧下で水を加熱していくと，液体としての水の体積も膨張し，とくに臨界点近くでは著しく体積膨張をする．いま 100 mL の容積のオートクレーブに 90 mL の水を入れ加熱する場合を考える(充填率 90%)．比較的低温領域ではオートクレーブ内の圧力は水の蒸気圧にほぼ等しくなる．しかし，水が体積膨張するため，170 ℃ まで加熱すると常温で 90 mL であった水の体積は 100 mL になり，オートクレーブの中は液体の水で満たされることになる．さらに加熱すると，水の体積がオートクレーブの容積を超えることはできないため，オートクレーブの壁面から圧力により水の体積をオートクレーブの容積に保つことになる．液体の圧縮率はきわめて小さく，100 ℃ の水で 4.8×10^{-10} Pa^{-1} 程度である．すなわち，水を圧縮するためにはきわめて大きい圧力を必要とする．したがって，水の体積膨張に抗する圧力も，温度に伴い急激に上昇する．このような状況を示したのがケネディ(Kennedy)線図であり，これを図 3・8 に示す．この図には温度と容器内の圧力の関係が示されており，図にみられるように，オートクレーブへの充填率が高い条件では，比較的低温でも急激に圧力が上昇する．もし，圧力がオートクレーブの許容限界を超えると，オートクレーブが破裂する可能性があるので，充填率は低めに設定して反応を行う必要がある．

　最近では，水熱合成法の水の代わりに有機溶媒を使用する材料合成(ソルボサーマル法)が広く研究されている．水熱条件下で結晶は，微視的に溶解–再析出を繰り返しており，この過程で微小な結晶が溶解し大きな結晶が析出するというオストワルド(Ostwald)熟成が起こる．さらに，結晶表面の欠陥である空孔に選択的にイオンの吸着が起こり，アドアトムは選択的に溶解し結晶の欠陥が解消される．そのため，欠陥の少ない比較的大きい結晶が得られる．しかし，有機溶媒中で金属錯体を熱分解して

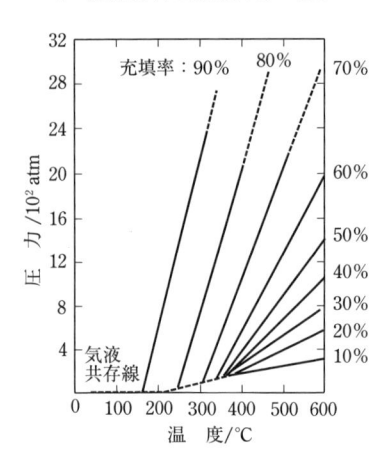

図 3・8 ケネディ線図
[G. C. Kennedy, *Am. J. Sci.*, **248**, 540 (1950)]

酸化物を合成する場合，有機溶媒中への酸化物の溶解度は無視できるほど低く，したがって限界核発生濃度も低く，多数の核が発生し，ナノ粒子が生成する．ナノ粒子が溶媒分子と衝突を繰り返し結晶化が起こる場合もある．その一例として，Ce 金属を酸化被膜の付いたままアルコール溶媒中で反応させると，2 nm のセリア粒子を含むコロイド溶液が得られる．これは，Ce 金属とアルコールの反応によりセリウムアルコキシドが生成し，それが瞬時に系中で熱分解するため，微結晶セリアが得られるものと考えられる．結晶核の発生が困難な場合には，限られた数の結晶核から結晶が成長するため，比較的大きい結晶が成長する場合もあるが，その場合水熱合成法とは異なり欠陥を解消する機構が存在しないため，あらゆる種類の欠陥が生成結晶中に導入される．

3・6　メソポーラス材料の合成法

　細孔の大きさは，ミクロ細孔（〜0.5〜2 nm），メソ細孔（2〜50 nm），マクロ細孔（>50 nm）というように，その大きさによって分類されている．つまり，メソポーラス材料とは，メソ細孔を有する材料を意味し，通常市販されているアルミナやシリカの多くはメソポーラス材料である．規則的で均一なメソ細孔をもつものも知られており，これをメソ構造体という．メソポーラス材料がメソ構造体を示す場合も多い．
　規則的なメソ細孔をもつシリカは，界面活性剤のミセルを鋳型にすることで合成できる．ミセルの形状は界面活性剤濃度に依存し，低濃度の場合は球状の形をもち，濃度を上げると棒状や層状の形態に変化する．棒状のミセルを生成する濃度の界面活性

剤の溶液に，Si源としてアルコキシドを加え，加水分解させる．加水分解して得られたゾルは，ミセルと弱い相互作用を起こしてミセルの周囲に配列し，棒状のミセルを中心にもつ前駆体が得られる．この界面活性剤を焼成などの処理により除去することで，メソ孔領域に大きさの均一な一次元細孔をもつSiO_2が得られる．

界面活性剤は，カチオン界面活性剤，アニオン界面活性剤，非イオン界面活性剤に分類されるが，メソ構造体の合成にはカチオン界面活性剤である長鎖アルキル基をもつアルキルトリメチルアンモニウムハライドが広く用いられており，このアルキル基の長さが細孔の大きさを決定する．非イオン界面活性剤であるエチレンオキシドとプロピレンオキシドのブロックコポリマー（たとえば$EO_{20}PO_{10}EO_{20}$，Pluonic P 123）もメソ構造体の合成にも広く利用されている．この界面活性剤からつくられるミセルを鋳型として合成されたメソ構造体はSBA-15とよばれている．SiO_2の場合，MCM-41が完全に一次元細孔であるのに対して，SBA-15の場合にはメソ孔の壁面に相当するシリカ層にミクロ孔が存在することが報告されている．シリカ以外のメソ構造体の合成にも利用できる．

3・7 触媒の成型

沈殿法などにより合成した触媒粒子はきわめて小さいため，これを反応器に充填して反応ガスを流すと，触媒粒子が反応ガスの流れの抵抗となり，一定の流量を流すためには反応器前後の圧力差（差圧）を大きくする必要が生じる．ガスの流れを電流，差圧を電圧と考えると理解しやすい．また，粉体を反応器に充填した場合，触媒層の特定の箇所にガスが流れる流路ができ，それ以外の場所では反応ガスがまったく流れていないという状況も発生し得る．このような状況を回避するため，触媒を大きい粒子にする必要がある．これを成型という．ちょうど粉末の薬を錠剤にするようなものである．成型した触媒には，機械的強度が要求される．触媒を反応器に充填するとき触媒を反応器に投入するが，この段階で触媒が粉末になってしまうのでは成型の意味がない．また，触媒層の自重で触媒層下部の触媒が圧壊しないことも必要である．さらに，流動床で用いられる触媒では，装置中で触媒が流動する過程で，装置壁面や触媒同士と激しくぶつかるので，耐摩耗性が要求される．

成型の代表的な方法として，圧縮成型法，押出成型法，転動造粒法がある（図3・9）．

圧縮成型法 円柱状の臼の中に粉末状原料を充填し，上杵と下杵を用いて粉体を圧縮して成型する方法である．下杵を持ち上げて円柱状の成型体を排出する．この工

図 3・9　さまざまな成型法による成型後の触媒の模式図

程で一つの成型体ができるので，生産性は悪い．スチームリホーミングなどに用いられる比較的大きなリング状の成型体もつくれるが，逆に小さい成型体の作成は技術的にも経済的にも不可能である．成型体は形状，大きさが揃っており，密度も高い．

押出成型法　触媒粉末に水やバインダーなどを加え，これを練り混ぜ(混練という)，可塑性をもたせてペースト状にし，このペーストに圧力をかけて金型の孔より押し出し，適当な長さで切断する方法である．混練工程では粉体の間隙に液体を十分浸透させる必要がある．形状は通常円柱状であるが，金型の孔の形状により四ツ葉のクローバーなどの形のものも作成できる．径は比較的一定であるが長さは不規則になりやすい．成型時に粉体の間隙に液体が存在するため，細孔容積は大きいが機械的強度は弱くなる．比較的安価に成型ができる．

転動造粒法　沈殿の乾燥過程で粒子間の間隙に存在する水の表面張力により粒子が凝集することは 3・2・1 項に記した．この原理を応用して球状の成型体を作成する方法が転動造粒法である．傾けたたらいに粉体を入れ，水を散布しながらたらいを回転させる．水がバインダーとなって粒子が集まり球形となって転がる．水の乾燥により強く凝集し，さらに湿った粉体を集めて径が大きくなっていく．経済的な成型法であるが，粒径には分布がある．

参 考 文 献

触媒調製一般
1) 尾崎 萃ほか 編，"触媒調製化学"，講談社(1980).

沈殿の生成
2) R. A. Day, Jr., A. L. Underwood 著，鳥居泰男，康 智三 共訳，"定量分析化学 改訂版"，培風館 (1982).

ゼオライト
原 伸宜，高橋 浩 編，"ゼオライト――基礎と応用"，講談社(1975).

4 触媒のキャラクタリゼーションと触媒作用

- 触媒の種々のキャラクタリゼーション手法を学び，触媒作用の解明に有効であることを理解する．
- キャラクタリゼーションの実際の適用例について学ぶ．

4・1 機 器 分 析

　同様な操作で触媒を調製しても，触媒の活性，選択性，寿命が異なるものが得られることはよく経験することである．固体触媒に限っていえば，このような活性，選択性が異なる現象は表面状態が異なるためであると推定される．表面状態の違いは表面の組成，電子状態，結晶構造，酸・塩基性など種々の因子が複雑に絡み合っている．このような表面状態を明らかにするために機器分析が用いられ，今日では 100 種以上の分析機器が固体触媒の解析のために用意されている．一般に固体触媒表面の解析は容易ではないので，一つの機器分析では十分には解明できない．しかし，いくつかの機器分析を上手に活用して総合的に判断することで，活性点構造や反応機構を理解することができるようになってきた．このように今日の触媒科学の大きな前進は測定技術の進歩によるものであるといっても過言ではない．

　表 4・1 には触媒の分野でよく使用される測定法を示す．また，表 4・2 には調べたい対象とそれを調べるための分析機器(分析法)をまとめた．表面状態を調べる手法も高度化して，測定と解析に専門的な知識が必要となってきている．適した分析法を選ぶことは各分析機器の原理，測定法，どのような知見が得られるかを十分に理解してはじめて可能になる．4・1・1 項では表 4・1 に示されたいくつかの分析機器について概説する．なお，本文中では測定法を略称名で記載する．英語名，日本語名は表 4・1 を参照されたい．

表 4・1 触媒でよく利用される測定法の略称，英語名，日本語名

略　称	英語名	日本語名
AES	auger electron spectroscopy	オージェ電子分光
AFM	atomic force microscopy	原子間力顕微鏡
BET	BET method	BET法
DSC	differential scanning calorimetry	示差走査熱量測定
DTA	differential thermal analysis	示差熱分析
EPMA	electron probe microanalysis	電子線マイクロアナリシス
ESR	electron spin resonane	電子スピン共鳴
(EPR)	(electron paramagnetic resonance)	(電子常磁性共鳴)
EXAFS	extended X-ray adsorption fine structure	広域X線吸収微細構造
ICP	inductively coupled plasma	高周波誘導結合プラズマ分析
IR	infrared spectroscopy	赤外分光
(FT-IR)	(fourier-transform IR)	(フーリエ変換赤外分光)
Möss	mössbauer spectroscopy	メスバウアー分光
MS	mass spectroscopy	質量分析法
NIR	near infrared spectroscopy	近赤外分光
NMR	nuclear magnetic resonance	核磁気共鳴
PLS	photoluminescence spectroscopy	光ルミネセンス分光
—	pulse method	パルス法
—	Raman spectroscopy	ラマン分光
SAXS	small angle X-ray scatting	X線小角散乱
SEM	scanning electron microscopy	走査電子顕微鏡
SIMS	secondary ion mass spectroscopy	二次イオン質量分析法
STM	scanning tunnel microscopy	走査トンネル顕微鏡
(FE-SEM)	(field emission SEM)	(電界放出型走査電子顕微鏡)
TEM	transmission electron microscopy	透過電子顕微鏡
TG	thermogravimetric method	熱重量測定
TPD	temperature-programmed desorption	昇温脱離法
TPR(TPO)	temperature-programmed reduction(oxidation)	昇温還元(酸化)法
UPS	ultraviolet photoemission spectroscopy	真空紫外光電子分光
UV/VIS	ultraviolet and visible spectroscopy	紫外/可視分光
WAXS	wide angle X-ray scattering	広角X線散乱
XAFS	X-ray adsorption fine structure	X線吸収微細構造
XANES	X-ray adsorption near edge structure	X線吸収端近傍構造
XPS	X-ray photoelectron spectroscopy	X線光電子分光
(ESCA)	(electron spectroscopy for chemical analysis)	
XRF	X-ray fluorescence spectroscopy	蛍光X線分析
XRD	X-ray diffraction	X線回折

4・1 機器分析

表 4・2 測定対象と分析機器(分析法)

対　象	分析機器(分析法)
バルクの組成	ICP, XRF
バルクの結晶構造	XRD
表面(部分的な)結晶構造	TEM, EXAFS, XANES,
粒子の大きさと形	TEM, SEM, AFM, STM
表面の元素分析	XPS, AES, ラマン
表面の元素分布	EPMA, XPS, AES
分散度	TEM, XRD, パルス法
原子間距離・結合状態	EXAFS, UPS
原子の配位状態	NMR, ESR, EXAFS, UV/VIS
原子の電子状態	XPS, AES, ESR, UV/VIS, UPS, Möss, TPR(TPO)
表面積・細孔分布	BET, 細孔分布測定
酸性度・塩基性度	IR, TPD
表面吸着種の状態	IR, ラマン, AFM, STM

4・1・1 触媒研究に利用される機器分析

a. X線を用いる測定

(i) **XRD**　固有X線(コラム参照)を照射して弾性散乱されたX線を検出し,物質中の原子の配列(結晶構造)を知る方法として粉末XRD測定がある. X線を粉末結晶に照射すればX線は各層から散乱される. X線の入射角 θ と試料の面間隔 d にはブラッグ(Bragg)の式,

$$2d\sin\theta = n\lambda \qquad (4\cdot1)$$

で表される関係があり, 入射波と反射波の位相が揃って強め合うとき, すなわちブラッグの式が満たされるとき, 回折X線が検出される. 式中の n は反射の次数(整数), λ はX線の波長を表している. ブラッグの式を利用して, 測定された 2θ から d 値を求め, 格子定数を決定することができる. 立方晶系の場合, $1/d^2=(h^2+k^2+l^2)/a^2$ の関係式が成り立ち, 正方晶系では, $1/d^2=(h^2+k^2)/a^2+l^2/c^2$ となる[*1]. 未知試料の結晶構造の同定はデータベースとXRDパターンを比較して行う. また, 粉末試料に対して測定した回折パターンと計算によって得られたパターンを比較して, 結晶構造を決定するリートベルト(Rietveld)法も用いられる. 単結晶構造解析ほど精度はよくないが, 結晶構造の精密化が可能である.

[*1] 斜方晶系および六方晶系ではそれぞれ $1/d^2=h^2/a^2+k^2/b^2+l^2/c^2$, $1/d^2=(4/3)(h^2+hk+k^2)/a^2+l^2/c^2$ となる. a, b, c は格子定数, h, k, l はミラー指数.

コラム

X線は，波長 0.01 nm～数十 nm の電磁波であり，そのエネルギーは 0.1～100 keV にもなる．波長が短く透過力の大きな X 線は硬 X 線とよばれ，波長が短く空気中で減衰が著しい X 線を軟 X 線とよぶ．1895 年に Röntgen によって X 線が発見されて以来，X 線を利用した種々の分析法が確立されてきた．X 線は，高電圧で加速した熱電子を金属(Cu あるいは Mo がよく用いられる)のターゲットに衝突させて発生させる．この X 線は，連続スペクトルである連続 X 線と，線スペクトルである固有 X 線からなる(図 1)．Cu をターゲットにした場合，その Kα 線を利用するが，Cu-Kα 線は波長が接近した 2 本の線(0.154 43 nm と 0.154 051 nm)からなり，通常の XRD ではこの混合 X 線を用いている．

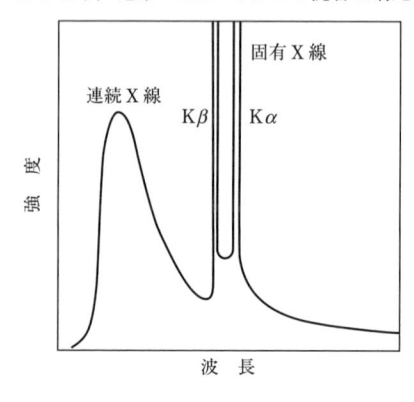

図 1 固有 X 線と連続 X 線

XRD 測定で得られる回折線の幅や形の解析から結晶子の平均径や形状を求めることができる．たとえば，シェラー(Scherrer)の式[*2]から結晶子の平均径を知ることができる．そのほかに，複数の結晶相が混在する試料中の結晶相の濃度比や回折角のシフト[*3]による固溶体の分析などを調べるために用いられている．XRD は試料の非破壊測定が可能であるので，温度，雰囲気を変化させて特殊な条件下での触媒の in-situ XRD 測定が可能である．たとえば，触媒の作用状態での結晶構造，固相反応，固溶現象や触媒調製時の熱分解過程や相転移などの情報が容易に得られる．

[*2] $D=(K\lambda)/(\beta\cos\theta)$．$D$ は結晶子の厚さ，λ は X 線の波長，θ は回折角，β はピークの半価幅である．また，K は形状因子とよばれる定数で一般に 0.9 で近似する．

[*3] 固溶量が比較的少ない場合では格子定数は固溶量に対し直線的に変化する(ベガード(Vegard)則)．この領域では格子定数の変化(ピークのシフト)から固溶量を見積もることができる．

(ii) **XPS, UPS, AES, XRF**　X線を物質に照射すると入射X線の吸収，散乱のほかに図4・1に示すような二次波の放出が起こる．二次波には，十分なエネルギーのX線が照射されたとき，(a) 内殻電子が放出される光電効果に基づく光電子(photoelectron)，(b) 照射によって生じた空位に高いエネルギー準位の電子が満たされるときに発生する蛍光X線，(c) 照射時に高いエネルギー準位の電子がオージェ(Auger)効果により放出されるオージェ電子などがある．このような二次波を利用することにより物質を評価する方法がある．

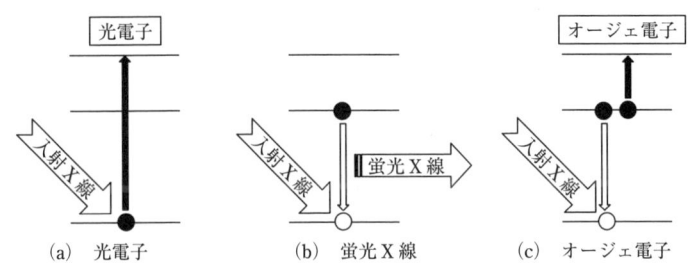

図4・1　X線照射により発生する二次波

XPSは試料に軟X線(コラム参照)を照射して，試料から放出される光電子の運動エネルギーを測定することにより，試料中の元素の原子価および含有率を求める分析法である．照射X線のエネルギー($h\nu$)，放出光電子の運動エネルギー(E_k)，放出光電子が放出前に原子核につなぎ止められているときの結合エネルギー(E_b)との間には，以下のエネルギー収支式が成立する．

$$E_b = h\nu - E_k - \phi \tag{4・2}$$

式中のϕは分光器の仕事関数であるが，実測することは困難であるため，基準物質との比較(一般には試料の汚れによるC 1sピーク(285.0 eV))によって結合エネルギーを補正する．光電子は，固体内の平均自由行程が〜1.0 nmときわめて小さいため，試料表面から浅い深さの情報だけが得られる．

結合エネルギーは元素の原子価状態に固有のものであるので，スペクトルを解析することで，元素種，原子価，配位子からの電子の移行状態などを調べることができる．とくに触媒の構成元素の原子価を決めるために，XPS測定はよく使用される．Pt^{2+}とPt^0，Sn^{4+}とSn^0，Mo^{6+}とMo^{5+}などはXPS測定によって区別できる．また，金属元素だけでなく，酸素原子も吸着酸素と格子酸素では異なった位置にピークが観察される．元素によっては主ピークとは別の位置にサテライトピークが現れることもある．

このサテライトピークは遷移金属の原子価,配位数,結合状態などに依存する.また,ピーク強度の補正は必要であるが,ピーク強度比から表面の相対濃度を求めることができる.表面から深さ方向を調べたいときはイオン銃によるスパッタリングで表面の一部を削りとってXPSを行う.

XPSより低いエネルギー光,たとえば,紫外光や真空紫外光を照射して測定する方法として,**UPS**がある.原理はXPSと同じであるが,高エネルギーを照射するXPSがいろいろな原子のいろいろな内殻準位を同時に調べることが可能であるのに対し,UPSはエネルギーが低いため価電子や浅い内殻電子状態の研究が主となる.

原理的に近い分析機器として**AES**がある.固体から放出されるオージェ電子の運動エネルギーを測定して,試料表面近傍の定性および定量分析ができる.XPSと相補的に使用することで有益な情報が得られる.よく知られている例として,Cuの価数(Cu^{2+}, Cu^+, Cu^0)を区別する方法である.XPSでは結合エネルギーの違いからCu^{2+}は区別できるが,Cu^+とCu^0は区別できない.一方,AESではCu^+とCu^0は異なる運動エネルギーでピークを与えるので判別可能である.

XRFはX線照射により発生する蛍光X線を検出する方法である.蛍光X線の波長は元素に特有であるから,元素の同定,濃度,化学結合状態がわかる.二次元に測定することで,対象元素の分布状態も調べることができる.XRFは,試料を破壊することなく組成を迅速に定量できるが,軽元素の感度が悪いため注意が必要である.

(iii) XAFS(XANES, EXAFS)　　X線のエネルギーを変化させて試料の吸収スペクトルを測定するとエネルギーが大きくなるにつれて吸収が小さくなるが,あるエネルギーで吸収が急激に大きくなるところがある.これは試料に含まれる元素の内核電子の準位に相当する吸収端とよばれるものである.この吸収端は元素によって固有であるため,この部分を解析して,吸収原子および吸収原子の周辺の局所構造を調べるのが**XAFS**である(図4・2).XAFSには吸収端付近の複雑なピークを示す領域を解析する**XANES**と吸収端から約1000 eVまでにみられる振動構造を解析する**EXAFS**とがある.XANESは内核電子の最外殻空軌道への励起に起因するものであるから,吸収端エネルギー位置からは原子の酸化数に対する情報を得ることができる.また,最外殻軌道に強く関連した中心原子への配位状況を調べることができる.一方,EXAFS振動は,中心原子から放出され,隣接原子に散乱され原子核位置に戻ってくる電子がつくる波の干渉によるものである.したがって,このスペクトルからは隣接原子の配位数,原子間距離を見積もることができる.XAFS測定は担持Ru触媒,担持Mo触媒,担持V触媒など多くの触媒で用いられるようになってきている.

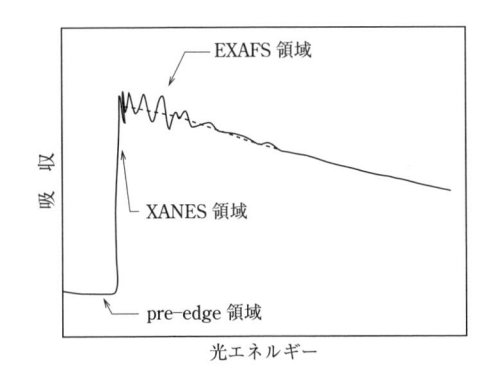

図 4・2　X線吸収スペクトルに現れる振動構造(XAFS)

b. 電子顕微鏡

(i) **SEM, TEM**　電子線を試料に表面に照射すると試料の表面から，反射電子，二次電子，オージェ電子，X線，蛍光が発生する．電子ビームを試料に走査して，放出される二次電子を画像として取り込むのが **SEM** である．SEM は表面の凹凸などの粒子の形態観察（二次粒子の観察）ができる簡便で汎用性の高い電子顕微鏡である．分解能は一般的に 5 nm 程度であるが，高分解能になると 0.5 nm 程度の分解能がある．コントラストの大部分は試料面の凹凸によって発生する二次電子量の変化によるが，反射電子量や吸収電子量の差によって形像されることもある．基本的にはどのような試料でも測定できるが，試料の導電性が悪いと帯電が起こる．これをチャージアップ（現象）という．試料表面に電子が帯電するとコントラストによる試料観察の妨害となるので，このチャージアップを防ぐために前もって Au あるいは Au-Pd 合金を蒸着あるいはスパッタコーティングする．ゼオライト粒子，金属酸化物粒子の形態や結晶成長方向の解析に役立っている．

高速の電子線を薄膜や粉末試料に照射して，透過した電子波を対物レンズなどの種々の電子レンズによって拡大し，微小な領域の組織や試料の内部構造を観察するのが **TEM** である．分解能は加速電圧に依存するが，もっともよく利用されている 200 keV では分解能 0.2 nm 以下で観察できる．低倍率では試料の形態，格子欠陥（転位，双晶，積層欠陥など）を調べることができる．また，粉末試料では，粒子が単分散しているのか，凝集して二次粒子を形成しているのかを調べることもできる．古くから担持金属触媒の粒子サイズ分布，金属微粒子の形態と担体との相互作用の解析に TEM は使用されてきた．高倍率では原子の配列を直視できる．

(ii) **XMA, EPMA**　XMA または EPMA は数 nm～数百 μm に絞られた電子線を試料の微小部分に照射し，発生する特性X線を検出して，試料の形態観察，元素

の定性あるいは定量分析を行う方法である．点分析，線分析，面分析ができる．この方法は固体微小部分析法としてはもっとも汎用され確立度が高く，電子線の照射で二次電子も放出されるので前述のSEMと併用される．

(iii) **STM, AFM** 二つの金属(探針と試料)のフェルミ準位の相対的位置をバイアス電圧をかけて変化させ，両者を1nm程度に近づけると，量子的な効果によりトンネル電流が流れる．STMは金属製探針の先端の原子と導電性の試料表面との間に流れるこのトンネル電流を検出して，試料表面の凹凸を画像化する装置である．トンネル電流が一定になるように探針-試料間の距離を調節しながら，探針で試料表面を操作して像を得る．トンネル電流の値は探針-試料間の距離に対して指数関数的に変化する．この大きな距離依存性が，STMの高い垂直分解能を示す理由である．TiO_2やFe_2O_3などの一部の酸化物でSTMの報告例はあるが，多くの酸化物は絶縁体でトンネル電流が流れないために観察例はあまり多くない．

AFMはSTMから派生した顕微鏡で探針と小さなてこが一体化したカンチレバーを試料の表面に走査し，探針先端原子と試料表面原子の間にはたらく原子間力によるカンチレバーの変位を検出して，試料表面の凹凸を画像化する装置である．STMが，トンネル電流を信号としてその大きさを一定にしようとするのに対して，AFMは，探針-試料の間にはたらく原子間力が一定になるように表面を走査する．AFMはSTMとは異なって試料が導電性である必要はなく，絶縁体試料にも適用できることが大きな特徴である．

STM, AFMともに高い垂直分解能をもち，原子分解能像を得ることができる．真空中で測定しなければならないTEMやSEMとは異なり，STMやAFMは種々のガス雰囲気下や液体中でも測定できるので，反応のダイナミックな過程が観測できる．

c. 磁 気 共 鳴

(i) **ESR** 磁場がないとき，不対電子は縮退しているが，磁場中にあるとき図4・3に示すようにゼーマン(Zeeman)分裂を引き起こす．このとき不対電子の磁気モーメントは二つの方向を向き，そのエネルギーはそれぞれ，

$$E\left(M_s=\frac{1}{2}\right)=\frac{1}{2}g\beta H_0, \quad E\left(M_s=-\frac{1}{2}\right)=-\frac{1}{2}g\beta H_0 \qquad (4\cdot3)$$

となる．この両エネルギー間に相当するマイクロ波を照射するとマイクロ波の吸収が起こる．

$$E\left(M_s=\frac{1}{2}\right)-E\left(M_s=-\frac{1}{2}\right)=g\beta H_0=h\nu \qquad (4\cdot4)$$

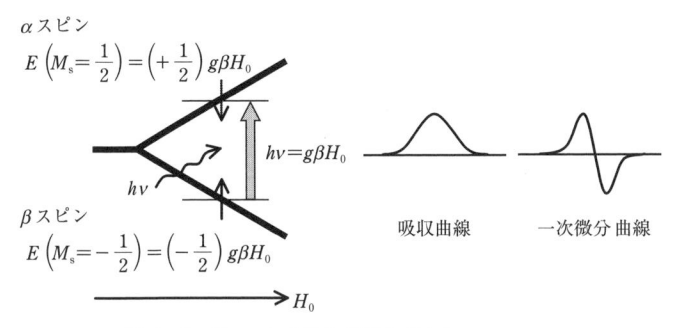

図 4・3 ゼーマン分裂と ESR シグナル
ESR シグナルは一次微分曲線で得られる.

このように不対電子をもつ原子やイオンで分裂した準位間で起こるマイクロ波の吸収を検知するのが ESR であり，上式を ESR の共鳴条件式とよぶ．ESR のシグナルは一次微分曲線で得られ，一般に感度が高い．

ESR では不対電子をもつ原子やイオンの電子状態や配位構造を調べることができる．常磁性種に特有な g 値 (g-value) や不対電子の周りの核スピンとの相互作用に由来する超微細構造定数 (hyper fine coupling constant) などの実験的パラメータが得られる．前者からは常磁性種の同定と電子状態に関する知見が得られ，後者からは不対電子がいくつの原子核と相互作用しているのか (配位構造) を知ることができる．固体触媒の研究では MgO 表面の V センターなどの配位不飽和な活性点構造，固体触媒上に存在する Cu^{2+} や V^{4+} などの常磁性イオンの状態，固体触媒表面上に生成した活性酸素 (O_2^- や O^-) の状態などが ESR によって解明されている．また，ESR は光照射下でも測定できるため，光触媒反応中の生成ラジカルの同定にも応用できる．

（ii）**NMR**　NMR はラジオ波の吸収を利用する非破壊分析法の一つである．核スピンをもつ原子がランダムな配向状態にあるとき，外部磁場をかけるとゼーマン分裂により低エネルギー状態と高エネルギー状態に分かれ，この状態でラジオ波を照射するとエネルギーを吸収して低エネルギー準位の核スピンが高エネルギー準位に上がる．この吸収を調べるのが NMR である．一般に分子中には電子が豊富にあるので，電子が核を外部磁場から遮へいするため，遮へいの程度によってシグナルがシフトする．この核遮へいの程度を表す尺度が化学シフト (chemical shift) である．化学シフトの違いはその核の環境の違いを反映するため，短距離秩序の分析が可能である．

固体の NMR では溶液と違い線幅の狭いスペクトルが得られない．そこで，固体の NMR では線幅の広がりを除くために，試料を 54.73° 傾けて高速回転させる MAS (magic angle spinning)法が用いられる．また，感度向上のために交差分極(cross polarization)法も用いられる．ゼオライトのブレンステッド酸点の序列，固体触媒上へ吸着した分子の状態や運動性，ゼオライトやポリ酸の構造解析などがNMRによって解明されている．

d. **紫外・可視・赤外光を用いる分析**

（ⅰ） **IR, NIR, ラマン**　　振動スペクトルを観察するIR, ラマン分光法は化学結合に関する情報を与える．固体触媒の表面の吸着種の同定やバルク内の化学結合を調べるのに有効な分析機器である．試料に赤外光を照射して，透過する(あるいは反射する)赤外光を分析し，吸収波数から試料の定性分析が，また吸収強度から定量分析ができる．IRではピリジン吸着による固体酸の同定，触媒表面に吸着した炭化水素，CO，NOなどの状態などを調べることができる．IRの測定波長は400〜4000 cm^{-1} が一般的であるが，4000〜13 000 cm^{-1} のNIRではOH，CH，NHなどの水素がかかわる結合の倍音および結合音を観察することもできる．

試料に単色の可視，紫外光を照射すると，分子の分極率が変化する分子骨格振動に起因して，散乱光が観測できる．これをラマン散乱とよぶ．散乱光に現れる波数は，入射光の波長には無関係である．この散乱光を分析する方法をラマンスペクトル分析とよび，IR法と同様に定性分析や定量分析ができる．ラマン分光では V_2O_5 系触媒のV=O結合の評価や TiO_2 のアナターゼ/ルチル比の定量などが可能である．

（ⅱ） **UV/VIS**　　物質による紫外/可視の吸収は，基底状態にある電子が光エネルギーを吸収して励起状態に遷移することによって起こる．このエネルギーの大きさは物質特有のものであるので，吸収の起こる波長が異なる．この現象を利用したのがUV/VIS法である．吸収が電子状態間の遷移によるために電子スペクトルとよぶことも多い．UV/VISの領域では，遷移金属のd-d遷移，錯体や表面酸化物における中心原子と配位子間の電子遷移(ligand to metal charge transfer, LMCT)などを観測することができる．これによって，金属の電子状態や酸化状態，配位構造(四面体構造，八面体構造など)や対称性，配位子場状態などに関する情報を提供する．

溶液試料のUV/VIS測定による定量は透過法により行う．吸光度 A は溶液層の厚さ l に比例し，溶液濃度 c に比例するので，

$$A = \log \frac{I_0}{I} = \varepsilon \cdot c \cdot l \qquad (4 \cdot 5)$$

で表されるランベルト-ベール(Lambert-Beer)の法則を適用する．ここで， ε はモル吸光係数であり，物質特有のものである．一方，固体試料の場合は拡散反射法を用い

る．得られた UV/VIS スペクトルはクベルカ–ムンク (Kubelka–Munk) 理論を基に，次の関数 $F(R_\infty)$ によって試料濃度に比例したスペクトルに変換され，定量的な扱いができるようになる．

$$F(R_\infty) = \frac{(1-R_\infty)^2}{2R_\infty} \qquad (4\cdot 6)$$

ここで，R_∞ は十分に厚い試料の反射率を表す．実際には R_∞ を直接測定するのではなく，参照試料として白色試料 ($BaSO_4$, MgO など) を用いて，相対拡散反射率 R_∞(試料)/R_∞(参照試料) を測定する．

また，UV/VIS は分子全体の電子状態に対応しているため，吸収帯の帰属は推定した構造の遷移エネルギーの理論計算と実測値の比較によりなされる．担持 Co 触媒，担持 Mo 触媒，担持 Cr 触媒の価数や配位状態が UV/VIS によって調べられている．最近では TiO_2 などの光触媒のバンドギャップ測定や Ag クラスターの存在状態に関する研究にも応用されている．

e. **気体の吸着や反応による分析**

(i) **TPD, TPR, TPO**　TPD は試料の温度を連続的に上昇させたときに吸着分子の脱離あるいは触媒上の錯体の分解・脱離挙動をモニタリングして化学吸着状態を探る非平衡的方法である．脱離物が複数あるときは，IR，ガスクロマトグラフ，質量分析計などを併用することにより脱離種の同定を行う．分子が均一な表面に吸着して，脱離中にまったく再吸着が起こらないと仮定すると，吸着物質の脱離速度 r_d は飽和吸着量 v_m，被覆率 θ，脱離速度定数 k_0 の関数として以下のように表される．

$$r_d = -v_m \frac{d\theta}{dt} = k_0 \theta \exp\left(-\frac{E_d}{RT}\right) \qquad (4\cdot 7)$$

上式からわかるように，温度の増加とともに脱離速度は増加するが，θ の減少に伴って脱離速度は低下する．したがって，温度(時間)の関数として脱離速度を記録すると TPD 曲線が得られる．TPD は微分反応管として取り扱えるため，反応機構や速度論に関する知見も得られる．たとえば，昇温速度を変化させて TPD 測定をすると脱離の活性化エネルギーを求めることができる[*4]．

[*4] 初期被覆率 θ_0 が一定と仮定すると，TPD 測定の昇温速度 β と脱離種のピーク温度 T_m の間には次の関係式が提案されている．$2\ln T_m - \ln\beta = E_d/RT_m + \text{const.}$ このときの直線の勾配から脱離の活性化エネルギー E_d を求めることができる．同様に，TPR においても還元の活性化エネルギーを次式で見積もることができる．$2\ln T_m - \ln\beta + p\ln[G]_m + (q-1)\ln[S]_m = E_d/RT_m + \text{const.}$　ここで，$[G]_m$, $[S]_m$ はピーク頂点での活性ガス濃度と触媒側成分濃度，p および q は反応次数である (一般に $p=q=1$ とおかれることが多い)．

TPDではピークの数から吸着種や吸着活性点の識別，脱離温度から化学結合の強さ（結合状態），吸着量から吸着活性点（表面活性点）の数を知ることができる．また，反応前後での吸着点（活性点）の評価，脱離次数や脱離の活性化エネルギー，有効金属表面積などを調べることができる．具体的には，NH_3-TPDによる固体酸触媒中のブレンステッド酸強度や酸量（後述），CO_2-TPDによる固体塩基触媒の塩基強度や塩基量，O_2あるいはH_2O-TPDによる金属酸化物表面酸素および表面ヒドロキシ基（後述）の検討などのほかに，CO-TPDやNO-TPDなどにより触媒の反応機構や触媒活性点に関する知見が得られている．

TPRは，水素などの還元性ガスを不活性なキャリヤーガスで希釈した混合ガスを触媒に流通し，温度を制御しながら触媒を還元させ，試料の還元特性を評価する分析法である．TPRは金属酸化物MOと水素から金属Mと水蒸気を形成する反応$MO(s)+H_2(g)\rightarrow M(s)+H_2O(g)$であることから，還元状態にある試料を除いて試料の特性に影響なく測定可能である．多くの金属酸化物では，温度の関数として還元の$\Delta G°$に対する標準自由エネルギー変化をみたときそれらは負であるから，ほとんどの金属酸化物で還元は熱力学的に可能である．

TPOは酸素などの酸化性ガスを流通して，TPRと同様の手法により触媒の還元された活性サイトの再酸化過程など固体試料の酸化特性を評価する分析法である[*4]．触媒の酸化還元特性の検討において，TPOはTPRと相補的に取り扱われる．たとえば，金属酸化物触媒においてTPR（還元性ガスとして水素）後に連続してTPO（酸化性ガスとして酸素）を行ったときに出現するTPOピークは水素還元された金属が酸素酸化される，すなわち酸化還元反応に可逆的な金属によるものであることを意味する．また，TPRにより得られる水素消費量に対してTPOにより得られる酸素消費量が少ないときはH_2により還元されるがO_2には酸化されない酸化還元に不可逆な金属種の存在を示唆する．

（ⅱ）パルス法，H_2-O_2滴定　　金属触媒を担体に担持すると，金属の分散度が増加して有効な活性点の数が増加するだけでなく，金属粒子の幾何学的な因子（cornerやedge部など）が変化するため，反応活性や選択性に大きな影響を与える．そこで，分散度や反応吸着点を調べることは担持金属触媒では重要である．これらは気体吸着法（パルス法，H_2-O_2滴定など）で測定されている．

パルス法はキャリヤーガスにより少量の反応物を触媒層へ輸送し反応させ，その後の生成物あるいは残存反応物をガスクロマトグラフなどにより定量分析する方法である．古くは流通系定常反応操作の代用としての位置づけであったが，現在では定常反

応操作では認められない情報を与える非定常・非平衡な特殊測定法として用いられる場合が多い．たとえば，パルス法による活性点量の測定にはプローブ分子の単純な吸着を利用する方法と触媒反応を利用する方法とがある．単純な吸着を利用する方法として有名なのが CO パルス吸着法であり，担持金属触媒の分散度（金属表面積）や金属粒子径測定を見積もることができる．たとえば，担持貴金属触媒において，CO は貴金属上にのみ吸着し，担体上には吸着しないので，既知の濃度の CO を繰り返し触媒層にパルスで導入し，吸着した CO の総量と触媒上の貴金属濃度から有効貴金属面積（分散度）を求めることができる．このとき，使用する担体や触媒によっても異なるが，一般的に Pt への CO は 1 分子配位（CO/Pt=1），Pd は 2 分子配位（CO/Pd=1/2）すると考えて計算される．一方，Ru，Rh 系触媒では貴金属上で金属カルボニルを形成するため CO ではなく H_2 を使って測定される．この場合，貴金属上で解離吸着した H_2 は担体表面上へスピルオーバーして吸着するため分散度の評価には注意が必要である．触媒反応を利用する方法では，触媒反応が活性点で 1 回しか使われない条件を実現して，パルス操作を行い，その反応量から活性点量を求める．

担持金属触媒では，O_2 吸着後に続けてパルス法で H_2 を導入すると，前吸着 O_2 が H_2 で滴定される．この方法は，H_2–O_2 滴定法とよばれ，吸着量の少ない触媒の分散度測定に有効である．

4・1・2　触媒研究への応用例

a. 担持金属触媒，b. ゼオライト触媒，c. 酸化物・複合酸化物触媒を例にして，どのような分析機器を用いて触媒の物性が評価されているかに焦点をあてて簡単に紹介する．

a. 担持金属触媒

高表面積の担体に金属を分散して担持させた担持金属触媒では，金属がどのような状態で担持されているか，担体と金属とはどのような相互作用があるかを調べることになる．分散状態を視覚化して調査できる TEM および SEM などの電子顕微鏡がもっとも多用されている．どちらの電子顕微鏡でも一定範囲の画像から，金属粒子の大きさを数え取り，金属粒子の粒子径分布を描くことができる．また，TEM では金属粒子の大きさ・形態を調べられるほかに，原子の配列を直視することができる．実際，TiO_2 表面に形成した Pd クラスターの原子配列などが TEM によって明確に観察されている．

Pd/TiO_2 触媒を 400 ℃ で酸素にさらすと Pd 粒子が TiO_2 に埋もれていく様子が

STM によって観察されている．また，担体表面に生成する金属クラスターの物性評価には EXAFS が用いられている．XRD によるクラスターの平均粒子径の予測，TEM などの観察と EXAFS を相補的に利用して TiO_2 上の Pd クラスターの形態が明らかにされている．

担体と金属との相互作用の研究に有効な分析機器として XPS があげられる．XPS では表面近傍の数原子層に限られるが，酸化数，電子吸引・供与性，表面とバルクでの配位数の違い，SMSI(strong metal support interaction)効果などに関する情報が得られる．たとえば，SiO_2 上に担持した Pt の XPS スペクトルは Pt 箔の XPS スペクトルより約 1.5 eV 高エネルギー側へシフトし，この結果から Pt から SiO_2 への電子移行が確認されている(図 4・4)．電子移行の大きさは担体の種類により影響されることも XPS から結論されている．

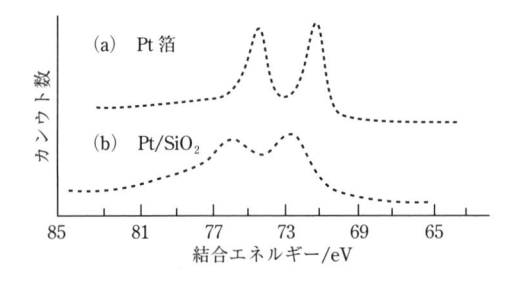

図 4・4　SiO_2 上に担持した Pt 微結晶の XPS スペクトル

(a) Pt 箔
(b) Pt/SiO_2

b．ゼオライト触媒

ゼオライトは結晶性のアルミノケイ酸塩であり，規則正しい細孔をもっている．ゼオライトの合成を行う場合にはまず，構造を決定する必要がある．その手段としては，XRD，TEM，SEM，NMR などがある．ゼオライトの多くは微結晶あるいは多結晶体なので，XRD で構造を調べることになる．ゼオライトの XRD パターンは IZA(international zeolite association，国際ゼオライト学会)に登録されているものであれば誰でも参照できる．

ゼオライトの構造解析によく用いられるものに固体の MAS NMR がある．ゼオライトの構成元素，^{29}Si および ^{27}Al がそれぞれ核スピン $I=1/2, 5/2$ をもつので NMR で観測できる．NMR の分解能を十分にあげることができれば，^{29}Si MAS NMR により結晶学的に非等価な Si を区別することができる．Al を含まないシリカライトでは 24 個の結晶学的に非等価な Si に反映したピークが得られており，ゼオライト骨格の詳細な解析が可能となっている．一方，Al を含むゼオライトでは，^{29}Si MAS NMR を

4・1 機器分析

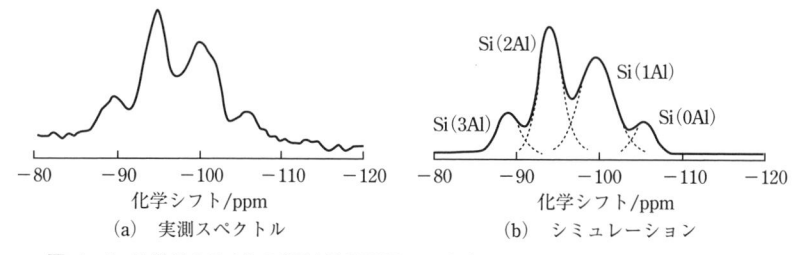

図 4・5 Y型ゼオライトの ^{29}Si MAS NMR スペクトル
[田中庸裕,山下弘巳 編,窪田好浩,"固体表面キャラクタリゼーションの実際", p.107, 講談社(2005)]

(a) 実測スペクトル
(b) シミュレーション

利用して骨格の Si/Al を決定することができる.図 4・5 には Y 型ゼオライトの ^{29}Si MAS NMR 測定結果を示す.Si を取り囲む Al の数が増加すると,中心 Si のピークが順次 5〜10 ppm ずつ低磁場側にシフトする.それぞれのピーク強度 $I_{Si(nAl)}$ から,次式を用いて骨格 Si/Al を計算することができる.

$$(Si/Al)_{NMR} = \frac{\Sigma I_{Si(nAl)}}{0.25 n I_{Si(nAl)}} \tag{4・8}$$

^{27}Al MAS NMR は Al の配位数を区別したいときに用いられる.^{27}Al は天然存在比 100% であり,緩和時間も短いので相対感度は高く,^{29}Si に比べて短時間に良好なスペクトルが得られる.骨格の 4 配位 Al と骨格外の 6 配位 Al では化学シフトの値が違うために区別ができる.脱 Al 後のゼオライトの ^{27}Al MAS NMR 測定から,脱 Al の程度がわかる.

ゼオライト触媒で用いられるそのほかの分析機器として,IR,TPD,ESR などがある.プロトン交換したゼオライトには固体酸性が発現する.ゼオライトに存在する酸点の同定には,塩基性分子であるピリジンをプローブとする IR スペクトル測定が広く用いられる.たとえば,500 ℃ で活性化処理したプロトン型モルデナイトにピリジンを吸着させると 1640,1493,1548 cm^{-1} にブレンステッド(Brønsted)酸に吸着したピリジニウムイオンの IR 吸収が観測される.また,700 ℃ 処理後にピリジンを吸着させると,1622,1493,1457 cm^{-1} に吸収が得られ,ルイス(Lewis)酸に吸着したピリジンの面内伸縮振動に帰属できる.さらに,TPD を併用するとブレンステッド酸点の量(酸量)や強度(酸強度)も知ることができる.図 4・6 にはプロトン型モルデナイトにアンモニアを吸着させて,TPD 測定をした結果を示す.ピーク強度から酸量を,ピークの出現する温度から酸強度を推定することができる.図 4・6 の場合,600 ℃ で観察されるピークが酸型モルデナイトの酸点由来である[*5].

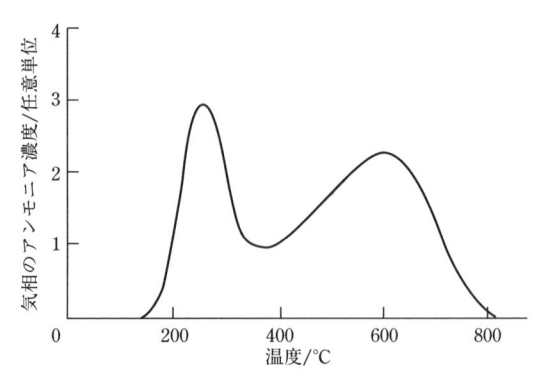

図 4・6 プロトン型モルデナイトからのアンモニアの昇温脱離

　ゼオライトは金属イオンをイオン交換により高分散に担持することができるため，導入された金属イオンの状態が種々の分光法により調べられている．例として，ESR測定により調べられた銅イオン交換ゼオライト中の銅イオンの配位状態の測定結果を取り上げる．図4・7に500℃で活性化処理した銅イオン交換 ZSM-5 ゼオライトのESR 結果を示す．2価の銅イオン(Cu^{2+})は $3d^9$ の電子配置をもつ ESR 活性な常磁性イオンである．この ESR スペクトルは，異なった軸対称の g 値をもつ2種類の Cu^{2+} が存在することを示している．また，不対電子と核スピンとの相互作用による分裂[*6]も明瞭に観測されている．この g 値と分裂からゼオライト中の Cu^{2+} は，四角錐（square

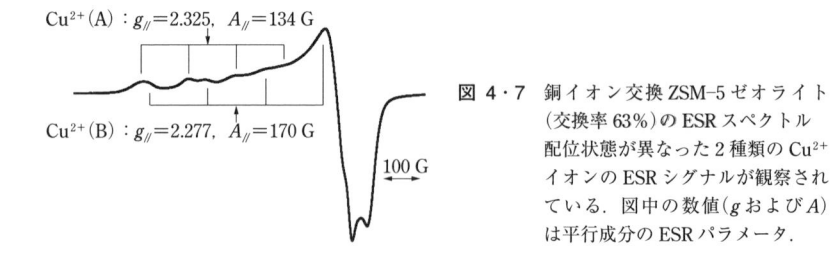

$Cu^{2+}(A):g_{//}=2.325, A_{//}=134\,G$

$Cu^{2+}(B):g_{//}=2.277, A_{//}=170\,G$

100 G

図 4・7　銅イオン交換 ZSM-5 ゼオライト（交換率63%）の ESR スペクトル　配位状態が異なった2種類の Cu^{2+} イオンの ESR シグナルが観察されている．図中の数値（g および A）は平行成分の ESR パラメータ．

[*5]　（前頁注）低温側のピークは酸点上にアンモニアが吸着して生成したアンモニウムイオンにさらに水素結合したアンモニアで，固体酸性質とは関係ない．

[*6]　この分裂は超微細分裂であり，分裂の間隔を超微細結合定数（A）とよぶ．この場合，Cu^{2+} の核スピンは 3/2 であるので，$2nI+1=2\times1\times3/2+1=4$ の式から，垂直成分（$g_\perp$）と平行成分（$g_{//}$）はそれぞれ4本のシグナルに分裂することになる．一般に固体の測定ではシグナルの幅が広くなるので，図4・7の垂直成分の分裂は明確にはわからない．

pyramidal)型と平面四角形(square planer)型の配位状態で存在していることが推定できる.

c. 酸化物,複合酸化物触媒

酸化物あるいは複合酸化物の調製法が種々開発されるなかで,前駆体の物性研究も含め,多くの分析機器が用いられてきている.ここでは,光触媒として利用されている TiO_2,酸化反応に利用されているバナジウム酸化物やポリ酸,SnO_2 や担持金属酸化物の吸着・酸化還元特性に焦点をあていくつかの分析方法の利用例について述べる.

TiO_2 には主としてアナターゼとルチル構造があり,光触媒として有効な相はアナターゼとされている.XRD では,アナターゼ構造およびルチル構造に特徴的な回折パターンが観察される.一方,ラマン(Raman)でも両者を区別することができる.図 4・8 に触媒学会参照触媒 TiO_2(JRC-TIO4)のラマンスペクトルを示す.アナターゼ構造では 640, 518, 398 cm^{-1} に観察され,ルチル構造では 613, 447 cm^{-1} に各構造に特徴的なピークが認められる.TiO_2 の UV/VIS スペクトルの吸収端から,バンドギャップを見積もることができる.

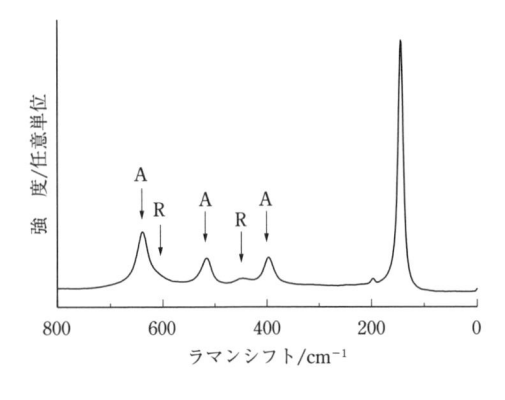

図 4・8 TiO_2(JRC-TIO4)のラマンスペクトル
図中の A, R はそれぞれアナターゼおよびルチルに帰属されるシグナル.

V を含む酸化物やイオンの状態を調べるために多くの機器分析が用いられている.XRD では化合物の同定および結晶子サイズの決定が,XPS では酸化数(4 価あるいは 5 価)が決定されている.また,V^{4+} は ESR に活性であるために,V^{4+} の配位状態が観測できる.5 価のバナジウム酸化物に特徴的なものは V=O 結合の存在である.この二重結合酸素の存在は,IR あるいはラマンスペクトルを測定すると判断することができる.バナジウム金属まわりの配位状態,酸化数,近接原子の種類,その結合距離を見積もることができる XAFS 測定も有効な手段である.たとえば,シリカに担持さ

れたバナジウム酸化物の EXAFS 測定から，二重結合性の短い V=O 結合一つと長い V–O 結合三つで構成される VO_4 四面体型構造が形成することが明らかとなっている．

4～7 族元素の無機酸素酸が縮合したものをポリ酸とよび，単独の無機酸が縮合してできる酸素酸をイソポリ酸，2 種類以上の無機酸素酸が縮合したものをヘテロポリ酸という．W を含むポリ酸は，^{183}W–NMR を測定して，タングステン周りの状態を確認する．たとえば，図 4・9 に示すように，$[SiW_{10}O_{34}]^{4-}$ では周りの環境が異なる 5 種類の W に帰属可能な NMR ピークが等強度 1：1：1：1：1 で現れる．また，Si や P を含むポリ酸で，^{29}Si–NMR や ^{31}P–NMR を測定することは構造を解析するうえで有効である．合成されたポリ酸の単結晶(0.2 mm 程度の大きさ)が得られるならば，X 線単結晶構造解析を行う．また，UV/VIS，IR，ラマン，元素分析などもポリ酸の構造解析に有効な分析法である．

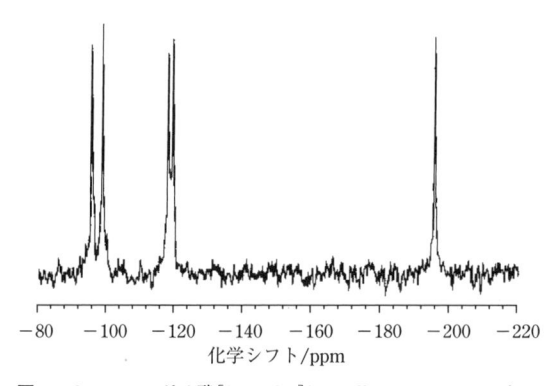

図 4・9 ヘテロポリ酸 $[SiW_{10}O_{34}]^{4-}$ の ^{183}W–NMR スペクトル

図 4・10 には SnO_2 上の吸着酸素および吸着水の TPD 曲線を示す．金属酸化物表面は，通常多量の H_2O を吸着しており，完全に脱水した金属酸化物表面に H_2O を吸着させると，まず解離吸着により表面ヒドロキシ基を生じる．表面ヒドロキシ基は親水性であることから，その上に分子状の H_2O が水素結合により物理吸着する．H_2O を吸着した SnO_2 試料を昇温すると，100 °C および 400 °C 付近に二つの脱離ピークが観察される．IR などによる H_2O 吸着から，低温側に出現するピークは分子状 H_2O，高温側に出現するピークは表面ヒドロキシ基の脱離に起因すると考えられている．また，SnO_2 表面に酸素を吸着させた試料の TPD スペクトルには 80，150，520，600 °C 以上の 4 種の脱離ピークが観測される．これらは ESR や電気伝導度測定から，それぞれ低温側から，O_2，O_2^-，O^- あるいは O_2^{2-} であると同定されている．

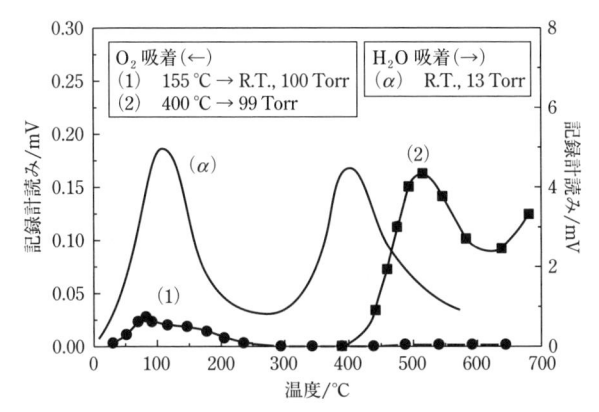

図 4・10 SnO$_2$ 上の吸着酸素(1, 2)および吸着水(α)の TPD 曲線
[N. Yamazoe, J. Fuchigami, M. Kishikawa, T. Seiyama, *Surf. Sci.*, **86**, 337, 339 (1979)]

最後に金属酸化物の酸化還元反応に関する例を紹介する．Al$_2$O$_3$ や SiO$_2$ など不活性な酸化物に担持された金属酸化物は，金属酸化物と担体との相互作用により担持されていない金属酸化物と比較して還元の促進，阻害といった異なる還元挙動を示す．この相互作用の一つは，金属アルミネートあるいは金属シリケートによりもたらされる．図 4・11 に焼成温度が異なる CuO/γ-Al$_2$O$_3$ 触媒の TPR 曲線を示す．γ-Al$_2$O$_3$ に担持された CuO の還元ピークは 300 ℃以下に観察される．焼成温度の上昇に伴い，新しく CuO と γ-Al$_2$O$_3$ 担体との反応により生成した CuAl$_2$O$_4$ の還元ピーク（400 ℃付近）が出現する．低温側にみられる CuO の還元による水素消費量および高温側にみられる CuAl$_2$O$_4$ の還元による水素消費量の比から，CuO と CuAl$_2$O$_4$ の存在割合を見積もる

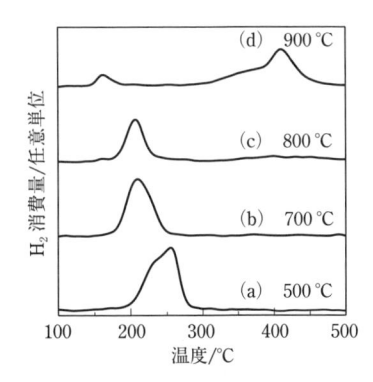

図 4・11 CuO/γ-Al$_2$O$_3$ 銅触媒の TPR 曲線
焼成温度：(a) 500℃, (b) 700℃, (c) 800℃, (d) 900℃

ことができる.

4・2 *in-situ* キャラクタリゼーション

"*in-situ* キャラクタリゼーション"とは,"その場測定によるキャラクタリゼーション"の意味であり,触媒化学においては,触媒反応条件下あるいは触媒反応条件下に近い条件下において行う種々のキャラクタリゼーションを指す.*in-situ* は,ラテン語で"本来の場所にて"という意味である.さらに,最近では複数の分析手法について同時に測定を行う"オペランド(operando)分光分析"に関する報告例も増加しつつある.

触媒表面の構造や電子状態は,しばしば温度,圧力,雰囲気により変化し,この結果,触媒の活性,選択性が大きく変化する場合がある.たとえば金属粒子表面の酸化状態,分散状態は雰囲気によって変化し,その活性,選択性を大きく変化させる.具体的な例としては,Rh/Al_2O_3 触媒があげられる.Rh/Al_2O_3 触媒は,自動車排ガス浄化用三元触媒の基礎触媒として盛んに研究が行われてきた.活性種である Rh の存在状態については,1980 年頃に二つの説が主張されていた.すなわち,Rh は金属粒子として存在するという説と原子状に高分散で存在しているという説である.前者は,TEM を中心とする分析結果を,後者は,IR による検討を元にしている(機器分析の手法についての略語は,表4・1を参照のこと).果たしてどちらの説が正しいのだろうか? 実は,この両方の説がいずれも正しいことが *in-situ* XAFS(X線吸収微細構造,X-ray absorption fine structure)によるキャラクタリゼーションによって明確に示されたのである.真空中で Rh/Al_2O_3 触媒の Rh K 吸収端 XAFS スペクトルを測定すると Rh が金属微粒子で存在することを支持する結果が得られた.これに対して CO を導入して XAFS スペクトルを測定すると単核 $Rh(CO)_2$ 構造を示唆する結果が得られた.すなわち,不活性な雰囲気下では,Al_2O_3 上で Rh は金属微粒子状で存在し,一酸化炭素が存在すると Rh 金属微粒子が分解して単原子状に分散し,$Rh(CO)_2$ へと変化する.つまり,Rh は,CO と接触することにより,金属微粒子と高分散原子状態の変化を可逆的に進行させることが示されたのである.

上記の例だけではなく触媒が実際に機能している状態において構造や電子状態のキャラクタリゼーションを行うことは重要である.また,触媒表面に吸着した化学種の観測は,反応機構や触媒の機能を理解するうえで重要である.化学種の種類や量もまた温度,圧力,雰囲気により変化することから吸着種についても触媒が実際に機能

している状態においてキャラクタリゼーションを行うことは重要である．このような観点から in-situ キャラクタリゼーションの重要性は近年ますます高くなってきている．in-situ キャラクタリゼーションは，狭義には実際の反応条件下での測定を指すが，広義には触媒に排気処理などの前処理を施した後あるいは前処理後に反応分子などを接触させた後に外気に暴露することなく測定を行う場合(擬 in-situ 測定とよぶこともある)や触媒反応条件よりもやや穏やかな条件下で反応分子の活性点への競争吸着過程，吸着した反応分子の初期の活性化過程，反応生成物の吸着・脱離過程などの素過程の測定を行う場合も含む．これは，実際の反応条件下では反応初期の活性化過程や反応物質の吸着過程などの重要な過渡状態から定常状態に移行し，安定に定在している表面種のみが観測される場合が多いのに対して過渡的な条件や反応条件よりも穏和な条件下で測定を行うことによってこれらの過程についての観測が可能となり，その解析から有用な情報が得られる場合があるからである．以下にいくつかの代表的な分析手法による in-situ キャラクタリゼーションの例を紹介する．

4・2・1 *in-situ* IR スペクトルによるキャラクタリゼーション

振動スペクトルを観測する IR，ラマン分光法は，化学結合に関する情報を与えるため吸着種や固体表面のヒドロキシ基や金属酸素二重結合など触媒反応の活性点の観察に有用であり，実験室で汎用される分析機器である．真空系や流通式反応装置と組み合わせることで簡便に in-situ キャラクタリゼーションを行う実験系を構築することが可能であるため広く利用されている．触媒の活性点のキャラクタリゼーションを行う場合には，プローブ分子[*7]を用いる方法と直接観測する方法の2種類がある．前者は，配位不飽和サイト，格子欠陥サイト，担体に分散担持された金属微粒子の表面などであり，これらの活性点は，それ自身を直接観測することができないためプローブ分子(NH_3，CO_2，CO，N_2O，NO などさまざまである)が用いられる．プローブ分子は，得たい情報によって選択する．たとえば，固体表面の酸性質・塩基性質に関する情報が得たければそれぞれ NH_3 および CO_2 を選択する．

a. ゼオライト上でのブテン類の反応

ゼオライトは，2種類の表面ヒドロキシ基(結晶粒子の外表面に存在するシラノール(Si-OH)と細孔内に存在する酸性ヒドロキシ基(Si(OH)Al))を有する．図4・12に酸素処理および重水素(D_2)で処理したモルデナイトの IR スペクトルを示す．シラノー

[*7] プローブ分子：観測したい対象のサイトに(選択的に)相互作用させた分子を観測することによって，対象とするサイトに関する情報を間接的に得ることができる．このために利用する分子．

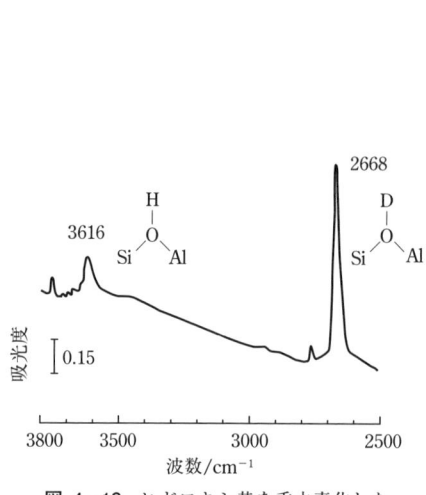

図 4・12 ヒドロキシ基を重水素化したモルデナイトの IR スペクトル
[H. Ishikawa, E. Yoda, J. N. Kondo, F. Wakabayashi, K. Domen, *J. Phys. Chem. B*, **103**, 5681, (1999)から抜粋]

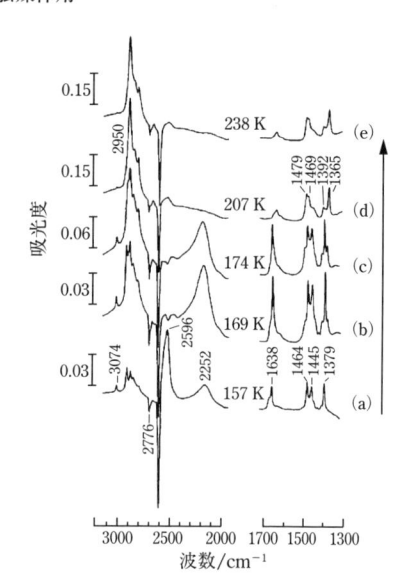

図 4・13 モルデナイトに吸着したイソブテンの IR スペクトルの温度変化
[H. Ishikawa, E. Yoda, J. N. Kondo, F. Wakabayashi, K. Domen, *J. Phys. Chem. B*, **103**, 5681, (1999)]

ルと酸性ヒドロキシ基の両者とも OH と OD の吸収が観測されており、反応の活性点である酸性ヒドロキシ基は，OH として 3616 cm^{-1} に，OD として 2668 cm^{-1} に現れる。図 4・13 にモルデナイトに 140 K でイソブテンを吸着させ，温度を変化させた際の差スペクトル（直接観測されるスペクトルから図 4・12 のモルデナイトのスペクトルを差し引いたスペクトル）の変化を示す。2800〜3100，1638，1300〜1500 cm^{-1} のバンドは，それぞれ吸着したイソブテンの CH 伸縮振動，C=C 伸縮振動，および CH 変角振動に帰属される。酸性 OD 基の吸収バンド(2668 cm^{-1})は，いずれの温度でも下向きで現れる。これは，"フリーな(吸着分子などと)相互作用をしていない OD 基"の量が減少したことを示している。温度の上昇とともに，スペクトルが変化しているが，この変化は，吸着種と酸性ヒドロキシ基の相互作用の形態が弱い相互作用から強い相互作用に変化し最終的には酸性ヒドロキシ基のプロトンが取り込まれる過程に対応している。このように反応の素過程に対応する各ステップを観測することができる。

b. Ag–MFIゼオライト触媒によるNO選択還元反応の表面吸着種の観測

Ag–MFIゼオライトは，NO選択還元反応に活性を示す．プロパンなどの低級アルカンを還元剤とした場合，反応系に微量の水素を添加するとNO選択還元活性が著しく向上する．しかし，水素のみではNOはほとんど還元されない．この水素の役割が *in-situ* IRスペクトルによって以下のように明らかとなった．図4・14は，水素共存下と非共存下におけるIRスペクトルとアセテート種(Ag^+–CH_3COO^-)に帰属される1642 cm^{-1}およびイソシアネート種(Ag^+–NCO)に帰属される2170 cm^{-1}の吸収バンドの強度の変化を示したものである．アセテート種は，NOとO_2を導入すると減少し，次いでイソシアネート種が生成し，その吸収バンドの強度が増加した後に急激に減少する．また，このとき，CN種に帰属される2110 cm^{-1}の吸収バンドが徐々に増加している．NOとO_2が共存するとNO_2が生成することはよく知られており，アセテート種は，この生成したNO_2と反応し，イソシアネート種に変化したと考えられる．図4・15は，イソシアネート種が存在する触媒表面にH_2Oを導入した際のスペクトルの変化を示したものである．この変化は，触媒表面上のイソシアネート種が，H_2O

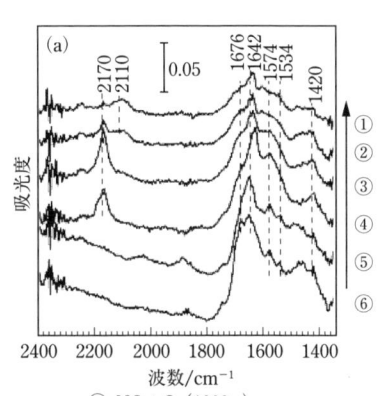

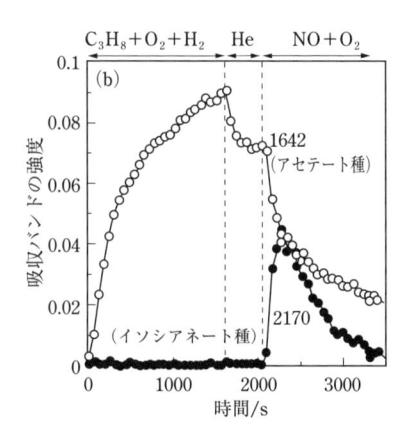

① $NO+O_2$ (1000 s)
② $NO+O_2$ (560 s)
③ $NO+O_2$ (180 s)
④ $NO+O_2$ (60 s)
⑤ He (420 s)
⑥ $C_3H_8+O_2+H_2$ (1600 s)

図 4・14 Ag–MFIゼオライト上の吸着種のIRスペクトル(a)とアセテート種(1642 cm^{-1})およびイソシアネート種(2170 cm^{-1})の吸収バンド強度の時間変化(b)
[K. Shimizu, K. Sugino, K. Kato, S. Yokota, K. Okumura, A. Satsuma, *J. Phys. Chem. C*, **111**, 6481 (2007)]

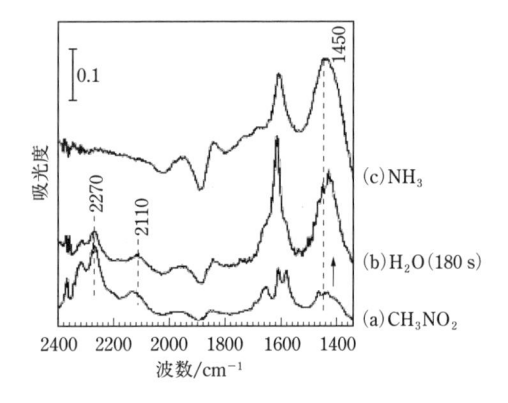

図 4・15 AgM-MFI ゼオライトに吸着したニトロメタン(CH_3NO_2) の IR スペクトルの変化 測定温度 498 K, (a) ニトロメタン吸着後, (b) 3%の水蒸気を 180 s 導入した後, (c) アンモニア吸着後 [K. Shimizu, K. Sugino, K. Kato, S. Yokota, K. Okumura, A. Satsuma, *J. Phys. Chem. C*, **111**, 6481, (2007)]

を導入することにより加水分解を受け NH_4^+ イオンと CO_2 を生成したことに対応する.これらの結果から,まず,還元剤であるプロパンがアセテート種を生成する.アセテート種は,NO_2 と反応し,イソシアネート種を生成する.生成したイソシアネート種は,加水分解を受け NH_4^+ イオンと CO_2 を生成し,NH_4^+ イオンと NO_2 が反応し,N_2 と H_2O を生成するという反応機構が提案されている.また,水素の役割は,酸素の還元的活性化であり,生成した活性酸素種によってプロパンからのアセテート種の生成が促進された結果,NO 選択還元反応が促進されたと考えることができる.

c. Cu 系触媒によるメタノール水蒸気改質反応機構の推定

Cu 系触媒は,メタノール合成や水蒸気改質に汎用されている.$Cu/ZrO_2/SiO_2$ 触媒にメタノールを吸着させ温度を上昇させた際の IR スペクトルの変化の様子からメタノール水蒸気改質の反応機構の推定が行われている.メタノールを吸着させるとメトキシ基($2830\ cm^{-1}$)の生成とヒドロキシ基($3670\ cm^{-1}$)の減少がまず観測される.温度の上昇に伴い,二座配位のホルメート種($1557\ cm^{-1}$)がいったん増加した後,減少し,その後,Cu 上に吸着した CO($2119\ cm^{-1}$)および気相の CO_2($2349\ cm^{-1}$)が観測される.これらの結果から,ホルメート種を中間体とし,CO,CO_2 が生成する反応機構が提案されている.

4・2・2 *in-situ* XAFS 法によるキャラクタリゼーション

a. V_2O_5/SiO_2 触媒のキャラクタリゼーション

XAFS スペクトルは,高分散状態で存在する(長距離秩序をもたない)活性サイトの構造および電子状態に関する情報を得ることができる強力な手法である.図 4・16 に真空排気処理を行い乾燥状態にした V_2O_5/SiO_2 触媒の V K 吸収端 XANES(X-ray

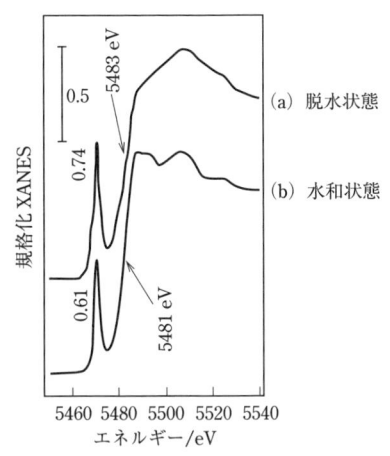

図 4・16 V$_2$O$_5$/SiO$_2$ の V K 吸収端 XANES スペクトル
[T. Tanaka, H. Yamashita, R. Tsuchitani, T. Funabiki, S. Yoshida, *J. Chem. Soc. Faraday Trans.*, **83**, 2987 (1988)]

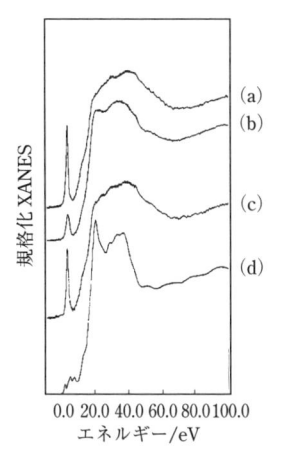

図 4・17 TS-1 ゼオライトの Ti K 吸収端 XANES スペクトル
(a) 前処理後, (b) アンモニア吸着後, (c) 室温で 10 min 間の真空排気後, (d) 参照試料(アナタース型 TiO$_2$)
エネルギーの値は, 4964.2 eV を基準(0 eV)としている.
[S. Bordiga *et al.*, *J. Phys. Chem.*, **98**, 4125 (1994)]

absorption near edge structure)スペクトルとその後水分子を吸着させた場合のスペクトルを示す. 乾燥状態では, 5472 eV 付近にプリエッジ(pre-edge)とよばれるピークが観測され, その強度が大きいことからバナジウムイオンが四面体中心に位置していることを示している. この触媒に水分子を吸着させると, スペクトルが変化し, その特徴は V$_2$O$_5$ や Na$_6$V$_{10}$O$_{28}$ などバナジウム多核種と類似している. これは, バナジウムイオンが四角錐型 VO$_5$ あるいは八面体型 VO$_6$ として凝集した多核種として存在していることを意味している. EXAFS(extended X-ray absorption fine structure)による検討からも水分子吸着の前後でバナジウム周囲の局所構造が変化し, 乾燥状態では孤立単核種, 水吸着後には, 凝集した表面種であることが示されている.

b. チタノシリケート(TS-1)触媒のキャラクタリゼーション

チタノシリケート(TS-1)は, MFI 構造をもつシリカライト-1 の骨格構造の Si の一部を Ti に置換したゼオライトである. TS-1 は, オキシム合成用試剤として用いられるヒドロキシアミンを NH$_3$ と H$_2$O$_2$ から合成する際の触媒として実用されている. ラマン, UV/VIS スペクトルによる検討と Ti K 吸収端 XANES スペクトルにおけるプリ

エッジの特徴(図4・17)からTiは4価で四配位の状態でゼオライトの骨格に取り込まれていることがわかる．また，EXAFSスペクトルの酸素に由来する第一配位圏のカーブフィッティングの結果から等価な4本のTi–O結合を有しており，Ti=O結合は存在しないことがわかる．この試料にNH$_3$を接触させると，XANESスペクトルのプリエッジピークの強度が極端に小さくなったことから，Tiの配位数が増加したことがわかる．これは，NH$_3$がTiサイトに吸着し，反応することを示している．

c. **時間分解XAFSスペクトルによるキャラクタリゼーション**

a.項およびb.項で述べた *in-situ* XAFS法により得られる描像は1スペクトルの測

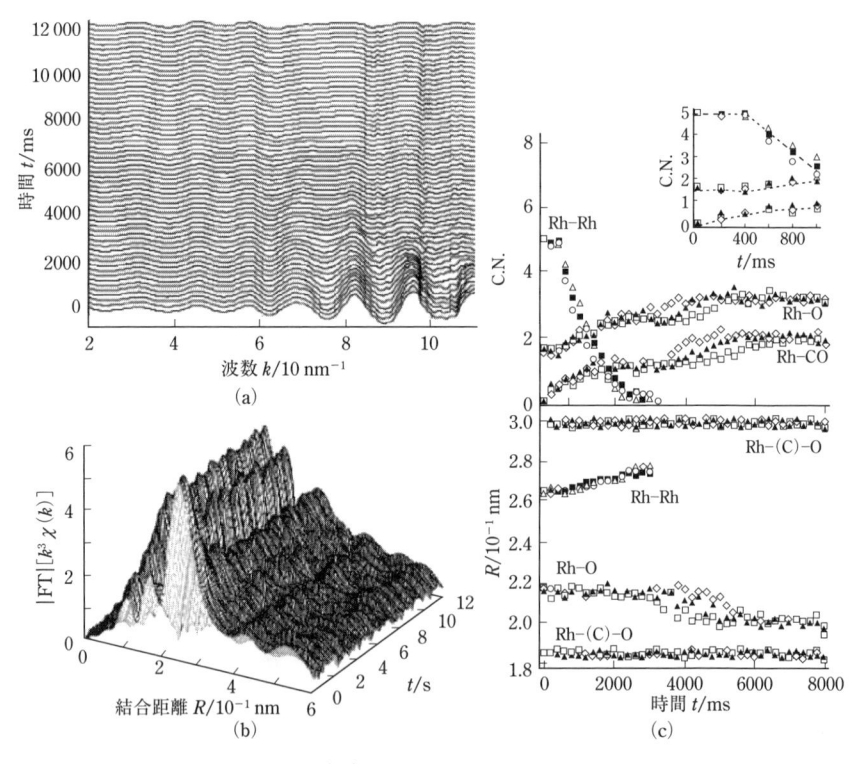

図4・18 Rh/Al$_2$O$_3$のRh K吸収端のDXAFSスペクトル
 (a) EXAFS振動の時間変化(298 K)，(a) 動径構造関数(測定温度298 K)，
 (c) 各温度における配位数(C. N.: coordination number)，結合距離 R の時間変化．Rh–Rh 298 K(■), 333 K(△), 353 K(○)；Rh–CO 298 K(■), 333 K(△), 353 K(○)；Rh–O 298 K(■), 333 K(△), 353 K(○)．
 [A. Suzuki, Y. Inada, A. Yamaguchi, T. Chihara, M. Yuasa, M. Nomura, Y. Iwasawa, *Angew. Chem. Int. Ed.*, **42**, 4796, 4797 (2003)]

定に数分から数十分程度の時間を要するため,変化前後のスナップ写真に相当するものである.一方,最近では,μs 単位の時間分解 XAFS 測定が可能になりつつある.時間分解 XAFS 法には,全領域のデータを同時に測定するエネルギー分散型 XAFS 法（DXAFS：energy dispersive XAFS）と,高速でモノクロメータを回転させ連続的にデータを測定する高速 XAFS 法（QXAFS：quick XAFS）の2種類がある.DXAFS 法による Rh/Al_2O_3 触媒の in-situ キャラクタリゼーションの例を図 4・18 に示す.Al_2O_3 上の Rh 金属微粒子は前述のように CO の吸着によって Rh–Rh 結合が切れて単原子状に分散し,$Rh(CO)_2$ 構造へと変化することがわかっている（図 4・19）.これらは変化前後の状態であり,Rh 金属微粒子が CO の吸着に伴いどのような過程を経て,またどのくらいの時間スケールで高分散状態に変化するかなどは不明であった.しかし,DXAFS 法による in-situ 時間分解スペクトルから Rh 金属微粒子は,CO の導入によってわずか数秒で単原子状態まで分散することに明らかとなった.このように時間分解 XAFS 測定を行うことにより短寿命な中間種の存在とその構造に関する情報を得ることができる.このほか,Pt,Pd,Au など金属微粒子の酸化還元に伴う凝集,再分散過程の追跡,Cu–ZSM-5 や Cu/ZnO 触媒における Cu の酸化還元過程の観測,Ni 系触媒における天然ガス改質過程における Ni 金属種の酸化状態の変化の追跡,TiO_2 表面における金属粒子の光電析過程の観測などさまざまな系への適用が試みられ,近年その適用例は大幅に増加している.

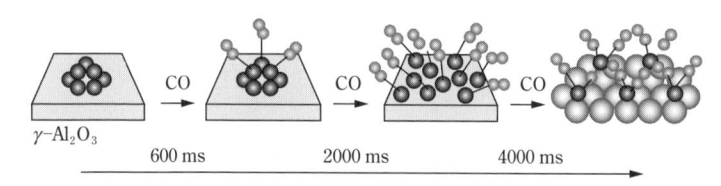

図 4・19 Al_2O_3 の上の Rh 金属微粒子の CO 吸着による構造変化の模式図
[A. Suzuki, Y. Inada, A. Yamaguchi, T. Chihara, M. Yuasa, M. Nomura, Y. Iwasawa, *Angew. Chem. Int. Ed.*, **42**, 4797 (2003)]

4・2・3 in-situ UV/VIS スペクトルによるキャラクタリゼーション

電子吸収スペクトルともよばれる UV/VIS スペクトルは,電子状態に関する情報を与え,ナノ粒子のようなクラスターのサイズの変化の追跡（おもにプラズモン吸収が利用される）,Fe や Mn などの活性中心をもつモデル系を含む酵素触媒における分子状酸素との相互作用の追跡,遷移金属酸化物の配位環境,凝集状態の観測などに広く利用されている.たとえば,脱水素などに利用される担持 Cr 触媒について,Cr が六

配位,3価であれば,445 nm および 610 nm 付近に,四配位,6価であれば,280 nm および 370 nm 付近に吸収をもつことを利用し,反応中においておもに六配位,3価で Cr が存在することなどが示されている.一般に,遷移金属の配位数の増加に伴い,UV/VIS スペクトルの吸収は長波長側にシフトすることから,これを利用し,さまざまな処理を行った遷移金属酸化物種の配位数あるいは凝集状態を推定することがよく行われている.

図 4・20 に Ag/Al_2O_3 触媒に酸化処理を施した場合と微量の水素を共存させた場合の定常状態における *in-situ* UV/VIS スペクトルを示す.Ag/Al_2O_3 触媒は,反応系に微量の水素を添加すると NO 選択還元反応に対する活性が著しく向上する.酸化処理後には,40 000 cm^{-1} 以上に Al_2O_3 担体上に孤立した Ag^+ イオンに帰属される吸収バンドがみられ,水素共存下では,Ag クラスター(Ag 原子 4~8 個程度)の吸収が 25 000~35 000 cm^{-1} に観測される.次に水素の共存・非共存下における NO 選択還元活性の時間変化と Ag の価数や配位状態,分散状態の動的な変化の関連を図 4・21 に示す.水素を共存させると波長 28 500 cm^{-1},すなわち Ag クラスターの吸収バンドの強度が増加し,水素の供給を停止するとこの吸収バンドは消失する.つまり Ag は,雰囲気中の水素の共存・非共存に応じて凝集・分散を繰り返しているわけである.ま

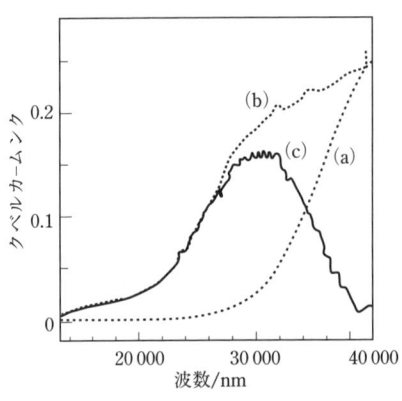

図 4・20 Ag/Al_2O_3 の UV/VIS スペクトル
(a) 酸素処理後,(b) 酸素-水素混合ガス処理後,(c) 差スペクトル((b)-(a))
[K. Shimizu, M. Tsuzuki, K. Kato, S. Yokota, K. Okumura, A. Satsuma, *J. Phys. Chem. C*, **111**, 6481 (2007)から抜粋]

図 4・21 Ag/Al_2O_3 の反応活性(実線)と Ag クラスターの吸収バンド強度(○)の時間変化
[K. Shimizu, M. Tsuzuki, K. Kato, S. Yokota, K. Okumura, A. Satsuma, *J. Phys. Chem. C*, **111**, 6481 (2007)]

た，活性の変化との対応から水素により適度に還元・凝集したAgクラスターがNO選択還元反応に対する高活性種であることがわかる．

4・2・4 *in-situ* STMによるキャラクタリゼーション

STM，AFMは，固体表面を構成する個々の原子または個々の吸着分子を画像化できる利点を有する．つまりSTMやAFMの出現により，表面原子団の再配列や分子の吸着脱離の様子がビデオで見るように観測することができるようになった．試料の加熱やガスあるいは溶液の導入も可能であり単結晶表面の規則正しい原子あるいは原子団配列や吸着脱離の観測に応用されている．最近では，触媒調製過程における活性種の形成の様子を偏光XAFS法などと組み合わせ観測した例も報告されている．

図4・22にTiO$_2$表面に吸着した有機化合物が紫外線照射によって分解する過程を観測したSTM画像を示す．真空中で作成したルチル(110)面をトリメチル酢酸にさらすと細密に整列したトリメチル酢酸アニオン単分子層が表面を覆う(図4・22(a))．光照射前のアニオン吸着点(a)には，規則正しく吸着したアニオンが白い点像として現れている．暗い領域は，1段下のテラスである．この表面を1.3×10^{-5}Paの酸素ガス共存下で紫外線照射すると，イソブテン$(CH_3)_2C=CH_2$とCO_2が気相に脱離する．光励起により生成した正孔がアニオンに付着してt-ブチルラジカルとCO_2に分解し，

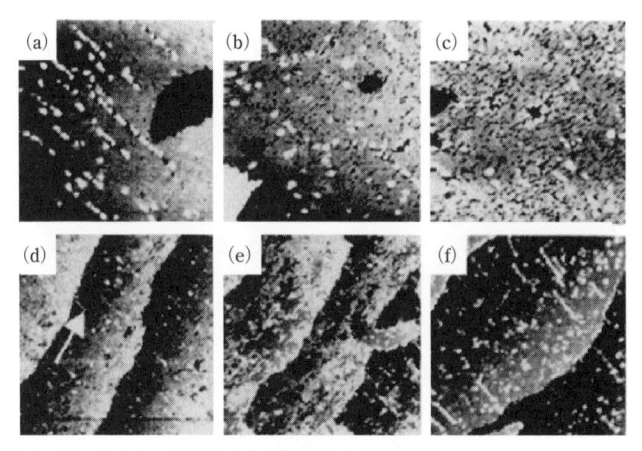

図4・22 トリメチル酢酸の光分解過程のSTM画像
 (a) トリメチル酢酸吸着後，(b) 紫外光照射5 min後，
 (c) 10 min後，(d) 15 min後，(e) 20 min後，(f) 30 min後
 [上塚 洋，M. A. Henderson, J. M. White, 笹原 亮，大西 洋，触媒，**46**, 172 (2004)]

生成した t-ブチルラジカルからイソブテンが生成する．紫外光照射 5 分後および 10 分後(図 4・22(b), (c))の表面ではトリメチル酢酸アニオンがまばらに消失した．これは，トリメチル酢酸アニオンの分解がランダムに進行したことを示している．紫外光照射を継続するとアニオンが存在しない領域(サイズ数 nm)すなわち反応が速く進行している領域が発生した(図 4・22(d)中の矢印)．この領域は，照射時間とともに急速に拡大し(図 4・22(e))，同じテラス内でもトリメチル酢酸アニオンが存在しない領域とほとんど反応が進行していない領域が隣接していることがわかる．30 分の紫外光照射によって，ほぼ全域からアニオンが消失した．一連の画像から，反応が進行している領域と単分子膜との境界部分で分解反応が加速されることがわかる．

4・2・5 オペランド分析によるキャラクタリゼーション

オペランド(operando)分析とは，同時に複数の分析手法を用いて行うキャラクタリゼーションのことである．たとえば，反応条件下で IR により吸着種を観測しながら出口ガスを MS，ガス分析計，ガスクロマトグラフなどにより分析し反応成績を評価し，吸着種と反応活性・選択性との相関を分析する方法，XAFS と粉末 X 線回折(XRD)を組み合わせ，XAFS により活性種の局所構造の変化を，XRD により触媒のバルク構造の変化を観測する方法，XAFS と時間分解 IR, MS を組み合わせ，反応定常条件における触媒構造と吸着種の種類や反応生成物を分析する方法などさまざまである．このように複数の分析手法を組み合わせることで，得られる情報の幅が大きく広がり，反応機構のより詳細な議論や有効な触媒の設計指針を与えることを可能とする．

ここでは，固体表面の酸性質を評価する手法である NH_3-TPD を測定する際に MS と IR を組み合わせ，MS により脱離物の定量を行い，IR スペクトルにより触媒表面の酸性ヒドロキシ基および吸着種の定性分析を行う方法(IRMS-TPD 法)について示す．図 4・23 中の点線が，モルデナイトに NH_3 吸着させ MS を検出器として測定した TPD スペクトルである．この脱離ピークの面積は，触媒表面の酸性ヒドロキシ基から脱離した NH_3 の量を示している．しかし，どの温度領域でどのような種類の酸性ヒドロキシ基から脱離するのかについては MS による分析のみでは決定することができない．すなわち酸性ヒドロキシ基の種類とその酸強度の関連を結びつけることができない．そこで，図 4・24 に示すように各温度で IR スペクトルの測定を同時に行い，酸性ヒドロキシ基(ブレンステッド酸点)に吸着した $NH_3(NH_4^+)$ に帰属される吸収バンド($1430\ cm^{-1}$)とゼオライトの酸素十二員環および八員環の細孔に位置する酸性ヒドロキシ基に帰属される吸収バンド(それぞれ $3603\ cm^{-1}$, $3574\ cm^{-1}$)の強度の減少

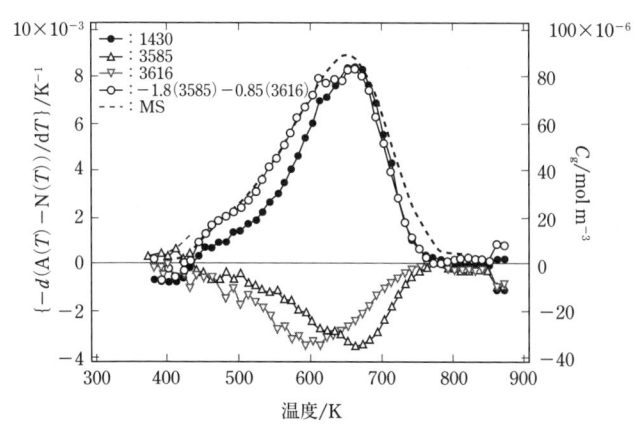

図 4・23 モルデナイトの IR–TPD および MS–TPD スペクトル
1430 cm^{-1} の吸収バンドの強度(●),3585 cm^{-1} の吸収バンドの強度(△),3616 cm^{-1} の吸収バンドの強度(▽),3585 cm^{-1} および 3616 cm^{-1} の吸収バンドの強度にそれぞれ -1.8,-0.85 を乗じ,足し合わせたスペクトル(○),MS により得られた TPD スペクトル(MS–TPD)(- - -)
[M. Niwa, K. Suzuki, N. Katada, T. Kanougi, T. Atoguchi, *J. Phys. Chem. B*, **109**, 18479 (2005)]

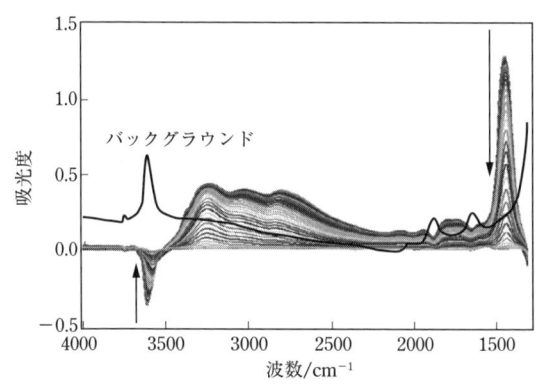

図 4・24 アンモニアを吸着させたモルデナイトの IR スペクトルの昇温過程における変化
図中の矢印は,温度上昇に伴うスペクトルの強度変化の方向を示す.
[M. Niwa, K. Suzuki, N. Katada, T. Kanougi, T. Atoguchi, *J. Phys. Chem. B*, **109**, 18479 (2005)]

あるいは増加の様子を観測する(差スペクトルで表しているのでそれぞれ上向きと下向きの吸収バンドとして現れている).これによって,2種類の酸性ヒドロキシ基の吸収バンドの酸強度(酸素八員環に位置する酸性ヒドロキシ基のほうが十二員環に位置するものよりも強い酸強度を有する)および,それぞれの酸性ヒドロキシ基の量を決定することができる.このように IRMS–TPD 法では,MS と IR を組み合わせることにより酸点の構造,強度と量の情報を同時に得ることが可能である.

4・3　理論化学からのアプローチ

　理論化学は,前節までに述べてきたさまざまなキャラクタリゼーションの方法とは異なる観点から触媒過程に関する情報を提供できる方法である.とくに近年は新しい理論や計算に用いるためのプログラムパッケージの開発が進んできたことに加え,コンピュータの性能が著しく向上し広く普及してきており,実験化学者も含めた多くの研究者が計算化学の方法を利用するようになってきている.本節では,触媒化学に関連する計算化学の概要を中心にまとめる.

　広く認識されている計算化学の重要な利点の一つは,反応の遷移状態や中間体のキャラクタリゼーションであろう.それらの分子構造などを実験的に決定することは容易でない.また遷移状態を含む反応経路の決定や,それに沿ったエネルギー変化を調べるうえで,計算化学は大きな威力を発揮する.さらにこれらの構造における波動関数を解析すれば,反応機構の支配因子も明らかにできるだろう.計算機やソフトウェアの充実により,比較的手軽に計算を実行できるのも魅力的である.しかし,適切な計算を行ってその結果を正しく,深く理解して活用するためには,理論的背景に対する理解が不可欠である.単に都合のよい数値結果を得るためのブラックボックスとして利用するのではなく,理論の適用範囲を正しく認識したうえで,過程の本質に迫る有益な利用をぜひ目指してほしい.本節では,計算化学を正しく理解し使うことを目的として,その基本的な原理を中心に解説する.

4・3・1　分子系の量子化学理論

a. 計算化学の実例

　計算化学とは,量子力学やニュートン力学などに基づいて,化学過程や系の性質をコンピュータで計算する方法の総称である.一般に,触媒化学で扱う対象は膨大な数の分子からなる大変複雑な系であり,その全貌を知るためには物理化学の法則を総動

員する必要がある．しかし，多くの触媒過程において，その素過程が要であり，量子化学に基づく解析を行うことで反応の本質を理解できることも多い．計算化学によってどのような情報が得られるか，具体的な事例を一つ紹介する．

ルテニウム(II)錯体，$RuX_2(PMe_3)_4$ (X=H(ヒドリド)あるいはハロゲン)を触媒とした二酸化炭素の水素化反応が実験的に報告されている．図 4・25 に示すように，活性種は $Ru(H)_2(PMe_3)_4$ と考えられている．最初のステップは CO_2 の Ru-H 結合への挿入反応であり，ギ酸アニオン錯体，$Ru(H)(\eta^1-OCOH)(PMe_3)_3$ が生成する．次のステップは，生成したギ酸アニオンと Ru 上に残っているヒドリドとの還元脱離反応(図 4・25 の右回りのサイクル)，ギ酸アニオン錯体と水素分子のメタセシス反応(heterolytic な水素分子の活性化，図 4・25 の左回りのサイクル)の 2 通りがあり，還元脱離反応には 3 中心遷移状態(TS 1)と 5 中心遷移状態(TS 2)の 2 通りが，メタセシス反応にも 4 中心遷移状態(TS 3)と 6 中心遷移状態(TS 4)の 2 通り，合計 4 通りが反応系路の候補として考えられる．実際の反応は，これらの反応経路のいずれで進行するのかを実験結果から確定することは困難である．計算してみると，6 中心遷移状態(TS 4)を経るメタセシス反応がもっとも活性化エネルギーが低いことから，この触媒反応は，Ru-H への CO_2 の挿入反応，水素分子とギ酸アニオンの 6 中心メタセシス反応で進行すると結論されている．このように，理論計算により反応機構が何通りも考えられる場合に，どの反応機構で進行するかを知ることが可能である．

この例では反応機構の解明に理論研究がどう役に立つかを紹介したが，反応機構が確定すれば，律速過程の活性化エネルギーが配位子や中心金属によりどう変化するか

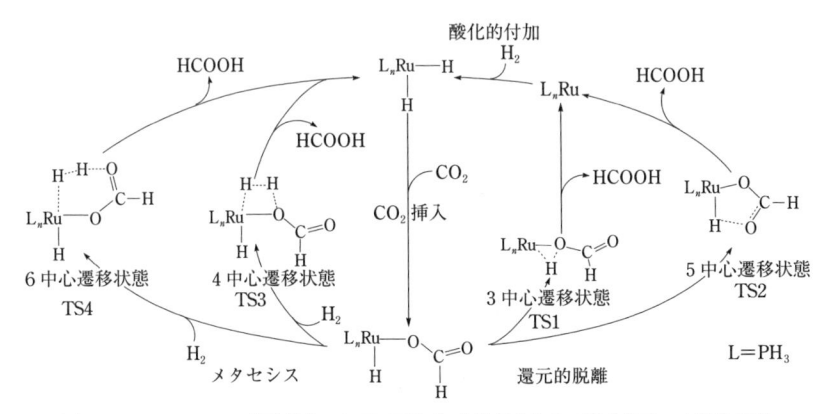

図 4・25　ルテニウム(II)錯体，$RuH_2(PMe_3)_4$ を触媒とした二酸化炭素の水素化反応

を，理論計算から知ることが可能であるから，触媒をどのように改良すればよいかの予測も可能である．ここでは錯体触媒反応の例を取り上げたが，固体触媒反応でも同じように，反応機構や触媒予測に役立つと期待されている．

b．分子系の量子力学の原理

化学反応を支配しているのは電子であり，その性質を記述するのが量子力学である．量子力学の導入や詳細な説明は他の成書に譲ることとして，ここでは時間に依存しない**シュレーディンガー(Schrödinger)方程式**から出発することにする．

$$H\Psi = E\Psi \quad (4\cdot 9)$$

通常の量子化学計算においては，原子核が空間上に固定されていると仮定するボルン・オッペンハイマー(Born–Oppenheimer)近似を導入する．N 個の電子と M 個の原子からなる系の電子ハミルトニアンは，原子単位を用いると，

$$H = -\sum_{i}^{N} \frac{1}{2}\left(\frac{\partial^2}{\partial x_i^2} + \frac{\partial^2}{\partial y_i^2} + \frac{\partial^2}{\partial z_i^2}\right) + \sum_{i}^{N}\sum_{A}^{M} \frac{Z_A}{|\boldsymbol{r}_i - \boldsymbol{R}_A|} + \sum_{i,j}^{N} \frac{1}{|\boldsymbol{r}_i - \boldsymbol{r}_j|} \quad (4\cdot 10)$$

である．Z_A は位置 $\boldsymbol{R}_A$ にある原子核の正電荷であり，$\boldsymbol{r}_i = (x_i, y_i, z_i)$ はラベル i の電子の位置に対応する．右辺第一項は電子の運動エネルギーを，第二項は電子と原子核のクーロン相互作用を，また第三項は電子間の反撥相互作用を表している．この式を出発点とするにあたって，二つの点を注意しておこう．

1. われわれは普通，構造式で描かれる分子をイメージする．たとえば，塩化亜鉛 $ZnCl_2$ は図 4・26(a)のように考えるだろう．一方で量子化学の世界においては，亜鉛 Zn と塩素 Cl に対応する原子核($Z_A = +30$ と $Z_A = +17$ の正電荷)が真空中のそれぞれ適当な位置($\{\boldsymbol{R}_A\}$)で固定されているだけであり，64 個の電子($N=64$)が構成する波動関数(Ψ)もしくはその自乗であるところの電子分布($|\Psi|^2$)が存在し，これらにより分子の性質が決められている(図 4・26(b))．

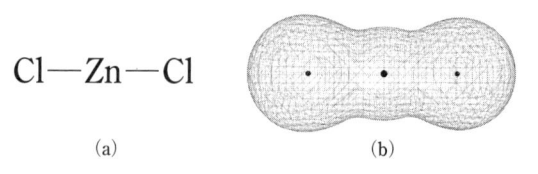

Cl—Zn—Cl

(a)　　　　(b)

図 4・26 $ZnCl_2$ の構造式(a)と電荷分布(b)

すなわち化学結合を表す構造式の直線が実在しているわけではない．電子波動関数から，電子密度が増加する空間領域には化学結合が存在していると判断するのである．方程式の解から化学的な情報を引き出すためには，時には経験的

知識や直感をあえて排したうえで，計算結果を冷静に精査することも大事である．

2. シュレーディンガー方程式が，系のすべてをつねに写しているわけではない．現実の系においては，注目する分子(その原子核)は空間内で絶え間なく運動しており，他の化学種に取り囲まれてさまざまな影響を受けているかもしれない．またシュレーディンガー方程式は，水素原子などのごく限定された単純な系以外は近似的に解くしか術がない．計算にあたっては，知りたい情報を得るための適切な近似を選択し，その理論的な限界を踏まえつつ解釈を行うことが求められる．換言すれば，系の本質を的確に抽出できるように計算する系(モデル)を設計し，その不完全さをよく認識したうえで解析することが肝要である．

c. 量子化学計算と分子軌道法

有機金属錯体を中心とする均一系触媒反応に対しては，反応中心に着目して上述の量子化学の方法を用いることが一般的であり，当座の目標は分子を構成している原子核周辺に存在する電子の波動関数(電子波動関数)Ψ と，系のエネルギーを求めることにある．波動関数 Ψ は，系を構成する電子のおのおのの位置を $\boldsymbol{r}_1, \boldsymbol{r}_2, \cdots, \boldsymbol{r}_N$ の関数であり，**波動関数の反対称性**とよばれる性質を満たす．

$$\Psi(\boldsymbol{r}_1, \boldsymbol{r}_2, \cdots \boldsymbol{r}_i \cdots \boldsymbol{r}_j \cdots, \boldsymbol{r}_N) = -\Psi(\boldsymbol{r}_1, \boldsymbol{r}_2, \cdots \boldsymbol{r}_j \cdots \boldsymbol{r}_i \cdots, \boldsymbol{r}_N) \quad (4 \cdot 11)$$

任意の電子のラベル(i と j)を入れ替えると，波動関数の符号が変わる．この式の両辺を自乗すると，いずれも $|\Psi|^2$ と同じであることに注意しよう．すなわち電子のラベルの付け方を適当に入れ替えたとしても観測される電子分布(確率密度)に変化はなく，その付け方は任意である．

さて，Ψ は N 個の電子の位置($\boldsymbol{r}_1, \boldsymbol{r}_2, \cdots, \boldsymbol{r}_N$)を変数とする関数($N$ 電子波動関数)であり，このままでは大変複雑で取り扱いにくい．そこで個別の電子が格納される波動関数 ψ(一電子波動関数)を導入して，それらを統合することで全体の波動関数を表現することを考える．反対称性(式(4·11))を満たすには，**スレーター(Slater)行列式**を導入する．

$$\Psi^{\text{slater}}(\boldsymbol{r}_1, \boldsymbol{r}_2, \cdots \boldsymbol{r}_i \cdots \boldsymbol{r}_j \cdots, \boldsymbol{r}_N) = \frac{1}{\sqrt{N!}} \begin{vmatrix} \psi_1(\boldsymbol{r}_1) & \psi_2(\boldsymbol{r}_1) & \cdots & \psi_N(\boldsymbol{r}_1) \\ \psi_1(\boldsymbol{r}_2) & \psi_2(\boldsymbol{r}_2) & \cdots & \psi_N(\boldsymbol{r}_2) \\ \vdots & \vdots & \ddots & \vdots \\ \psi_1(\boldsymbol{r}_N) & \psi_2(\boldsymbol{r}_N) & \cdots & \psi_N(\boldsymbol{r}_N) \end{vmatrix} \quad (4 \cdot 12)$$

行列式の性質から，

$$\Psi^{\text{slater}}(\boldsymbol{r}_1, \boldsymbol{r}_2, \cdots \boldsymbol{r}_i \cdots \boldsymbol{r}_j \cdots, \boldsymbol{r}_N) = -\Psi^{\text{slater}}(\boldsymbol{r}_1, \boldsymbol{r}_2, \cdots \boldsymbol{r}_j \cdots \boldsymbol{r}_i \cdots, \boldsymbol{r}_N) \quad (4 \cdot 13)$$

が任意のラベル(iとj)の交換に対して成立していることが容易に確かめられる．この一電子波動関数$\{\psi_i(\boldsymbol{r})\}$は，一般には，特定の原子だけでなく分子全体に広がっていてMO(molecular orbital, 分子軌道)とよばれる．図4・27に示したように，おのおのの分子軌道ψ_iは，軌道エネルギーε_iに対応している．より低い軌道エネルギーの電子は原子核に強く拘束された化学的に不活性な内殻電子に対応しており，より高いエネルギーの軌道にある電子は，いわゆる価電子に相当して化学的活性が高いと考えられる．電子の入っている軌道のうちで，もっとも軌道エネルギーε_iの高いMOは**HOMO**(highest occupied molecular orbital, 最高被占軌道)という．また系に過剰の電子が導入されれば，電子が入っていないもっとも軌道エネルギーの低い軌道(図の$\psi_{N/2+1}$)が，これを受け入れると考えられ，**LUMO**(lowest unoccupied molecular orbital, 最低空軌道)という．これらはフロンティア軌道とよばれ，反応活性を議論するうえでしばしば重要な役割を果たす．

$$\begin{array}{ll} \psi_{\frac{N}{2}+1} \underline{\qquad} \varepsilon_{\frac{N}{2}+1} & \text{LUMO} \\ \psi_{\frac{N}{2}} \underline{\uparrow\downarrow} \varepsilon_{\frac{N}{2}} & \text{HOMO} \end{array} \Bigg\} \text{フロンティア軌道}$$

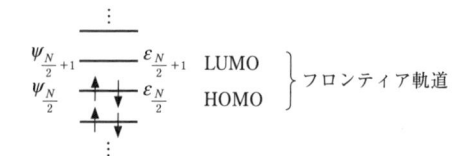

図4・27 分子軌道の模式図

なお，電子はスピン(αとβ)をもつが，おのおのの分子軌道は二つまでの電子を格納できる．すなわち，ある$\psi_i(\boldsymbol{r})$について，異なるスピンαとβの二つの電子が入る，αないしβの一つの電子が入る，もしくは電子が一つも入っていない，のいずれかとなる．

d. 変分法とハートリー・フォック法

式(4・12)に基づいて系の全波動関数を決定するには，一電子波動関数(すなわち分子軌道)の組$\{\psi_i(\boldsymbol{r})\}$が得られればよい．分子全体に広がる三次元空間の関数$\psi_i(\boldsymbol{r})$を効率よく表現するために，現在もっとも広く採用されている考えはLCAO(linear combination of atomic orbitals)法である．この方法では，分子を構成する各原子に中心をもつ関数の組$\{\phi_i(\boldsymbol{r}_i)\}$を予め用意し，これらの線形結合として分子軌道$\{\psi_i(\boldsymbol{r}_i)\}$を表す．つまり分子全体への広がりを記述するうえで，いわば"部品"に相当する原子の軌道を考えるわけである．

$$\psi_i(\boldsymbol{r}) = \sum_{\mu}^{N_{\text{basis}}} C_{\mu, i} \phi_\mu(\boldsymbol{r}) \tag{4・14}$$

ここでN_{basis}は予め用意した関数の数を表す．係数の組$\{C_{\mu,i}\}$を決めれば分子軌道

$\{\psi_i(\boldsymbol{r})\}$ が決定されることになる. 言い換えると, 式 (4・9) における系のエネルギー E の決定は, 結局のところ係数の組 $\{C_{\mu,i}\}$ を決定することに帰着される.

そのもっとも重要な決定法の一つが**変分法**である. 変分原理によれば, 与えられたハミルトニアン H とその固有関数 Ψ_0 および固有値 E_0 に対して, 任意の関数 Ψ については,

$$\int \Psi^* H \Psi \mathrm{d}\tau \geq \int \Psi_0^* H \Psi_0 \mathrm{d}\tau = E_0 \qquad (4 \cdot 15)$$

が成立する. すなわち, Ψ を $\{C_{\mu,i}\}$ で表し, そのエネルギーが低くなればなるほど正しい解に近づくといえる.

実際に $\{\psi_i(\boldsymbol{r})\}$ を決定するもっとも基本的な方法は**ハートリー・フォック**(Hartree-Fock: HF)法であり, これは式 (4・10) に対して前述のスレーター行列式を用いて波動関数を表し, 変分的に $\{\psi_i(\boldsymbol{r})\}$, すなわち $\{C_{\mu,i}\}$ を決定する. ところが式 (4・10) には電子間の反撥に関する項 ($|\boldsymbol{r}_i - \boldsymbol{r}_j|^{-1}$) が含まれていて, 予め電子の状態に関する情報 (つまり $\{C_{\mu,i}\}$) がわかっていないと方程式を用意できない. 解くべき方程式の中に, 解答として得られるはずの計算結果が含まれているのである. このため, 適当な電子の状態を仮定して方程式を解き, その解を用いて再び方程式を解く. こうした繰返しの過程で, 入力した $\{C_{\mu,i}\}$ と計算の結果得られる $\{C_{\mu,i}\}$ が矛盾なく一致すれば, 方程式を満たす解が得られたというわけである. このような手続きで計算する方法は, 自己無矛盾法 (または自己無撞着法) あるいは **SCF 法** (self-consistent field 法) とよばれている.

なお, 実際の計算においては, 式 (4・14) の $\{\phi_i(\boldsymbol{r})\}$ は計算効率の都合からガウス型関数の線形結合型が広く用いられている. その線形結合の係数や指数因子については, 推奨される数値のセットが多数提案されている. これらは, いわゆる**基底関数** (basis set) と称され, 多くの量子化学計算のプログラムパッケージに内蔵されている. 原理的には, より大きな基底関数を選べば, より精密な計算が可能になると期待できる. また, とくに遷移金属を含む場合は, 化学的に不活性な内殻部分を適当なポテンシャル関数で置き換え, 原子価部分のみを取り扱うことが一般的である. これは ECP (effective core potential, 有効内殻ポテンシャル) などの名でよばれており, 基底関数と同様にさまざまな種類のデータセットが提案されている.

e. 電子相関と post-HF 法

HF 法は概念的にも単純で, 簡単な分子についてのシュレーディンガー方程式に対しては, 1% 以下の誤差でエネルギー (解) を与える優れた方法である. しかしながら遷移金属を含む系に対しては, より進んだ取扱いが必須となる. 一つの理由は, d 型

軌道に象徴されるように，エネルギー的に近接した分子軌道が多数存在するからである．また空間的にも密集し，電子同士の衝突による寄与が重要になる．閉殻系を例に分子軌道の観点から説明すると(図 4・28)，すべての電子が対をなして占有している電子配置(i)だけでなく，より高いエネルギーをもつ軌道に電子が入った電子配置(ii)や，電子が対をなしていない開殻の配置(iii)からの寄与も電子状態を正しく記述するために重要となる．

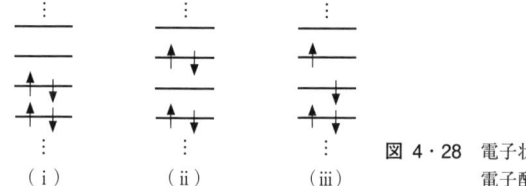

図 4・28　電子状態を記述するさまざまな電子配置

HF 法では扱えないこうした寄与は電子相関とよばれており，その適切な取扱いは今日の量子化学における大きな課題の一つである．

CI(configuration interaction，配置間相互作用)**法**は，HF 法を超えた近似(post-Hartree–Fock 法)のもっとも基本的な方法の一つである．この方法では，多電子波動関数をより正確に記述するために，HF 法における単一スレーター行列式による表現を拡張して複数の行列式の線型結合を用い，その係数を変分的に決定する．もう一つの代表は多体摂動論である．とくに HF 法を出発点とする**メラー・プレセット**(Møller–Plesset)**摂動論**は，その次数によって MP 2，MP 3 などと略称され，広く用いられている．また，CI 法とともに分子軌道も同時に最適化する **CASSCF**(complete active space–SCF，完全活性空間自己無撞着)**法**やクラスター展開法(CCSD 法など)，これらを組み合わせて発展させた，より精密な理論が数多く提案されており，計算プログラムパッケージの整備によって普及しつつある．しかしながら現在の計算機能力をもっても，こうした高精度計算は典型元素からなる系をおもな対象としており，遷移金属を含む系の計算は決して容易でない．たとえば，ごく小規模の有機金属系に対する CI 計算でも，数百万〜数億あるいはそれ以上のスレーター行列式を扱う必要があり，いわゆるスーパーコンピューターが必要になる．

f.　密度汎関数理論

触媒反応に関して現在行われている計算の大部分は **DFT**(density functional theory，密度汎関数理論)によるものである．上述の post–HF 法における全波動関数は複数のスレーター行列式から構成され，系の電子の数が増えるにつれて，より複雑な関数と

なっていく．一方で，$|\Psi|^2$ は電子の存在確率を表しているのだから，直感的には三次元空間内の各点 r における電子分布を表す関数 $\rho(r)$ を考え，系の電子状態・エネルギーをこれで表現できれば，より簡便に量子化学的状態を記述できるだろう．図4・28に表されているさまざまな電子配置に対応するスレーター行列式を個々に扱うのではなく，いわば，すべてを取りまとめた $\rho(r)$ だけを使って分子の状態を表すのである．ホーヘンベルク・コーン(Hohenberg–Kohn)の定理によれば，基底状態の分子の全エネルギー E は，密度 $\rho(r)$ の関数(すなわち関数の関数＝汎関数)として表すことができる．

$$E = E[\rho(r)] = \int \rho(r) v(r) dr + F[\rho(r)] \tag{4・16}$$

ここで，$v(r)$ は電子に対して原子核からはたらく静電場ポテンシャルを，$F[\rho(r)]$ はそのほかすべての相互作用からの寄与を表している．このうち，たとえば電子間クーロン相互作用は，電子雲同士の反発であり，

$$\int \frac{\rho(r)\rho(r')}{|r-r'|} dr dr' \tag{4・17}$$

と表され，このほかに，電子の運動エネルギーに起因する項，交換エネルギーに起因する項などからなる．実際の計算では，HF法と同様に各電子を独立に扱うコーン・シャム(Kohn–Sham)方程式が広く用いられている．しかし，交換・相関エネルギー項に関しては，普遍的に使える数学表式はまだ知られておらず，種々の近似的表式が用いられている．もっとも簡単には LDA(local density approximation，局所密度近似) や，密度関数の勾配を補正として加えた汎関数などがある．とくに化学の問題に対しては，こうした汎関数とHF法の交換相互作用項とを，原子化エネルギーなどをよく再現するように経験的な比率で混合した，ハイブリッド型汎関数が広く使われており，B3LYPはその代表例である．

DFTは広範な系に対して精度よい結果を与えるが万能ではない．広く用いられているB3LYPなどの汎関数は，分散相互作用を評価できないことや反応障壁を過小評価することがよく知られている．また一般に，波動関数の多配置性が重要になってくる系は得意としない．いずれにせよ，DFTは経験的要素を含むだけに，予期せぬ理論の破綻に注意した慎重な検討あるいは利用が望まれる．

g. 現実の系を指向した理論の拡張

1990年代後半から計算機の発達やDFTの爆発的な普及により，計算の対象となる触媒反応は飛躍的に拡大してきた．しかし今日においてもなお多くの問題が残されて

おり，これを解決すべくさまざまな新しい理論が提案され続けている．一般に反応に伴うエネルギー変化が十分信頼に足るには，数 kcal mol^{-1} 以下の誤差で相対エネルギーを与える高精度計算が求められる．それと同時に，従来は計算時間の制約から，必要最低限の部分のみを抽出したモデル系の計算に甘んじていた状況が大きく変化し，実在の系をそのまま扱った計算が可能となってきた．触媒自体の複雑化も相まって，計算対象は大規模化の一途をたどっている．こうした高精度化・大規模化の要請に応えるための新しい理論も開発されている．一例として，**ONIOM**(our own N-layered integrated molecular orbital and molecular mechanics)**法**があげられる．同法では，反応中心などの注目する部分に対してのみ高精度計算を行い，周囲については比較的精度の低い計算を組み合わせる．たとえば，中心金属やこれに直接的に結合する配位子については高精度計算で扱い，より副次的な配位子や遠方の部位などについては低精度の計算結果を用い，両者の結果を外挿的に統合することで大規模な分子系を扱う．汎用プログラムパッケージにも実装されており，触媒反応，酵素反応や溶液内反応など幅広い応用が展開されている．また，量子化学計算(QM)と古典的力場(MM)を組み合わせた QM/MM 法も，酵素反応などを行う標準的な計算手法の一つである．量子化学と古典力学という二つの異なる手法を結合するので，その境界部分に有効内殻ポテンシャルを導入するなど，さまざまな工夫が提案されている．

　実際の均一系触媒を考えるうえで重要なほかの要素として，溶媒効果もあげられる．極性溶媒中での化学反応においては，溶媒分子のつくる静電場が反応中心の電子状態に大きく影響し，分子の状態を大きく変化させることがしばしば起こる．このために孤立系中とは異なる反応経路をとり，反応にとって溶媒和効果が本質的な役割を果たすことも多い．現在もっとも広く用いられているのは連続誘電体モデルであり，**PCM**(polarizable continuum model)**法**はその代表例である．この方法では溶媒を比誘電率 ε の連続誘電体に置き換え，注目する溶質分子(錯体)の形状に合致した空孔(cavity)をつくり，その中に分子を埋め込む．溶質分子と誘電体との静電相互作用を加えた，修正されたシュレーディンガー方程式を通して溶質分子のつくる静電場は周囲の誘電体を分極し，また分極した誘電体によって溶質分子の電子状態は分極される．このような自己無撞着的な取扱いにより，溶媒和された分子の電子波動関数やエネルギーを求めることができるようになる．上述の QM/MM 法も溶媒和効果を扱ううえで有用である．この場合は錯体を QM で，溶媒部分を MM として取り扱う．溶媒分子は時々刻々とその位置を変えるので，分子動力学法などの分子シミュレーションの方法を使って十分な数の分子配置に対する統計集団平均を計算することが必要とな

る．ただし触媒過程においてはその反応中心の遷移金属部分の量子化学だけでも膨大な計算時間が必要とされることが一般的であり，今のところ実行例は非常に限られている．

4・3・2 触媒反応計算の実際

a. ポテンシャルエネルギー面と化学反応

式(4・9)の E は電子エネルギーである．これに原子核同士の反発を加えた全エネルギー E_{total} が分子のもつエネルギーであり，しばしば簡単にポテンシャルエネルギーとよばれている．

$$E_{\text{total}} = E + \sum_{A>B}^{M} \frac{Z_A Z_B}{|\boldsymbol{R}_A - \boldsymbol{R}_B|} \tag{4・18}$$

ここで $\boldsymbol{R}_A = (x_A, y_A, z_A)$ $(A=1, 2, \cdots, M)$ は原子核の位置を表すベクトルである．実際の計算においては M 個すべての原子核の位置を決めたうえで，シュレーディンガー方程式を解く．つまり分子の構造を決定すると，これに対応する分子系の全エネルギー E_{total} が決定される．二原子分子に対して，横軸を原子核の相対位置(二つの原子核間の距離)，縦軸を全エネルギーとしてプロットすると，典型的には図4・29のようになる．

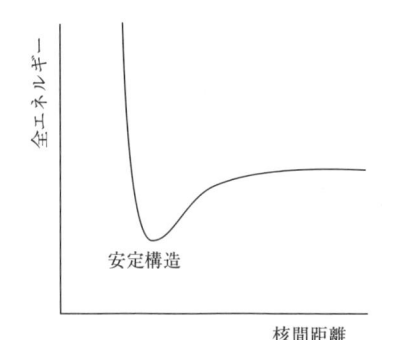

図 4・29 二原子分子系のポテンシャルエネルギー面の模式図

分子の安定構造は，この曲線の極小に相当している．逆の言い方をすれば，この極小の位置を探し出すことができれば安定構造が決定された，ということなる．二原子分子の場合は自由度が1(原子核間距離)であるから，これに対する全エネルギー変化と併せて，上のように二次元のグラフとして簡単に図示することができた．しかし一般の M 原子系の場合は $3M-6+1=3M-5$ (直線状分子の場合は $3M-4$)次元の空間内で超曲面を考える必要がある．この曲面上の極小が安定構造(あるいは準安定構造)で

あり，反応を考える際には，これらが始原系，生成系もしくは中間体の構造に対応する．こうした判別には，核座標 $\boldsymbol{R}_A$ の変化に対する全エネルギーの微分(勾配)，すなわちエネルギー勾配ベクトル $\boldsymbol{g}$ を調べればよい．これは次の $3M$ 個の成分からなる．

$$\boldsymbol{g}(\boldsymbol{R}_1, \boldsymbol{R}_2, \cdots, \boldsymbol{R}_M) = \left(\frac{\partial E_{\text{total}}}{\partial \boldsymbol{R}_1}, \frac{\partial E_{\text{total}}}{\partial \boldsymbol{R}_2}, \cdots, \frac{\partial E_{\text{total}}}{\partial \boldsymbol{R}_M}\right) = \left(\frac{\partial E_{\text{total}}}{\partial x_1}, \frac{\partial E_{\text{total}}}{\partial y_2}, \cdots, \frac{\partial E_{\text{total}}}{\partial z_M}\right) \tag{4・19}$$

ある構造(座標) $\{\boldsymbol{R}_A^0\}$ ($A=1, 2, \cdots, M$) において，このベクトルのすべての成分が 0 であるとき，

$$\boldsymbol{g}(\boldsymbol{R}_1^0, \boldsymbol{R}_2^0, \cdots, \boldsymbol{R}_M^0) = \boldsymbol{0} \tag{4・20}$$

この構造は全エネルギーの超曲面上の極値である．しかし，これだけでは安定構造であるかどうかはわからない．つまり極小であるか極大であるのか(超曲面が上に凸か下に凸か)までは判断できない．そこで $3M \times 3M$ の要素をもつヘシアン(ヘッセ行列)とよばれる二階微分からなる対称行列を考える．

$$\boldsymbol{H}(\boldsymbol{R}_1, \boldsymbol{R}_2, \cdots, \boldsymbol{R}_M) = \begin{pmatrix} \frac{\partial^2 E_{\text{total}}}{\partial x_1 \partial x_1} & \frac{\partial^2 E_{\text{total}}}{\partial y_1 \partial x_1} & \cdots & \frac{\partial^2 E_{\text{total}}}{\partial z_M \partial x_1} \\ \frac{\partial^2 E_{\text{total}}}{\partial x_1 \partial y_1} & \frac{\partial^2 E_{\text{total}}}{\partial y_1 \partial y_1} & \cdots & \frac{\partial^2 E_{\text{total}}}{\partial z_M \partial y_1} \\ \vdots & \vdots & \ddots & \vdots \\ \frac{\partial^2 E_{\text{total}}}{\partial x_1 \partial z_M} & \frac{\partial^2 E_{\text{total}}}{\partial y_1 \partial z_M} & \cdots & \frac{\partial^2 E_{\text{total}}}{\partial z_M \partial z_M} \end{pmatrix} \tag{4・21}$$

$\{\boldsymbol{R}_A^0\}$ における行列要素を計算した $\boldsymbol{H}^0 = \boldsymbol{H}(\boldsymbol{R}_1^0, \boldsymbol{R}_2^0, \cdots, \boldsymbol{R}_M^0)$ に質量補正を加えて対角化することで得られる固有値のベクトル $\boldsymbol{\kappa} = (\kappa_1, \kappa_2, \cdots, \kappa_{3M})$ は，それぞれの要素が分子の基準振動の振動数に対応している．もし $\{\boldsymbol{R}_A^0\}$ が安定構造であれば，いかなる構造変化に対しても必ず全エネルギーは増加する．このとき，$\boldsymbol{\kappa}$ は，非直線分子では小さいほうから六つめまでの要素は並進および回転に対応していて 0 となり，七つめ以降の $3M-6$ 個の要素は基準振動数であり，IR ないしラマンスペクトルで実際に観測される物理量に対応する．

一方，反応の遷移状態において，その構造を $\{\boldsymbol{R}_A^{\text{TS}}\}$ と表すと，

$$\boldsymbol{g}(\boldsymbol{R}_1^{\text{TS}}, \boldsymbol{R}_2^{\text{TS}}, \cdots, \boldsymbol{R}_M^{\text{TS}}) = \boldsymbol{0} \tag{4・22}$$

が安定構造のときと同様に成立する．しかし，ヘシアン $\boldsymbol{H}^{\text{TS}} = \boldsymbol{H}(\boldsymbol{R}_1^{\text{TS}}, \boldsymbol{R}_2^{\text{TS}}, \cdots, \boldsymbol{R}_M^{\text{TS}})$ を対角化するともっとも小さな固有値は負値となる．これは反応の進行方向を表しており，この固有値に対応する固有ベクトルに沿った分子の変形に関して，エネルギー超曲面は上に凸になっている(図 4・30)．これ以外の構造変形に対しては必ず

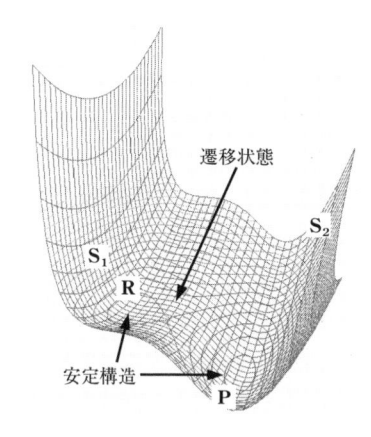

図 4・30　多原子分子のポテンシャルエネルギー超曲面の模式図

エネルギーは増加する．

　このように化学反応における始原系，遷移状態や生成系は，エネルギー超曲上の極値と関連付けられる．ほとんどの量子化学計算のプログラムパッケージは，こうした構造を自動的に探索する機能を備えている．この計算は，与えられた初期構造における全エネルギーとその勾配（一次微分），場合によってはヘシアンを計算し，これらの結果を総合しながら少しずつ分子を変形させていき，最終的に安定構造や遷移状態構造を見つけ出す．こうした過程は**構造最適化**とよばれている．容易に想像できるように，求めたい構造に近い初期構造を与えることができれば，探索は少ない計算で終了できる（図 4・30 の S_1 を初期構造とすれば **R** に容易に到達できるだろう）．逆に，与えた初期値が大きく異なっている場合は，多くの計算時間を要し，構造を見つけ出すことに失敗するときもある（**R** を求めるのに，S_2 を初期構造とするのは得策ではない）．実際のプログラムパッケージでは，探索を効率化するためのさまざまな工夫がなされている．

b.　量子化学計算の実際

　一般に触媒反応は複数の素反応過程からなる．その解析にあたっては，上述したような安定構造と遷移状態構造に相当するエネルギー曲面上の主要な極値点を網羅的に探索していく（化学的な直感や実験的な知見から予め候補となる構造を絞り込むことができる場合もある）．計算を実際に実行するにあたっての注意点を以下に述べる．

　（ⅰ）スピン多重度　　遷移金属を含む系では，さまざまなスピン多重度をもつ複数の状態が近接して存在していることがある．開殻系の計算でもっとも簡便で広く用いられているのは，DODS（different orbital for different spins）という考え方であり，

二つのスピン α と β を分離し,それぞれに対する単一の電子配置に基づいて空間軌道を決定する.これはスピン非制限(unrestricted)ともよばれ,UHF(unrestricted HF)法などがここに分類される.系の電子波動関数は,厳密には二つの演算子($\hat{S}_z$ と $\hat{S}^2$)の同時固有関数でなければならないが,こうした取扱いをした場合は $\hat{S}^2$ の固有関数には一般にはならない.一方,双方の固有関数になるように波動関数を決定する方法もあり,制限付きの方法とよばれる ROHF(restricted open shell HF)法などがこれに相当する.いずれの場合も異なる複数のスピン状態が近接して存在する可能性があるときには,想定される状態をそれぞれ計算したうえで,それらの安定性を比較し,検討する必要がある.またこれら相対的な安定性は分子の構造に依存することはもちろんだが,選んだ計算方法によって結果が異なるときもあり,注意が必要である.

（ⅱ）**座標系の選択**　分子の自由度は $3M-6$(直線分子ならば $3M-5$)である.つまり $3M-6$ の独立な数値が与えられると分子の構造を規定することができる.広く使われている内部座標系の一種である Z-matrix では,最初の原子核を原点に置き(自由度0),次の原子核を z 軸上に置く(自由度1).その次の原子核の位置はすでに置いてある二つの原子核までの距離と角度で決定され(自由度2),これ以降の $M-3$ 個の原子核はすべて距離,角度,二面角の三つを指定する.すなわち,$1+2+3\times(M-3)=3M-6$ の自由度で分子の形状が決定される.少し考えると気が付くが,一つの分子を表す Z-matrix の定義の仕方は無数にある.原理的にはいずれも等価であり,どれを選んでも同じように思える.しかし実際の構造最適化計算においては,その選択によって計算効率が大きく異なってくる.これは,分子が多様な性質をもつ化学結合から組み上がっていることに深く関連しており,効率的な構造最適化を行ううえで,座標系(Z-matrix)の適切な選択・設定は非常に大事である.とくに遷移状態構造を決定するにあたっては,こうした設定が構造最適化計算の成否の鍵を握るほど本質的である.最近は,分子構造ビルダーが普及してきており,こうしたソフトウェアで自動的に生成される Z-matrix を用いると便利であるが,適切な選択ができているかはつねに注意を払う必要がある.

（ⅲ）**計算方法の検討**　実際に計算するにあたっては,基底関数や計算方法を選択する必要がある.遷移金属を含む系の電子状態は多様性に富み,いかなる系に対しても適用可能な簡単な指針は残念ながら存在しない.また自分で行った計算が妥当であるか否かの判断が難しい場合も多い.計算を正しく実行し,有用な情報を引き出すためには,用いる方法の限界を熟知しておくことが望ましい.たとえば,HF法は安定な分子に対する方法であり,ビラジカルに解裂するような過程に適用することはで

きない．仮に数値的にもっともらしくみえる値が得られたとしても，それを鵜呑みにするべきではないだろう．

(1) **基底関数**：同じ過程に対して，いくつかの基底関数を用いた計算を行って比較し，妥当性をテストする．大きい基底関数を使えば計算結果は正確になるが，同時に計算量は増大する．ほぼ結果が変わらないと見なせるなかで，もっとも計算量が少ない基底関数を選択するのが現実的である．

(2) **計算方法**：未知の系に対しては，そもそも適用できる計算方法が何であるかさえもわからないほうが普通であろう．それだけに慎重で入念な検討が必要とされる．現在はDFT法を用いた計算が主流であるが，対象とする現象によっては汎関数によって著しく結果が異なる場合がある．また，分散力など，現在のDFT法が不得手としている物理量もある．複数の汎関数の結果を比較してみる，あるいは可能な場合はMP2法やCCSD(T)法などの高精度法の結果と比較しておく．摂動法については振動的な挙動を示すことがあるのでMP2, …, MP4…とエネルギーが一様に収斂していることを確認しておくとよい．また開殻系などにおいては多配置性の考慮が重要になる場合も多いので，必要に応じて解の不安定性を確認するとよい．

(3) **反応経路**：構造最適化計算によって得られた結果は，エネルギー超曲面上の一点にすぎない．化学反応は安定構造から遷移状態に至る連続的な構造変化であり，計算により求めた二つの構造が超曲面上で，障壁などなく直接つながっているかどうかは，IRC計算などを通して確認するとよい．また，触媒過程については想定から漏れていた過程がないかなど，類似する錯体に関する実験・計算の結果などとの比較も有用である．

(4) **その他の効果**：計算量を減らすために配位子を小さいものに置換するモデル化は広く行われている．また溶媒効果や対イオンの効果が過程の本質に関わる場合もある．対象としている系の特質をよく見極め，これらを考慮する必要があるかどうか吟味すべきだろう．とくにPCM法などは比較的手軽に溶媒効果を考慮できるので，分極の程度が大きく変化する過程に対しては計算を行い，その影響を確認しておくことは有効であろう．

c. **不均一系や表面反応の計算**

これまで述べてきたアプローチは，均一系触媒など少数の分子について着目した方法である．一方，不均一系や表面反応については，対象となる系を拡大してより多くの数の原子を扱う必要がある．上述したONIOM法やQM/MM法，あるいはそれと

同じ考え方で，着目する反応中心のみを高精度量子化学計算で扱い，周囲を半経験的量子化学の方法や古典的分子力場，マーデルングポテンシャルなどで簡単化するのが現在の一つの方向性である．たとえばゼオライト触媒は，反応中心と，それを取り巻く部位とに分割して考える．反応中心部分のみを切り出したクラスターモデルに比べると，周囲の原子がつくる場やそれらの構造緩和を取り入れることができ，計算の信頼性は向上する．もう一つの方向性は固体結晶の周期性を利用することで，形式的に無限数の原子を取り扱うアプローチである．ブロッホ(Bloch)の定理に基づき，無限系の問題を単位格子に対する計算に帰着させるので，平面波基底関数を用いたDFTに基づく計算が広く行われている(第一原理計算とよばれることが多い)．この場合も，上で述べた方法と少し異なるが，内殻部分を表現するポテンシャル(擬ポテンシャル)を採用することにより，価電子のみを考慮する方法が主流である．またこうした系では，原子数が多く，有限温度下ではそれが運動しており，電子と原子核のダイナミクスは複雑である．Car–Parrinello法はこうした要請に応えうる計算手法として広く普及しつつある．

以上，触媒反応を解析するための様々な計算化学の方法を概観してきた．今後計算機の発展に伴って，こうした方法は益々身近になり，重要性が増してくるものと予想される．

参 考 文 献

4・3節
1) 日本化学会 編:"第5版 実験化学講座12 計算化学"，丸善(2004).
2) 米澤貞次郎，永田親義，加藤博史，今村 詮，諸熊奎治,"三訂 量子化学入門 上，下"，化学同人(1983).
3) 藤永 茂,"入門分子軌道法"，講談社(1990).

触媒反応プロセス工学 5

- 幅広い分野で利用されている触媒プロセスを理解する.
- 工業触媒プロセスにおける触媒の性質や役割を学ぶ.

5・1 石油精製触媒プロセス

石油が現代社会，すなわち産業と人間生活にとって必要なエネルギーと化学品の原料となっているとの現実的な認識に立って，石油精製触媒プロセスの理解が進んでいる．近年，地球環境の面から石油の有効利用の必要性が増している．石油を効率よくクリーンで環境にやさしい燃料や化学品の原料にするには，最先端の触媒と新しい視点での触媒プロセスや反応の設計技術が必要になっている．

石油精製とは原油を実際に使用される石油製品に変換することである．石油精製プロセスの全体像は図 5・1 で示されるように，概略は，原油から分離プロセスを経て反応プロセス群に入り，また分離プロセス（図では省略）を経て製品になる流れとなり，反応プロセス，その中でも触媒プロセスが主要な位置を占めている．

5・1・1 石油精製における触媒の役割

石油精製における変換を効率的にかつ省エネルギーで行うために触媒が用いられている．現在，石油精製プロセスでは，**細孔構造が制御されたアルミナ担体によって金属の分散だけでなく反応の場が与えられている触媒**や**酸性質が制御されたゼオライトによって新たな機能が付与された触媒**などが活躍している．今後，さらに新しい素材と新しい反応の設計の面から触媒の開発が進むと思われる．

石油を有効に利用する技術を理解するには，触媒化学に基づく触媒そのものの設計と触媒を使う反応の設計に専門的な知識が必要である．石油精製プロセスには触媒の使い方の面からケミカルエンジニアリング（化学工学）も深く関わりがある．

5 触媒反応プロセス工学

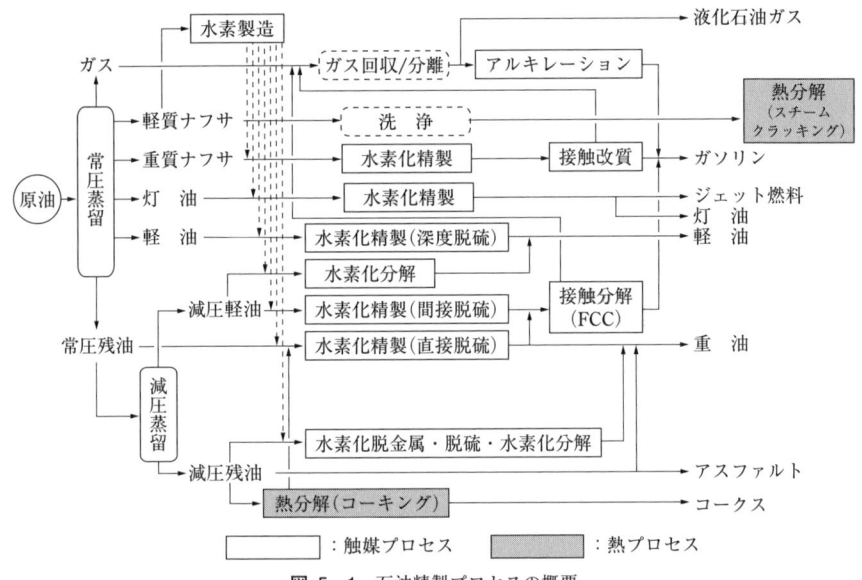

図 5・1 石油精製プロセスの概要

a. 熱反応と触媒反応

反応プロセスには触媒を用いない**熱反応**と触媒を用いての**触媒反応**とがある．多くの場合には触媒反応が選ばれるが，固相の生成を伴うコーキング反応などは触媒の分離が困難なため熱反応が選ばれている．また目的とする生成物によっても異なる．たとえば，炭化水素の分解方法を比較すると表5・1のようになる．

触媒反応の特長は，熱反応に比べて，反応の活性化エネルギーの値を小さくすることによって反応速度を大きくすることができ，より低温で十分な速度が得られるところにある．しかし，反応の平衡を越えて進行させることはできないので，ナフサの分

表 5・1 3種類の分解の比較

水素化分解	2元機能触媒(水素化/脱水素と酸性機能)によってカルベニウムイオン機構の異性化(脱水素→異性化→水素化)および水素化分解反応が起こり，おもに分岐飽和炭化水素(イソパラフィン)が生成する．
接触分解	酸性触媒によってカルベニウムイオン機構の分解・異性化反応が起こり，おもに分岐飽和炭化水素，環状炭化水素(ナフテン)および芳香族炭化水素が生成する．また触媒上にはコークが生成し触媒の能力の低下が起きるので再生が必要である．
熱分解	無触媒のラジカル機構の分解反応によってオレフィン類が高収率で得られる．しかしタールないしコークの生成を伴うことが多い．

解(スチームクラッキング)によるエチレン，プロピレン合成あるいはエタンの分解によるエチレン合成のように平衡が高温側に片寄っている場合にも，熱反応が選ばれている．

b．反応と分離・精製

石油精製は，図5・2に示されるように反応プロセスと分離プロセスの交互の組合せによって行われる．したがって反応プロセスが触媒プロセスである場合には，そこでの触媒の性能，とくに選択性は精製を含めての分離プロセスの負荷を左右する．

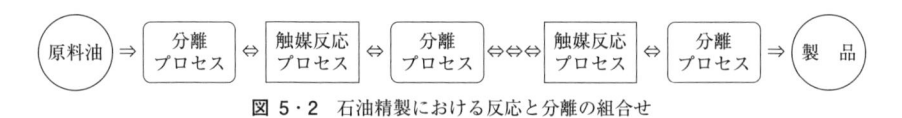

原料油 ⇒ 分離プロセス ⇔ 触媒反応プロセス ⇔ 分離プロセス ⇔⇔⇔ 触媒反応プロセス ⇔ 分離プロセス ⇒ 製 品

図 5・2　石油精製における反応と分離の組合せ

c．組合せおよびリサイクル

石油精製においては，複数の触媒反応プロセスが図5・3に示すような分離プロセスとの組合せ，およびリサイクルフローにおいて構築されている．

ワンスループロセス： → 触媒反応 → 分離 →

リサイクルプロセス： → 触媒反応 → 分離 →
　　　　　　　　　　　↑_____↓

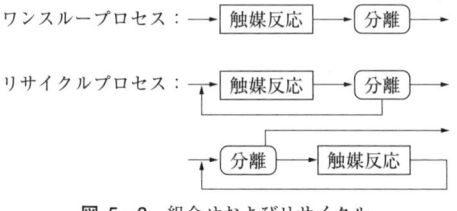

　　　　　　　　　　→ 分離 → 触媒反応 →

図 5・3　組合せおよびリサイクル

ワンスループロセスで処理されるケースは，水素化精製・水素化脱硫の多くである．ある留分をクリーンにするために用いられる．

リサイクルプロセスで処理されるケースは，水素化分解や接触分解である．未分解のものは，リサイクルされて再度，触媒反応器にて処理される．リサイクルプロセスには，触媒反応の後処理としての分離工程から触媒反応器へリサイクルされるケースと，触媒反応に先立つ分離工程にリサイクルされるケースがある．

5・1・2　水 素 化 精 製

水素化精製は，表5・2に示すように，石油の留分に不純物として含まれる含硫黄，含窒素化合物から硫黄，窒素原子を，水素と触媒を用い，硫化水素あるいはアンモニアとして除去してクリーンな燃料にする技術である水素化脱硫・脱窒素だけでなく，

表 5・2　水素化精製

水素化脱硫	含硫黄原子	+	H_2	→	H_2S
水素化脱窒素	含窒素原子	+	H_2	→	NH_3
水素化脱金属	含金属原子	+	H_2	→	金属硫化物(触媒上)
水素化分解	重質分	+	H_2	→	軽質分

重質油に含まれる V や Ni などの金属分を除去する水素化脱金属(メタル)などの，水素化処理および重質分の分解，除去を行う水素化分解などの総称である．

　水素は，現在のところ直接エネルギーとしてはほとんど使われておらず，石油精製においておもに水素化精製，すなわち石油製品のクリーン化に使われるために製造されている．

a.　水　素　製　造

　石油精製における水素製造の方法は，最初に石油精製の生成物から CO と水素の混合ガスである合成ガスをつくるところから始まる．合成ガスをつくるには，おもに**部分酸化法**と**水蒸気改質**(スチームリフォーミング)**法**がある．おもに前者は熱反応が用いられ，後者は触媒反応が用いられる．

　水蒸気改質による方法は，石油の軽質分である液化石油(LP)ガスやナフサを原料とし，触媒を用いて，吸熱反応であるため約 800 ℃ の高温にて伝熱律速で製造される．触媒としては，コークの出にくい 25～40％ $NiO-Al_2O_3$ 系(一部スピネル化されているものもある)が用いられる．

　LP ガスとしてプロパンを，ナフサとしてオクタンを代表させて示すと，反応式は次のとおりである．

$$C_3H_8 + 3H_2O \longrightarrow 7H_2 + 3CO$$

$$C_8H_{18} + 8H_2O \longrightarrow 17H_2 + 8CO$$

合成ガス中の CO は，反応平衡として水蒸気改質よりも低温が有利な CO シフト反応(単にシフト反応とよばれる)によって H_2O と反応させて，水素と CO_2 に変換し，この CO_2 を除くことによって水素となる．触媒には，低温(200～250 ℃)用の Cu–ZnO，高温(350～500 ℃)用の $Fe_3O_4-Cr_2O_3$，一部には耐硫黄性の Co–Mo 系などがある．

$$CO + H_2O \longrightarrow H_2 + CO_2$$

したがって，水蒸気改質およびシフト反応による水素製造の総括反応式は次のとおりである．

$$C_3H_8 + 6H_2O \longrightarrow 10H_2 + 3CO_2$$

$$C_8H_{18} + 16H_2O \longrightarrow 25H_2 + 8CO_2$$

この式からわかるように，石油精製においての水素製造は原料を燃焼させた場合と同じ量のCO_2を化学量論的に発生させる．

b. 水 素 化 脱 硫

　水素化脱硫とは水素化精製のなかでも大きな比重を占める触媒プロセスであり，石油類に含まれる硫黄化合物中の硫黄をH_2によってH_2Sとして除去する技術である．石油留分に含まれる硫黄化合物には，チオール類，スルフィド類，ジスルフィド類，チオフェン類がある．これらは表5・3のように水素化脱硫される．

表 5・3　硫黄化合物の水素化脱硫反応

石油留分に含まれる硫黄化合物	水素化脱硫反応
チオール類	$RSH + H_2 \longrightarrow RH + H_2S$
スルフィド類	$RSR' + 2H_2 \longrightarrow RH + R'H + H_2S$
ジスルフィド類	$RSSR' + 3H_2 \longrightarrow RH + R'H + 2H_2S$
チオフェン類	(チオフェン) $+ 3H_2 \longrightarrow C_4H_8 + H_2S$

　チオール類，スルフィド類は，ナフサや灯油などの石油の軽い留分に多く含まれ容易に脱硫できる．

　一方，脱硫されづらいチオフェン類は，軽油や残油などの石油の重い留分に，図5・4に示されるベンゾチオフェン，ジベンゾチオフェン，ベンゾナフトチオフェンなどの多環チオフェン類として，さらには硫黄原子近傍にアルキル基が置換された4-メチルジベンゾチオフェン，4,6-ジメチルジベンゾチオフェンなどの難脱硫性化合物として含まれる．

　　ベンゾチオフェン　　ジベンゾチオフェン　　ベンゾナフトチオフェン

　　4-メチルジベンゾチオフェン　　4,6-ジメチルジベンゾチオフェン

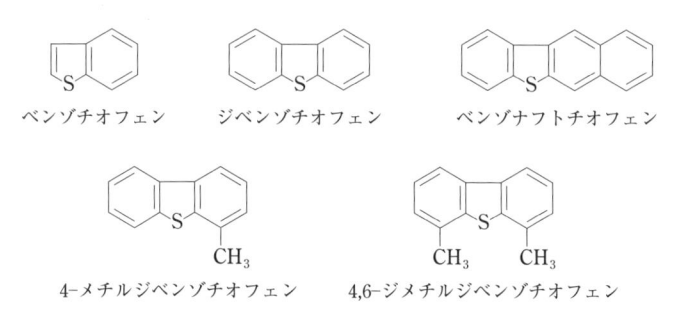

図 5・4　多環チオフェン類の構造式

　水素化脱硫触媒としては，MoとCoあるいは/およびNiをγ-アルミナあるいは少量のシリカを含むシリカ・アルミナに担持した成形触媒が，金属分が硫化された状態

で用いられる．この触媒系においては，高圧水素下で生成する硫化モリブデンの陰イオン(硫黄)欠陥サイトが活性点であり，助触媒としての Co あるいは/および Ni は，陰イオン(硫黄)欠陥サイトの増大，再生に寄与すると考えられている．

反応経路としては，たとえば図 5・5 に示されるように，陰イオン(硫黄)欠陥サイトが再生されるサイクルを形成すると考えられている．

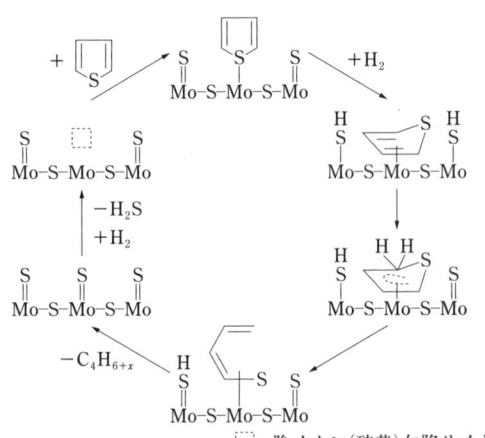

図 5・5 チオフェンの水素化脱硫の硫化モリブデンサイクル

□：陰イオン(硫黄)欠陥サイト

チオフェンは Mo の配位不飽和サイトである硫化モリブデンの陰イオン(硫黄)欠陥サイトに硫黄原子の部分で σ 配位し，さらに C-C の二重結合での π 配位に転換されたあと，チオフェンの 2 個の C-S 結合が配位したサイト近傍の少なくとも 2 個の水素原子によって 2 段にて水素化分解され，C_4H_{6+x} の C_4 炭化水素(ブタジエン，ブテン，ブタン)および Mo と結合した S を生成し，この Mo と結合した S は高圧の水素下で H_2S として脱離されて活性点である陰イオン(硫黄)欠陥サイトが再生される．

c. 深 度 脱 硫

水素化脱硫の中でも，軽油に含まれる硫黄分を硫黄原子基準で 10 ppm 以下にまで低減することを，深度脱硫という．深度脱硫を達成するためには，軽油に含まれる難脱硫性化合物の脱硫を実現しなければならない．難脱硫性化合物の代表的なものとして，4,6-ジメチルジベンゾチオフェンが知られる．この化合物のチオフェン環の硫黄原子は，脱硫触媒の活性点(通常は Mo 上に存在する点)への配位が 2 個のメチル基の立体障害で妨げられている．この立体障害を取り除き脱硫を実現するためには，図 5・6 のような，① 芳香環の水素化ルート，② 芳香環のメチル基の異性化ルート，の二

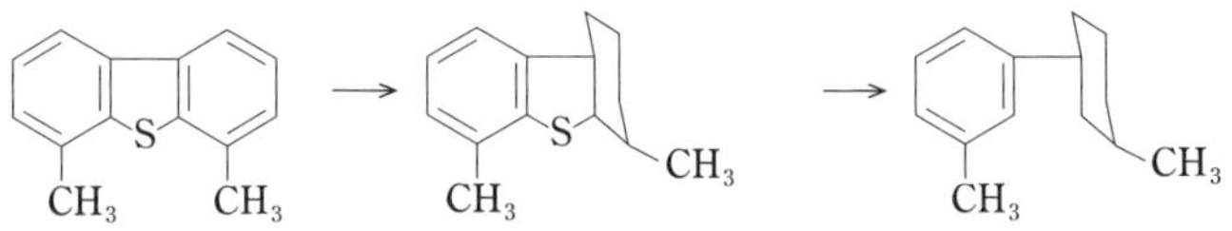

図 5・6　深度脱硫における反応スキームの2ルート

① 芳香環の水素化ルート
② 芳香環のメチル基の異性化ルート 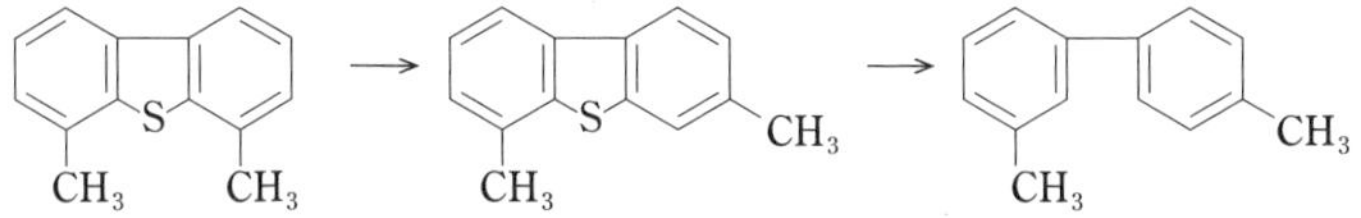

つのルートがある．

① **芳香環の水素化ルート**：　巨大分子である多環芳香族の芳香環の水素化能を H_2S 存在下でも触媒が発揮するようにしなければならない．そのような活性種として高圧水素下での硫化ニッケルが知られる．この場合には，脱硫に必要な理論的な水素消費量としてC–S結合の水素化切断だけでなく芳香環の水素化に必要な量が加算される．

② **芳香環のメチル基の異性化ルート**：　巨大分子である多環芳香族の芳香環についたメチル基の異性化能を有するような酸点が必要である．この場合には水素消費量の理論的増加はない．

d. 重油の脱硫・触媒寿命

重油の水素化脱硫には，常圧残油を減圧蒸留で難脱硫性の減圧残油分を除いたあとの減圧軽油を対象とする**間接脱硫**と，常圧残油あるいは減圧残油を直接処理する**直接脱硫**がある．間接脱硫は比較的容易に進めることができるが，直接脱硫は石油の重質分，硫黄をはじめとする不純物が集まったものが対象であり，コークが生成しやすくかつ金属分は触媒上に堆積して触媒性能の低下を引き起こすため，水素高圧下でかつ触媒寿命が短くなる．そのため，直接脱硫触媒は，間接脱硫触媒に比べ，細孔容積が大きく，大きな細孔径が最適化，制御されたアルミナ担体にCo–Moなどの金属種が分散担持されたものが一般的である．

直接脱硫触媒は劣化するので，図5・7に示すように，一定の脱硫率を保つ（生成油の硫黄濃度を一定とする）ために昇温運転で対応している．

直接脱硫においては，水素化脱硫の触媒寿命を長くするために前段に水素化脱金属（脱メタル）反応器を設置することが行われるようになってきている．水素化脱金属触媒は，直接脱硫触媒よりもさらに細孔径，細孔容積が大きく担持金属量が抑えられて

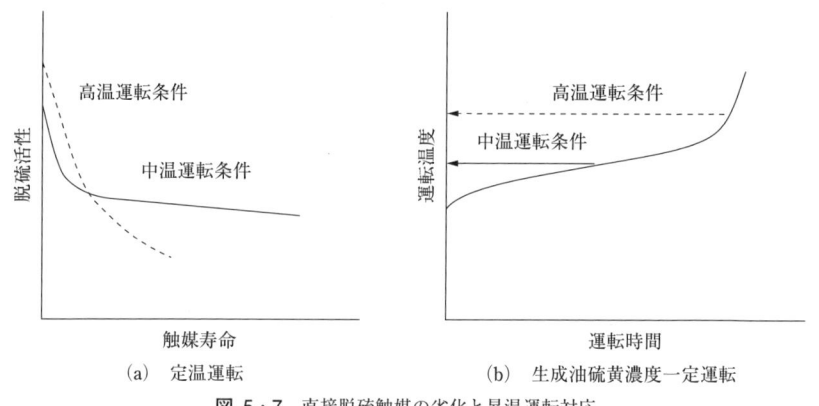

図5・7 直接脱硫触媒の劣化と昇温運転対応
(a) 定温運転
(b) 生成油硫黄濃度一定運転

いる.

e. 水 素 化 分 解

　水素化分解は石油精製の中で近年,環境問題に対応するために着目されている触媒プロセスである.触媒は,減圧軽油を原料にする場合,大きく分けると,**アモルファス系**と**ゼオライト系**の二つのタイプがある.アモルファス系は,固体酸性を発揮しかつ細孔構造が制御されたシリカ・アルミナ,アルミナ,シリカ・チタニアなどのアモルファスに近い複合酸化物担体マトリックスにボリア(酸化ホウ素)などの非ゼオライト系のプロモーターを含有させ Ni–Mo, Co–Mo, Ni–Co–Mo, Ni–W などの金属種を担持したものである.これに対してゼオライト系は,担体成分とは別に強い酸性をもつ分解成分として結晶性アルミノシリケートであるゼオライトを含んでいる.ゼオライトとしては通常,Y型ゼオライトを高温スチームと酸処理によって脱アルミニウムし,スチームや熱に対する安定性を増加させた超安定化Y型ゼオライト(USY:ultra stable Y)が用いられる.一般的に金属成分として Ni–Mo, Ni–W 系は水素化分解活性が高く,Co–Mo 系はマイルドな分解活性を有する.

　減圧軽油などの水素化分解では,360〜420℃の高温かつ十数MPaの高圧下で,ガソリン,灯油,軽油などがつくられる.水素化分解触媒とその使用条件には超深度水素化脱硫の機能が備わっているため,得られる製品は硫黄分が数ppm以下の実質的にサルファーフリーとなる.

　一般的に,アモルファス系の触媒の分解率は若干低いものの,灯油,軽油分の選択性は高い.また,ゼオライト系の触媒の分解能は高くガソリンあるいはジェット燃料の増産に適しているが,中間留分が逐次分解されてナフサやLPガスになる.

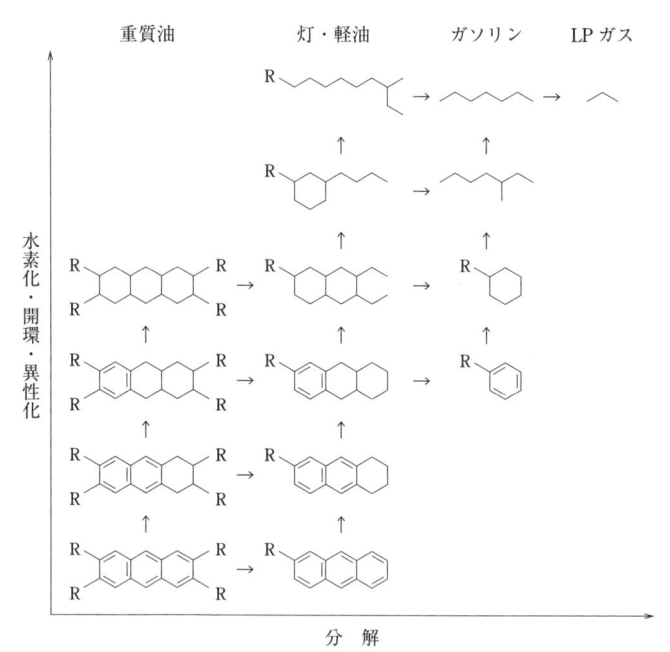

図 5・8 水素化分解反応のスキーム

　反応の選択性を決める構成反応としては，図5・8に示されるように，① 反応平衡的に低温が有利な水素化とそれに伴う開環・異性化，② 高温が有利な分解反応(C–C結合の分解)で最終的にはLPガスまで分解，の二つの方向がある．

　水素化分解に特徴的な反応としては，芳香環の水添(水素添加)があげられる．水素化作用を有する金属への芳香環の直接的な吸着ではなく，金属が分散された酸性を有する担体が芳香環の塩基性に対して吸着特性をもち，Niを主とする芳香環の水素化作用を容易にしている．また，図5・8からわかるように，芳香環が水添されてはじめて，過度の芳香族化を伴わず分解が進行する．この点が接触分解と異なる．水素化分解の副反応としては，水素化分解の逆反応，すなわち環化，脱水素，重合によるコーク生成，触媒の劣化がある．この副反応は触媒の酸性質をコントロールすることによって抑えることができる．

　ゼオライト系の水素化分解触媒の酸性質に起因する分解性能を最大限に発揮させるためには被毒物質となる原料油中の窒素分，多環芳香族などの塩基性物質を予め除去する必要がある．たとえば，高い芳香族水添活性と脱窒素活性を有する触媒としては，細孔構造が制御されたアモルファス系のNi–Mo触媒が知られる．

現在の水素化分解触媒プロセスはエネルギー効率の高い燃料である中間留分の増産を目的としているため，ガソリン製造を目的とする接触分解プロセスと比べて優位性をもっている．しかし，水素化分解には高圧の水素が必要であり，水素の製造にかかるエネルギーを含めて水素消費を経済性およびエネルギー効率に算入する必要がある．

f. 反応条件・水素消費量

各種水素化精製の水素分圧は，水素消費量との関係として，図 5・9 に示されるように，重質分ほど高くなり，水素化処理(脱硫)よりも水素化分解のほうが高くなる．水素分圧の増大に伴って水素消費量も加速的に増加する．これは重質分の水素化処理(脱硫)および水素化分解では，芳香環の水素化に水素が消費されるためである．

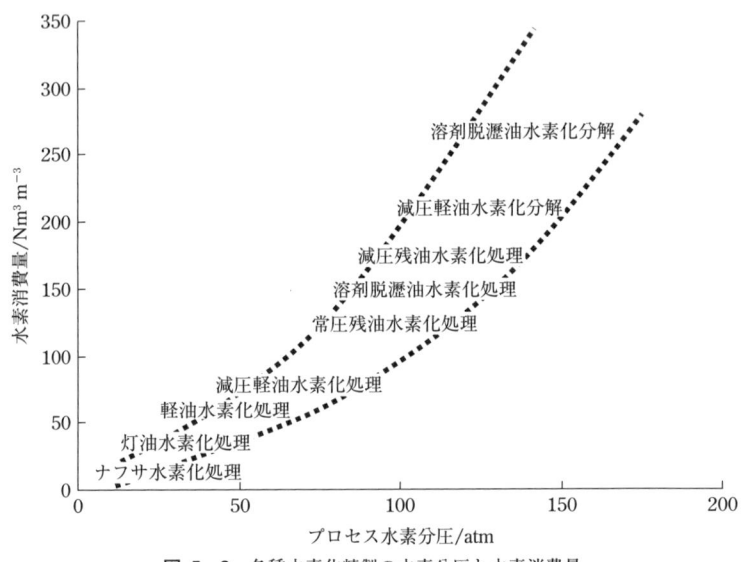

図 5・9 各種水素化精製の水素分圧と水素消費量
1 atm＝101 325 Pa

5・1・3 接 触 分 解

接触分解は，減圧軽油や常圧残油などの重質な留分から固体酸触媒を用いて，おもに軽質な留分であるガソリンを製造する方法である．

a. 熱分解と接触分解

当初，ガソリンの製造を目的とする分解(クラッキング)反応は触媒を用いないラジカル分解機構での熱分解で行われたが，現在はカルベニウムイオン機構での接触分解

にてすべて行われている．炭化水素分子のC–C結合の開裂は吸熱反応であるため触媒を用いても通常，熱力学的に有利な500〜550 ℃の高温で行われる．この温度では熱反応も同時に起きるが，それよりも数桁速い反応として固体酸触媒によるカルベニウムイオン機構による反応が起きる．この機構の反応としては，分解だけでなく異性化，環化，水素移行，コーク析出などが起こる．

b. 流動接触分解装置（FCC）

石油精製において接触分解といえば流動接触分解（fluid catalytic cracking：FCC）を指し，もっとも大規模な触媒プロセスの一つである．

流動接触分解装置は，図5・10に原理的に示されるように，分解反応を進行させる反応部（温度：約500 ℃）と劣化触媒を空気燃焼にて再生する再生部（温度：約700 ℃）で構成され，連続運転が容易であり，副生成物であるコークの燃焼熱を吸熱反応である分解の熱源に有効利用でき，触媒が小粒径なので流動しやすいうえに，比表面積が大きいため反応効率が高く，反応時間を数秒以内にすることができ，連続的な劣化触媒（V，Niなどの金属分が蓄積し酸触媒としてのH^+を失ったもの）の排出と新しい触媒の補給が可能である．

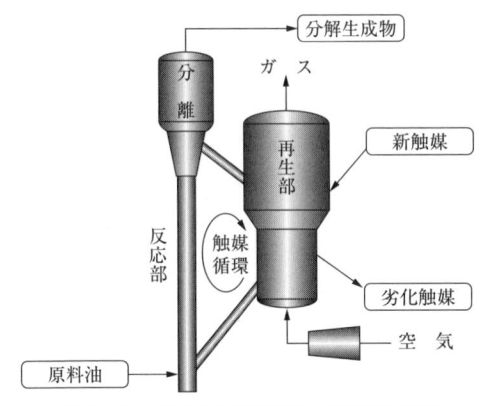

図5・10 流動接触分解装置の原理的装置図

c. 接触分解触媒

触媒の活性成分としては，Y型ゼオライトあるいはUSY（骨格のシリカ/アルミナ比を10程度まで上げた超安定化Y型ゼオライト），REY（希土類を含むもの），REUSYなどが用いられる．一部には，ZSM-5系ゼオライトが生成物の改善成分として用いられる．

流動接触分解触媒としては，ゼオライト成分をたとえば30%含みシリカ，アルミ

ナいしはシリカ・アルミナの細孔分布が制御されたマトリックスにて成型された60 μm 程度の流動性，耐摩耗性がある球形触媒が使われる．

5・1・4 接触改質（リフォーミング）

オクタン価の低い直留ナフサなどから接触改質，すなわち炭化水素分子のリフォーミングを行い，オクタン価の高い改質ガソリン（リフォーメート：リフォームされた油）を得ている．

a. ナフサとオクタン価

ガソリンと空気の混合物を所定の圧力まで圧縮してから火花点火する燃焼方式で出力を上げるガソリンエンジンでは，点火前の自然着火，ノッキングが起きると十分な出力がでない．ガソリンの品質としてのオクタン価は，気体が圧縮されたときの発熱に対しどれだけ自然着火しづらいかの性質，すなわちアンチノック性であり，燃焼性の低い炭化水素ほど高くなる．オクタン価は，直留ナフサの代表的成分である直鎖パラフィンの n-ヘプタンを0とし，改質ナフサの多分岐イソパラフィンの2,2,4-トリメチルペンタンを100として，両者の混合比を変えて同じ圧縮比で自然着火することをもって測定される．一般的に，オクタン価は，炭素数が高いほど低くなり，パラフィンよりもオレフィンが高く，分岐度の高いイソパラフィンや芳香族が高い．

b. 改質反応

ナフサの接触改質における重要な反応として，骨格異性化によるイソパラフィンの合成だけでなく，脱水素による環化芳香族化がある．このため接触改質は，石油化学原料であるベンゼン，トルエン，キシレンなどの芳香族化合物の製造プロセスでもある．

c. 改質触媒

触媒は，当初，Pt-アルミナ系の2元機能触媒が用いられた．この触媒は原料ナフサに含まれる数十ppmの硫黄化合物によってPtが被毒されないように水素分圧を約50 atm まで上げて使用された．のちに，原料ナフサの脱硫によってこの圧力は約30 atm まで下げることができた．さらにはPtの分散をReが硫化状態で促進しコーク生成を抑制するようなPt-Re系バイメタリック触媒を用いることで，10 atm 前後で運転できるようになった．近年では，酸触媒成分としてはY型（ないしUSY）を主として，ZSM-5，L型などゼオライト系も用いられ，触媒金属分としてはPtを主とし，ReだけでなくIr，Sn，Geなどをバイメタリック添加物とした2元機能触媒が開発されている．また，最近では，劣化した接触改質触媒の再生法として，運転を継続しな

がら部分抜出し再生する移動床式連続再生プロセスが行われている.

d. 改質反応

接触改質反応としては，パラフィンの異性化，パラフィンの脱水素，オレフィンの環化，五員環ナフテンの脱水素，五員環ナフテンの異性化，六員環ナフテンの脱水素，各種炭化水素の水素化分解，コークス生成，脱硫などのそのほかの反応からなる．C_6の場合を例にとり，改質触媒の2元機能と構成する反応ルートを図5・11に示す．

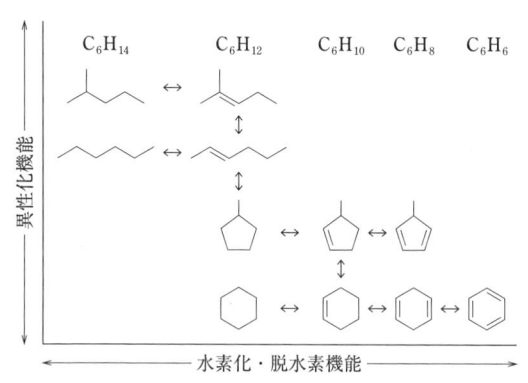

図 5・11 改質触媒の2元機能(C_6の場合)

e. 軽質炭化水素の改質

LPガスのプロパンやブタンなどを接触改質して，ベンゼン，トルエン，キシレンなどの芳香族に変換する触媒プロセスが開発されている．反応スキームは次式のように，たとえば熱力学的に有利な高温500℃以上でプロパンがプロピレンに脱水素され，プロピレンが重合，環化，芳香族化すると考えられている．

$$2\,C_3H_8 \xrightarrow[\text{脱水素}]{-2\,H_2} 2\,C_3H_6 \xrightarrow[\text{二量化}]{} CH_3CH=CHCH_2CH_2CH_3 \xrightarrow[\text{環化・脱水素}]{-3\,H_2} C_6H_6$$

触媒としては，Ga種の脱水素活性点がゼオライト結晶表面に形成されかつ骨格内のGaが酸性質を制御しているZSM-5構造のH型アルミノガロシリケートが有効である．

また，過分解で生成したオレフィン分軽質炭化水素の芳香族への改質触媒プロセスも開発されている．この場合には，熱力学的に高温の500℃以上が必要なプロパンのプロピレンへの脱水素過程が必要ないので，ZSM-5系の触媒を用いて比較的低温で進行させることができる．

f. アルキレーション

軽質炭化水素の改質の一種として，軽質オレフィンと軽質イソパラフィンを反応させて，高オクタン価のガソリン基材となる多分岐イソパラフィンを合成するアルキレーションプロセスが古くから存在する．

反応例として，1-ブテンとイソブタンの間でのアルキレーションを示すと，次式のようにイソブタンの第三級炭素の C–H 結合が解離して 1-ブテンの二重結合へ付加することによって 2,2,3-トリメチルペンタンが直接生成することがわかる．

$$CH_2=CHCH_2CH_3 + H-C(CH_3)_3 \longrightarrow CH_3C(CH_3)_2CH(CH_3)CH_2CH_3$$
$$\text{1-ブテン} \qquad \text{イソブタン} \qquad \text{2,2,3-トリメチルペンタン}$$

触媒としては液体酸である高濃度の硫酸あるいは HF が用いられる．しかし，触媒が硫酸の場合には，タールの副生と廃酸の処理が問題となり，HF の場合にはタールの副生は少ないが安全性に問題がある．ゼオライトなどの固体酸によるアルキレーションの研究が長年にわたって行われてきているが，コーク劣化の問題がいまだ解決されていない．

5・2 酸化反応の触媒化学

a. 酸化反応と触媒

有機物などを酸化して酸素原子を含む化合物の生産や酸化反応の発熱反応を利用したエネルギー生産は人々の生活にとって欠かせないものである．ただし，エネルギー効率の低いプロセスであったり，不要な副生成物を生み出すようなプロセスであることは避けなくてはならない（コラム1）．触媒を利用した酸化反応が大いに求められる．

触媒による酸化反応は完全酸化と部分酸化（選択酸化ともよばれる）に分類される．完全酸化は有機物などを二酸化炭素と水にまで酸化する反応で，揮発性有機化合物（VOC）やにおい，排ガス中の有機物や CO の酸化除去触媒などの例があり，また酸化エネルギーを電気エネルギーに変換する燃料電池触媒などの例がある．部分酸化はその文字のとおり，有機物を二酸化炭素にまで酸化せず，部分的に酸化して，有用な化合物にする反応である．石油化学工業プロセスの 6 割が酸化反応およびそれに関連した反応であり，表 5・4 にあるような酸化反応プロセスによってアルコール，ケトン，カルボン酸，エポキシドなどが合成され，これらを原料としてわれわれの日常の生活に必須の合成繊維，プラスチック，フィルムなどが製造されている．

> **コラム 1**
>
> ## 光合成と酸化の反応式（環境の化学式）
>
> 生物や石油の炭素は太古の地球の二酸化炭素に由来するとされている．生命の誕生と光合成により大気中の二酸化炭素は炭水化物と酸素分子に変化した．炭水化物の一部は石油として蓄積し，現代のエネルギーや炭素物質を供給している．生態系では，光合成はいつも起こっている反応であり，同時に逆反応である触媒酸化反応も進行して生命体にエネルギーを与え，バランスがとれている（式(1)）．一方，自動車のエンジンのように，石油からエネルギーを生む酸化反応はラジカル的な連鎖反応で，爆発的に進む．そのため，二酸化炭素が一方的に排出される．これに代わり，より効率的なエネルギー生産が求められるゆえに，触媒酸化を利用した燃料電池が重要となっている．
>
> $$n\mathrm{CO}_2 + n\mathrm{H}_2\mathrm{O} \xrightleftharpoons[\text{酸化, } -E]{\text{光合成, } +E} -(\mathrm{CH}_2\mathrm{O})_n- + n\mathrm{O}_2 \quad \text{式(1)}$$
> 二酸化炭素　　水　　　　　　　　　　　　炭水化物　　酸素

b. 酸化反応の基礎化学

酸化反応の基本的で一般的な酸化剤は酸素分子であるが，一般に有機物と酸素分子との反応は遅い．この理由は，基底状態の酸素分子は，二つの縮退した反結合性の分子軌道 π^* にスピンを同じくした電子がそれぞれ1個ずつ入った三重項状態で安定しているのに対し，有機物の多くは一重項状態にあり，また酸化生成物も一重項状態なため，原系と生成系のスピンの総和が等しくならないスピン禁制プロセスとなるからである．これを回避するために分子の活性化が必要で（たとえば，反応有機物がラジカル種に変化することでスピン禁制が解かれ，酸素分子と反応できるようになる），ことに酸素分子の活性化は重要であり，さらに目的の方向に反応を起こさせるうえで，触媒が必要となる．

酸素分子の活性化は酸素の還元によって起こすことができる．表5・5に種々の条件で酸素分子を還元したときに生じる酸素種をまとめた．酸素分子を順次，一電子還元すると，最初にスーパーオキシド（$\mathrm{O}_2^{-\cdot}$），次いでペルオキシド（O_2^{2-}），O_2^{2-} が分解すると酸素原子アニオンラジカル（$\mathrm{O}^{-\cdot}$）が生成し，さらに一電子還元して酸化物イオン（O^{2-}）へと変化する．酸性条件ではそれぞれがプロトン化し，対応してヒドロペ

表 5・4 代表的な工業酸化反応プロセスと触媒

気相酸化		反応例		触 媒
エポキシ化	エチレン/O_2	→	エチレンオキシド	Ag
アセトキシル化	エチレン/O_2/CH_3COOH	→	酢酸ビニル	Pd–K
エステル化	メタクロレイン/O_2/CH_3OH	→	メタクリル酸メチル	Pd–Pb
カルボニル化	メタノール/O_2/CO	→	シュウ酸メチル	Pd–BuONO
水和酸化	エチレン/O_2	→	酢 酸	Pd–ヘテロポリ酸
アリル酸化	プロピレン/O_2	→	アクロレイン	Bi–Mo–Fe–O
アンモ酸化	プロピレン/O_2/NH_3	→	アクリロニトリル	Bi–Mo–Fe–O
アルデヒド酸化	メタクロレイン/O_2	→	メタクリル酸	Mo–V–P–O
アルカン酸化	ブタン/O_2	→	無水マレイン酸	V–P–O
芳香族酸化	ナフタレン/O_2	→	無水フタル酸	VO/TiO_2
脱水素	メタノール/O_2	→	ホルムアルデヒド	Ag, Fe–Mo–O
オキシハロゲン化	エチレン/O_2/HCl	→	1,2-ジクロロエタン	$CuCl_2$–KCl
液相酸化		反応例		触 媒
自動酸化	ブタン/O_2		酢 酸	Co
	トルエン/O_2		安息香酸	Co
	シクロヘキサン/O_2		シクロヘキサノール	
			シクロヘキサノン	Co, Mn, Cr
	p-キシレン/O_2		テレフタル酸	Co/Mn/Br
	クメン		クメンペルオキシド	Cu
ワッカー反応	エチレン/O_2		アセトアルデヒド	Pd–Cu–Cl
硝酸酸化	シクロヘキサノン/HNO_3		アジピン酸	V
過酸酸化	シクロヘキサノン/H_2O_2/NH_3		シクロヘキサノンオキシム	Ti–シリケート
	プロピレン/t-BuOOH		プロピレンオキシド	Mo, Ti
	プロピレン/H_2O_2		プロピレンオキシド	Ti–シリケート

表 5・5 酸素分子の還元で生成する酸素種

条 件		1電子		2電子			4電子	
気 相	O_2	→	$O_2^{-\cdot}$	→	O_2^{2-}	→	$O^{-\cdot}$	→ O^{2-}
酸 性	O_2	$\xrightarrow{H^+}$	$HO_2\cdot$	$\xrightarrow{H^+}$	H_2O_2	→	$OH\cdot$	$\xrightarrow{H^+}$ H_2O
塩基性	O_2	→	$O_2^{-\cdot}$	$\xrightarrow{H_2O}$	HO_2^-	→	$O^{-\cdot}$	$\xrightarrow{H_2O}$ OH^-
金属イオン	O_2	$\xrightarrow{M}$	$M–O_2^-$	→	$M–O_2^{2-}$	→	$M=O$	→ $M–O^{2-}$

$$\underset{M}{O{-}O} \quad \underset{M}{\overset{O{-}O}{\triangle}} \quad \underset{M}{\overset{O}{\|}} \quad \underset{M \quad M}{O}$$

スーパーオキソ種　　ペルオキソ種　　オキソ種

ルオキシラジカル($HO_2\cdot$), 過酸化水素(H_2O_2), 水酸ラジカル($OH\cdot$), 水(H_2O)となる. 塩基性条件では, 表 5・5 のような各種アニオン種を形成し, 最終的に水酸化物イオン(OH^-)へとなる. なお, 酸素の還元に要する電子は反応の有機物や反応に共存さ

せる物資から供給を受けることができ，反応物間で直接か，触媒を経由して移動する．

一方，金属元素からなる触媒物質が存在すると気相の各酸素種は金属元素に配位(あるいは表面では吸着)して存在する．スーパーオキシドは金属にend-on型(酸素の一方)で配位し，スーパーオキソ種を形成し，O_2^{2-}は金属にside-on型(酸素の両方)で配位し，ペルオキソ種を形成する．これが変化して金属と酸素が二重結合性をもった結合を形成したオキソ種となる．より多くの電子を受け取ると酸化物イオンとなり金属酸化物を形成する形になる．スーパーオキソ種やペルオキソ種は2個の金属と橋渡しで生成することも可能である．また，金属とプロトンが橋渡ししたMOOHも存在できる．

これらの酸素種の反応性はアニオン性とラジカル性に依存し，アニオン性が強いものほど有機物への求核性が強く，有機物からの水素の引抜きを起こす．ラジカル性が強く出ると，当然のことながらラジカル反応を促進するが，求電子的な性格も出て，二重結合などへの付加反応も起こす．両者はプロトン化を受けたり，金属元素に配位することで反応性が変化するので，電子の授受の能力と合わせて，触媒の選択が反応の選択性を支配することになる．たとえば，高原子価の金属イオンに配位したオキソ種は酸素の電子密度は低くなり，強い求電子性を示してアルカンをヒドロキシル化するようになる．

活性な酸素種の形成はどのような酸化剤を用いるかによっても制御できる．化学工業での酸化反応は分子状酸素(空気)がもっとも広く使われるが，エポキシ化などでは有機過酸化物や過酸化水素も用いられる．過酸化水素利用の発展形として水素と酸素から過酸化水素を反応系中で発生あるいは中間体的に生成させ，プロピレンからプロピレンオキシドやベンゼンからフェノールへの酸化反応などを行わせる方法もある．窒素酸化物の酸化剤としての利用は古いが，最近亜酸化窒素を酸化剤とし，Fe含有ゼオライト触媒に活性酸素種を発生させ，ベンゼンからフェノールを合成する反応が開発されている．このような酸化反応における酸化剤の選択は，同時により効率のよい反応を成立させるうえでも重要である．表5・6に代表的な酸化剤と使える酸素の割合をまとめているが，より使える酸素の割合が高い酸化剤を使うことが環境対応型の反応と認識される．たとえば，過酸化水素は反応後，水が副生するだけであるが，同じ酸化反応を起こすt-ブチルペルオキシド(t-BuOOH)は不要のt-BuOHを伴ってしまう．究極は，酸素分子を酸化剤とし，両方の酸素原子が有機物に取り込まれて酸化生成物とする反応である．

表 5・6 代表的な酸化剤と使える酸素の割合

酸化剤	有効酸素の割合(wt%)	酸化に伴う随伴物
O_2	100	なし
O_2/H_2, CO などの還元剤	50.0	H_2O, CO_2
H_2O_2	47.0	H_2O
HNO_3	38.1	$NO + 1/2\,H_2O$
N_2O	36.4	N_2
O_3	33.3	O_2
NaClO	21.6	NaCl
CH_3CO_3H	21.1	CH_3COOH
t-BuOOH	17.8	t-BuOH
$KHSO_5$	10.5	$KHSO_4$
C_6H_5IO	7.3	C_6H_5I
$NaIO_4$	7.2	$NaIO_3$

c. 触媒酸化反応の基本スキーム

酸化反応は反応形式により気相酸化反応と液相酸化反応に大別されるが,酸素の活性化の基本は共通である.これを踏まえ,触媒酸化反応の基本スキームを酸素の活性化の面から類別し,以下それぞれを説明する.電子還元が進む順に,自動酸化反応(一電子還元(移動)によるラジカル生成),二電子還元体であるペルオキソ種やオキソ種を直接与える酸素移項反応,二電子還元体であるペルオキソ種やオキソ種を酸素分子から与える還元的酸化反応,そして四電子還元体である酸化物イオン(触媒の格子酸素)や水酸化イオン(水)か関与する酸化-還元機構の反応を説明する.最後に固体表面で生成するこれら酸素種の反応を説明する.

(ⅰ) **自動酸化反応** 自動酸化反応は均一系の液相酸化反応に分類され,多くの工業的なプロセスが実施されている.表5・4からわかるように飽和炭化水素や芳香族の自動酸化反応が主であり,シクロヘキサンの酸化はポリマー原料として重要なジカルボン酸の前原料となるシクロヘキサノンとシクロヘキサノールの混合物(K/Aオイルとよばれる)を与え,p-キシレンの酸化では直接ジカルボン酸を与える.フェノール合成の原料となるクメンヒドロペルオキシドはクメンの自動酸化により製造されている.同様に,t-ブチルヒドロペルオキシドとエチルベンゼンヒドロペルオキシドはイソブタンやエチルベンゼンの自動酸化により得られ,プロピレンのエポキシ化剤として使われる.

自動酸化反応は,表5・7スキーム1に示したラジカル連鎖過程を経て進行する.まず,ラジカル開始剤や金属塩によりアルカン(RH)から水素原子が引き抜かれ,アルキルラジカル($R^{\cdot}$)が生成する.$R^{\cdot}$は,酸素と反応してペルオキシラジカル($ROO^{\cdot}$)

5・2 酸化反応の触媒化学

表 5・7 酸化反応のスキーム(1)

自動酸化反応[スキーム 1]

In_2:開始剤,M^{n+}:金属イオン触媒,RH:反応物

開始反応
(1) $In_2 \longrightarrow 2\,In^·$
  $RH + In^· \longrightarrow R^· + InH$ (開始剤による開始)
(2) $RH \longrightarrow R^· + H^·$ (反応物自身による開始)
(3) $M^{n+} + RH \longrightarrow M^{(n-1)+} + R^· + H^+$ (触媒による開始)

連鎖反応
  $R^· + O_2 \longrightarrow RO_2^·$
  $RO_2^· + RH \longrightarrow ROOH + R^·$ (過酸化物生成)

分解反応
  $ROOH \longrightarrow RO^· + OH^·$
  $ROOH + M^{n+} \longrightarrow RO_2^· + H^+ + M^{(n-1)+}$
  $ROOH + M^{(n-1)+} \longrightarrow RO^· + OH^- + M^{n+}$
  $RO^· + RH \longrightarrow ROH + R^·$

停止反応
  $2\,R^· \longrightarrow R_2$
  $R^· + RO_2^· \longrightarrow ROOR$

酸素移項反応[スキーム 2]

ペルオキソ種

$M^{n+}OH(M^{n+}OR) + H_2O_2(ROOM) \longrightarrow \underset{M^{n+}}{O{-}O{-}H} \left(\underset{M^{n+}}{O{-}O{-}R} \right) + H_2O(ROH)$

$\underset{M^{n+}}{O{-}O{-}H} \left(\underset{M^{n+}}{O{-}O{-}R} \right) + $ オレフィン $\longrightarrow$ エポキシド $+ M^{n+}OH(M^{n+}OR)$

M^{n+}:Mo,W,Ti(金属錯体,ポリ酸,メタロシリケート)

オキソ種

$M^{n+} + PhIO \longrightarrow \underset{M^{(n+1)+}}{\overset{O}{\|}} + PhI$
(高原子価)

$\underset{(高原子価)}{\underset{M^{(n+1)+}}{\overset{O}{\|}}} + RH \longrightarrow M^{n+} + ROH$

M^{n+}:Fe,Mn,Ru(金属錯体,メタロポルフィリン,メタロシリケート)

を生成し,これがアルカンから水素を引き抜いてヒドロペルオキシド(ROOH)と$R^·$を与え,反応連鎖が生まれる.この段階でヒドロペルオキシドの合成ができるが,さらにヒドロペルオキシドが金属塩の作用により分解を受けると,酸化生成物へと変化する.反応はラジカル同士のカップリングにより非ラジカル生成物ができて停止する.

自動酸化の一例として,p-キシレンの酸化によるテレフタル酸合成を取り上げる.テレフタル酸(TPA)はポリエステル繊維,PETボトルなどの原料として世界中で大量

表 5・7　酸化反応のスキーム(2)

還元的酸化反応[スキーム3]
一般式
$$R + O_2 + S \longrightarrow RO + SO$$
R：反応物，S：還元剤（共酸化物）
例：H_2，CO，RCHO，$NAD(P)H(e^- + H^+)$，$Zn + CF_3COOH$

例：シトクロム P-450 の反応機構

$$\boxed{Fe^{3+}}\text{-P-450} \xrightarrow{e^-} \boxed{Fe^{2+}}\text{-P-450} \xrightarrow{O_2} \boxed{Fe^{3+}}\text{-P-450}\!-\!O_2^-$$

$$\boxed{Fe^{4+}}\text{-P-450}\!=\!O \xleftarrow{RH} \boxed{Fe^{3+}}\text{-P-450}\!-\!HO_2^- \xleftarrow{H^+} \boxed{Fe^{3+}}\text{-P-450}\!-\!O_2^{2-} \xleftarrow{e^-}$$
ROH ↑, H^+, H_2O

酸化–還元機構[スキーム4]

ワッカー反応（Pd 金属錯体触媒）
$$PdCl_2 + C_2H_4 + H_2O \longrightarrow Pd^0 + CH_3CHO + 2HCl \quad (C_2H_4\text{ 酸化と Pd 還元})$$
$$Pd^0 + 2CuCl_2 \longrightarrow PdCl_2 + 2CuCl \quad (\text{Cu による Pd の酸化})$$
$$2CuCl + 2HCl + 1/2\,O_2 \longrightarrow 2CuCl_2 + H_2O \quad (\text{Cu の酸素による酸化})$$

マーズ・ヴァン・クレベーレン機構（金属酸化物触媒）
$M_{ox}\text{-}O^{2-}$：酸化状態の金属酸化物触媒，M_{red}：部分還元された金属酸化物触媒
$$R + M_{ox}\text{-}O^{2-} \longrightarrow RO + M_{red} \quad (\text{反応物の酸化と触媒の還元})$$
$$M_{red} + 1/2\,O_2 \longrightarrow M_{ox}\text{-}O^{2-} \quad (\text{触媒の酸素による再酸化})$$
例：Bi-Mo-O 触媒によるプロピレンの酸化

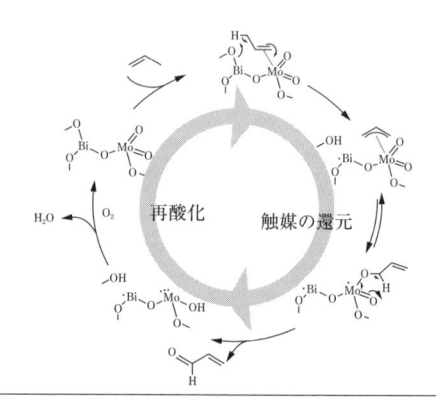

に製造されている．一般的な反応条件は，含水酢酸溶媒に数十〜100 ppm 程度の Co/Mn/Br を含む触媒を用い，反応温度 160〜240 ℃，圧力 1〜2 MPa で酸化される．*p*-キシレンの酸化は逐次的に進行する．最初に *p*-キシレンのメチル基から水素原子が

5・2 酸化反応の触媒化学

表 5・7 酸化反応のスキーム(3)

吸着酸素による酸化反応［スキーム 5］

金属表面(M)での反応

$O_2(g) + M \longrightarrow (O_2^-,\ O_2^{2-},\ 2O^-,\ O^{2-})_{ads}-M^{\delta+}$　　（吸着酸素種の生成）
$(O_2^-,\ O_2^{2-},\ 2O^-,\ O^{2-})_{ads}-M^{\delta+} + R \longrightarrow RO + M$　　（吸着酸素種の反応）

例：Ag 触媒上でのエチレンのエポキシ化

$$Ag + O_2 \longrightarrow \underset{Ag}{\overset{O-O}{|}}$$

$$\underset{Ag}{\overset{O-O}{|}} + CH_2=CH_2 \longrightarrow \underset{O}{\overset{CH_2-CH_2}{\diagdown\diagup}} + \underset{Ag}{\overset{O}{|}}$$

$$\underset{Ag}{\overset{O}{|}} + CH_2=CH_2 \longrightarrow CO_2 + H_2O + Ag$$

金属酸化物表面(M^{n+})での反応

$O_2(g) + M^{n+} \longrightarrow (O_2^-,\ O_2^{2-},\ 2O^-,\ O^{2-})_{ads}-M^{n+\delta}$　　（吸着酸素種の生成）
$(O_2^-,\ O_2^{2-},\ 2O^-,\ O^{2-})_{ads}-M^{n+\delta} + R \longrightarrow RO + M^{n+}$　　（吸着酸素種の反応）

引き抜かれベンジルラジカルを生成し，酸素と反応してヒドロペルオキシドを生成する．ヒドロペルオキシドは，金属イオンにより分解され p-トルアルデヒドとなり，同様にもう一つのメチル基が酸化されてジカルボン酸に至る．臭素は連鎖移動剤としてはたらく．転化率 99%，TPA の収率は 96% 以上に達する．

（ii）**酸素移項反応**　酸素分子が二電子還元してできる酸素種(O_2^{2-})が化合物状態となった過酸化水素やヒドロペルオキシド，あるいは酸素種(O^-)を与えるヨードシルベンゼン(PhIO)を金属イオン触媒に作用させてそれぞれペルオキソ種やオキソ種を発生させ，これにより有機物を酸化する反応である（表 5・7 スキーム 2）．これは，過酸化物などの化合物中の 1 個の酸素原子が触媒を経て有機物へと移動させる反応とみなすことができ，酸素移項反応とよばれる．

過酸化物を用いた代表的な酸化反応はオレフィンのエポキシ化である．t-ブチルヒドロペルオキシドや過酸化水素を用いたプロピレンのエポキシ化は工業的に行われる重要な反応である．触媒の主構成元素には Mo，W，Ti が多く用いられる．過酸化水素は前述のように環境適応型の酸化剤として注目されており，その代表例としてシクロヘキサノンの過酸化水素とアンモニアを用いてオキシムを合成するアンモキシメーション法がある（コラム 2）．触媒にはゼオライト固体のチタノシリケート（コラム 4 の図(e)）が用いられる．過酸化水素を用いた反応の触媒として，ヘテロポリ酸塩（コラム 4 の図(d)）も広く用いられる．

> **コラム2**
>
> ## 選択酸化によるグリーン化
>
> 　コラム1に書いたように，環境負荷の少ないエネルギー生産に向けた触媒酸化反応の寄与は，物質合成においても大きい．従来の硫酸触媒を使った ε-カプロラクタム合成では大量の硫酸アンモニウムの副生が避けられないが(環境負荷型)，固体触媒の進歩と過酸化水素酸化技術の進歩により，きわめて効率的な生産プロセスが生まれ(環境適応型)，工業化された．
>
> ```
>   O              NOH              O
>   ‖              ‖                ‖
>  ◯ ──オキシム化──→ ◯ ──ベックマン転位──→ ◯─C-NH      環境負荷型
>      (HONH₃)₂SO₄        H₂SO₄
>                    (NH₄)₂SO₄ 副生  (NH₄)₂SO₄ 副生
>
>   O              NOH              O
>   ‖              ‖                ‖
>  ◯ ──アンモオキシム化─→ ◯ ──ベックマン転位─→ ◯─C-NH    環境適応型
>      TS-1/H₂O₂          ハイシリカ
>      +NH₃               ZSM5
> ```

　一方，オキソ種を与える反応パスは P-450 モノオキシゲナーゼの反応機構モデルでの Shunt Path とよばれるもので，高原子価状態の金属に形成された酸素種による反応である．高原子価金属に結合した酸素は求電子性がきわめて強く，アルカン(RH)と反応してアルコールを与えることができる．

(iii) 還元的酸化反応　　過酸化水素は，水素と酸素の反応による酸化生成物であるが，酸素の側からみると酸素分子が水素から二電子還元を受けペルオキシドになり，同時に生成するプロトンでプロトン化を受けたものとみなすことができる．したがって，酸化反応に過酸化水素を直接使うのではなく，水素と酸素の混合物，すなわち電子とプロトンの供与剤である水素を共存させて反応させることで酸化反応を進行させることができる．水素などの還元剤が存在する反応なので，還元的酸化反応とよばれる(表5・7スキーム3)．酸素種の生成だけを考えればプロトン供与性の還元剤である必要はなく，CO やアルデヒドなども機能する．ただし，反応の種類によって水を伴う反応の場合にはプロトン源が必要となる．

この反応の考えはもともと生体のメタンモノオキシゲナーゼのP-450モデルに端を発しており，これは新たな触媒酸化の方法論として発展している．ペルオキソ種形成からみた水素-酸素系では，Pd-V_2O_5触媒によるベンゼンからフェノールへの直接一段酸化やAu-TiO_2触媒を用いたプロピレンのエポキシ化などが例としてあげられる（コラム3）．

コラム3

金触媒の登場

　固体表面の酸化触媒活性を判断する簡単な方法がある．活性な酸素種の生成しやすさは金属と酸素原子との結合の強さと関係するが，弱いと生成しにくいし，強いと安定化しすぎて有機物と反応しないので，酸化触媒活性を示すためには適度な結合の強さが必要である．これを表したのが図1で，金属と酸素原子との結合の強さを金属酸化物の生成熱で評価すると火山型の活性序列ができる．Ptは適度な結合をもつため高い活性を示す．

　この判断ではAu単独は不活性な触媒になる．しかし，ナノサイズのAu粒子を酸化物表面に密に固定すると判断基準から離れ，Ptに比類する触媒活性を示すようになる（図2）．Auナノ粒子と酸化物との強い相互作用の結果である．Au触媒の登場である．

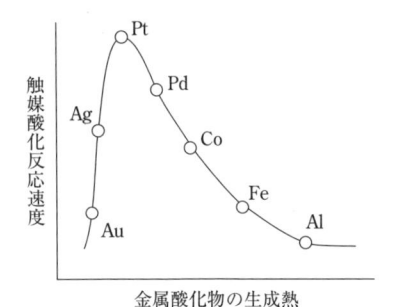

図1 金属と酸素原子の結合の強さ

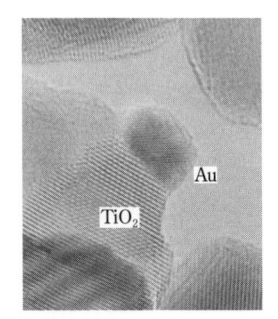

図2 酸化チタンに担持されたAuナノ粒子

(iv) 酸化−還元機構の反応 酸素分子が四電子還元して生成する酸化物イオン，水酸化物イオン，H_2O 分子はほかの酸素種に比して安定であるため，有機物と反応するためには必然的に対カチオン(触媒の金属元素)の価数変化のある酸化−還元反応を伴う．逆に，酸化−還元反応が起こるような触媒元素が必要であるといえる．また，この酸素種はほかに比してアニオン性が高く，求核性を強く示すため，反応有機分子が触媒に配位(あるいは吸着)活性化されていることも必要となる．H_2O 分子が酸素種となる Pd 金属錯体触媒(液相酸化反応)や酸化物イオン(格子酸素)が酸素種となる金属酸化物触媒(気相酸化反応)がこれに属する．

この機構(表5・7スキーム4)で進行する液相酸化反応の代表例がワッカー(Wacker)反応とよばれるエチレンの直接酸化によるアセトアルデヒド合成である．反応はエチレンと空気または酸素を塩酸酸性の $PdCl_2$–$CuCl_2$ を含む触媒水溶液に気液接触させることにより行われる．エチレンは Pd 錯体に配位し，次いで H_2O 分子の攻撃を受けてアセトアルデヒドへと変化し，同時に Pd は 0 価に還元される．Pd^0 は速やかに Cu^{2+} と酸化−還元反応を起こして Pd^{2+} に戻る．生成した Cu^+ は酸素分子によって Cu^{2+} に戻り，全体のサイクルが完了する．この機構を反映して，プロセスでは一段法と二段法があり，前者はエチレンの酸化と触媒の再酸化を一つの反応器で同時に行う方法で，エチレンと酸素を同時に供給する．後者はエチレンと触媒の再酸化をそれぞれ異なる反応器で行う．応用性の高い反応で，エチレンのワッカー反応を酢酸(酢酸アニオン)共存で行うと酢酸ビニルが得られるなど，表5・4にあるように Pd を触媒に使った例が多い．

一方，酸化物イオン(格子酸素)が酸素種となる金属酸化物触媒による気相酸化反応はきわめて多岐にわたる(表5・4)．反応の基本はきわめて単純で，有機物が触媒の酸化物イオン(格子酸素)と反応して酸化生成物となり，酸化物イオンが抜けて還元された触媒は酸素分子を取り込み元に戻り，サイクルが完結するものである(表5・7スキーム4下段)．マーズ・ヴァン・クレベーレン(Mars–van Krevelen)機構とよばれる．したがって，このサイクルを速やかに成立させる能力が触媒活性を支配する(コラム3)．しかしながら，実際の反応はこのように単純ではない．理由は有機物の酸素酸化は複数の素反応(複数の水素の引抜き反応と酸素挿入反応)からなることが多く，その場合一つの触媒元素で反応を完全に制御することは不可能で，むしろ複数の構成元素による機能分担が重要となるからである(コラム4)．工業プロセスで複合酸化物触媒が多用されるゆえんである．

全体として触媒の酸化−還元サイクルの中にあっても，電子供与性が高く低原子価

コラム4

多機能な固体酸化触媒と構造の代表例

　有機物の酸化の理想は，酸化剤に酸素分子（二原子分子）を用い，酸素2原子の両方が有機物に取り込まれるか，一方だけが水になり，もう一方が有機物に取り込まれる形の反応である．しかし実際には生成物がさらに酸素と反応して，最終的に二酸化炭素になることが多い．あるいは望まない反応が同時併発的に起こることも多い．単一な触媒元素で酸化反応を完全に制御することは不可能で，むしろ複数の触媒元素による機能分担と協調が重要となる．これは複合効果とよばれている．オレフィン酸化では数種以上の元素からなる多元系複合酸化物触媒(a)が工業的に使用されている．ブタン酸化による無水マレイン酸合成やプロパン酸化によるアクリロニトリル合成のようなより素反応が複雑な場合は，ピロリン酸バナジル触媒(b)やMo–V–O系触媒(c)に代表されるように，高次な構造をもつ結晶性複合酸化物触媒が重要となる．ヘテロポリ酸(d)やゼオライト（チタノシリケート）(e)などの構造体も酸化反応に広く利用される．

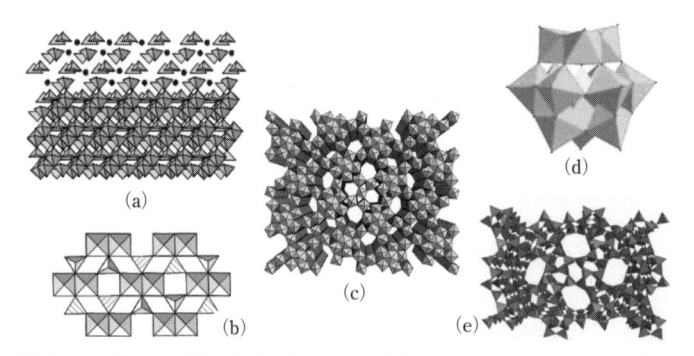

図中の四面体や八面体は金属元素を中心に酸素原子がつくる多面体で，これらが点共有，稜共有して三次元構造となる

が安定な触媒元素のまわりの酸化物イオン種は水素引抜能を示し，一方同じ触媒でほかの元素が高原子価状態でオキソ種を生成することで酸素付加能を示すことができれば，多様な酸化反応が成立することになる．

その典型例がBi-Mo-O触媒(コラム4(a))上で起こるプロピレン酸化によるアクロレイン合成である。反応機構モデルを表5・7スキーム4中に示す。プロピレンの酸化は、Biに結合した求核性の格子酸素がプロペンのアリル水素を引き抜くアリル型酸化で開始する。Biは3+であり、同様の能力をもつ元素としてSb^{3+}やTe^{4+}がある。これらはいずれも d^{10}s^{2}p^0 の電子構造をもつが、Biは不活性電子対効果のために3+が安定で酸素との結合はイオン性が強くなり、格子酸素の求核性がもっとも高い。生成したアニオン性のπ-アリル中間体はMo上に配位し、Moに結合した格子酸素(オキソ種)との反応で σ-O-アリル中間体が生成する。この中間体は速やかに水素引抜きを受けアクロレインへと転化する。酸素分子は、非選択的な酸化を引き起こす中間的な酸素種で安定に止まることなく、Biサイトで速やかに格子酸素へと還元され、触媒を元に戻す。この一連の酸化-還元の中で、反応に使われる格子酸素は触媒内部から供給されるため、その反応性は一定に維持され、高い活性や高選択性につながる。

(v) **吸着酸素による酸化反応** (i)から(iv)までの反応スキームは固体(金属や酸化物)表面でも同様に起こる。したがって、反応の性格は生成する酸素種で整理できるが、表面多様性のため生成酸素種は多種多様になることが多く、完全酸化以外の酸化反応の制御は容易ではない。

部分酸化で工業的に行われている酸素分子によるオレフィンのエポキシ化は特異的である。これにはAg触媒が有効である。これはAg表面で酸素分子から酸素種(スーパーオキソ種)が生成するためである。この酸素種が二重結合をエポキシ化する。反応で残ったAg表面の1個の酸素種は酸化物イオン種に近く、水素引抜きを起こしてオレフィンを完全酸化し元のAg表面が再生される(表5・7スキーム5)。この機構のため、選択的に反応が進行するのはC-H結合が強いビニル水素のみからなるオレフィン(エチレン、ブタジエン、スチレンなど)に限られる。弱く結合した水素があると水素引抜きが優先し、エポキシ選択は得られない。

d. **新しい酸化反応の構築**

まだまだ実用的なレベルで実現していない酸化反応は数多くある(コラム5)。酸素種の基礎化学を展開し、より精緻に酸素種の電子状態を制御すること、同時に反応物が酸素種に立体的にも位置的にも制御された形で反応できるようにするなどして反応物制御をすることが必要で、これには触媒の高次構造的制御がますます重要となろう。遷移金属元素だけに頼らずケイ素などの典型元素や有機分子だけの触媒の構築も進む。

> **コラム5**
>
> ## 夢の酸化反応
>
> 酸化の触媒化学は大変複雑である．それゆえ高い効率で反応が進まない酸化反応の例は多くある．アルカン酸化などの難度の高い反応を表1にまとめた．夢の酸化反応とよばれるものの一つである．共通することは，反応物の反応性が低いこと，酸素原子1個だけを反応物に取り込ませること，何段階もの素反応ステップをすべて効率よく進めさせること，などがあげられる．しかし，反応は夢ではなく必ず実現されるものである．新しい触媒によって．
>
> **表1** アルカンを中心とした高難度の酸素酸化反応
>
> | 酸 化 | | 反 応 |
> |---|---|---|
> | ヒドロキシル化 | メタン | ⟶ メタノール |
> | | エタン | ⟶ エチレングリコール |
> | | プロパン | ⟶ プロパノール |
> | | ブタン | ⟶ 1,4-ブタンジオール |
> | | ベンゼン | ⟶ フェノール |
> | 酸合成 | エタン | ⟶ 酢 酸 |
> | | プロパン | ⟶ アクリル酸 |
> | | イソブタン | ⟶ メタクリル酸 |
> | | シクロヘキサン | ⟶ アジピン酸 |
> | アンモ酸化 | プロパン＋アンモニア | ⟶ アクリロニトリル |

5・3 還元反応の触媒化学

5・3・1 各種有機化合物の水素添加

有機化合物の水素添加は対象とする化合物，目的とする生成物，反応条件，使用する触媒の種類がきわめて広範囲であり，これらすべてを包括的に述べることはきわめて困難である．ここでは水素添加反応の要点について述べる．それぞれの目的に応じて最適な条件，触媒を決定する参考とされたい．

一般に水素添加反応は発熱反応であり，平衡論的には，比較的低い温度が反応を進める方向に，比較的高い温度では脱水素の方向に進むが，温度の上昇は反応速度を大きくするため，化学平衡と反応速度との相反する条件を考えて適当な温度を選択する

必要がある.

通常150℃以下の温度ではPt, Pdのような貴金属触媒か, スポンジ状のNi触媒などが用いられる. 150～250℃程度の温度ではNi, Cuなど, あるいはそれらの合金触媒が用いられる. 250℃以上では金属-金属酸化物が用いられる.

水素圧力の増大は反応を進め, 一般に副反応を抑え, 選択性を増す傾向にある. また水素は過剰に用いたほうが有利で, 通常, 理論値の数倍程度を利用するが, 反応を途中で止めるときとか, 副反応を伴う場合には水素量も制限する場合がある.

有機化合物の水素添加は, その化合物の沸点, 安定性などから, 液相で行われる場合が多い. 液相では水素の溶解度および拡散速度が重要である. 水素の溶解度を増すには水素圧力を大きくし, 水素と触媒との接触をよくするため, かくはんを効率よく行い, または適当な溶媒を使用することが有効な場合がある. 一方, 気相で反応を行う場合は, 反応物質と水素との混合比を自由に選択することができ, 分子レベルでの両者の混合が達成される利点を有する.

触媒活性は, 微量の触媒毒によって著しく低下するから, 原料中の不純物を十分除去する必要がある. とくにS, As, Clなどの化合物を含まないことが大切である. また使用する水素の純度も重要で, 事前の精製を必要とする場合もある.

a. 不飽和化合物の水素添加による飽和化合物生成

（i） ポリマーの水素添加　　ポリマーの改質を行う手段として水素化は幅広く行われている. 炭素-炭素二重結合を有するジエン系ポリマーの二重結合の水素化は, 一般に耐候性あるいは色相, においを改善することが目的であったが, 水素化により基質ポリマーの耐熱性, 粘弾性, 強度, 相溶性, 透明性, ガラス転移温度などの諸性質が変化することが明らかになり, 近年は新しい機能を有するポリマーとして新規用途への展開が活発になされている.

ポリマーの水素化においてもっとも重要な点の一つは適切な触媒の選択である. 各用途に応じて, 最適化された触媒が用いられているが, 工業用触媒としては実用的な不均一系（スラリーおよび固定床）用の触媒としては, Ni系触媒がもっともよく用いられている. NBR（アクリロニトリル・ブタジエンゴム）の水素化など, 高選択性が求められる用途では, PtあるいはPdなどの貴金属系触媒も工業的に使用されている.

プロセスにおいては, 水素化反応が一般に発熱反応であることからその除熱対策が必要である. また基質が高分子であることに起因する水素化の進行に伴う粘性・溶解性の変化などを考慮する必要がある. 反応条件は石油樹脂水素化の場合, 一般に温度200～300℃, 圧力3～10 MPa程度である.

(ii) **油脂，脂肪酸の水素添加**　　油脂の水素添加は20世紀当初から行われており，油脂工業の中で主要な化学反応プロセスである．この反応によって油脂成分の不飽和脂肪酸は飽和脂肪酸となり，ヨウ素価は低下し，融点が上昇し，固体脂の量が増加する．その結果，酸化，熱安定性の向上，色相，におい，味の改良が果たされ，物理的，化学的にその用途に適した硬化油，脂肪酸を得ることができる．

油脂，脂肪酸の水素添加は三相反応であり，固体の触媒が液体油中に均一に分散している状態で，液体油中に溶け込んでいるガス状水素と接触することにより反応が進む．水素圧力，反応温度，かくはん速度，触媒の種類と量，触媒毒の種類と量などの反応条件を変えることによって目的の物性をもった硬化油，脂肪酸を得ることができる．

水素添加の程度は，
① 食用，工業用の"フレークス"や，安定剤や界面活性剤の原料となる脂肪酸を得る極度水素添加(全体水添)
② 高度不飽和脂肪酸をおもに水素添加する比較的軽度な水素添加
③ マーガリンやショートニングの配合用として適度な固形脂を含む硬化油を得たり，化粧セッケン用の原料としての脂肪酸を得る部分水素添加

に分けられるが，②と③の間に厳密な区別はない．

触媒は貴金属，Ni，Co，Fe，Cuなどの水素添加触媒が使用可能であるが，油脂加工分野における代表的な実用化触媒は，還元Ni触媒，ギ酸ニッケル触媒，スポンジニッケル触媒である．これらはいずれも液相で使用されるため粉末である．近年，固定床で使用される，成形触媒も開発されている．

還元Ni触媒　　けいそう土を担体として，沈殿法により得られたNi化合物を水素気流中で還元した触媒である．還元Niは空気に触れると直ちに酸化して発火するので表面酸化した安定化タイプと硬化油中に浸漬しフレーク状あるいはパスティル状に加工したタイプの2種類が市販されている．

銅クロム酸化物触媒　　二クロム酸ナトリウムと硫酸銅との共沈により得られた沈殿物を焼成した触媒である．組成は酸化銅と亜クロム酸銅であるが，助触媒としてBa，Mnなどを少量添加したものも市販されている．高級アルコール製造用に利用される．

(iii) **芳香族の水素添加によるシクロパラフィンの製造**　　ベンゼン核やナフタレン核は，定量的に脂環化合物となる．

(iv) **灯油，ジェット燃料油中の芳香族の水素添加除去**　　芳香族は，ノッキング

の発生源となるから,水素添加してシクロパラフィンに転化させる.アセチレン,オレフィンの水素添加に比べ苛酷な条件で水素添加する.

b. **ケトン,アルデヒドおよび脂肪酸,エステルの水素添加によるアルコール製造**

$$RCHO \xrightarrow{H_2} RCH_2OH$$

脂肪酸およびエステルの水素添加によるアルコール製造

$$RCOOR' \xrightarrow{2H_2} RCH_2OH + R'OH$$

c. **ニトロ化合物の水素添加によるアミン製造**

$$RNO_2 \xrightarrow{3H_2} RNH_2 + 2H_2O$$

ニトロ,ニトロソ化合物のアミンへの転化は,脂肪族,芳香族いずれも反応が容易で,副反応も少ない.

d. **ニトリル化合物の水素添加によるアミン製造**

$$RCN \xrightarrow{2H_2} R-CH_2NH_2 + (R-CH_2)_2NH$$

一般にニトリルは容易に水素添加され,第一級,第二級アミンの混合物を生成する.

5・3・2 アセチレン,ジオレフィンの選択的水素添加

ナフサまたは低級炭化水素をスチームクラッキングしてオレフィン(主としてエチレン,プロピレン)を製造する際,オレフィン中に含まれるアセチレン化合物は,オレフィン製造工程,とくに蒸留塔で重合を起こし,さらにまた製品の品質を低下させるので必要限度以下に精製除去しなければならない.

このような目的に対しエチレン中のアセチレン,またプロピレン中のメチルアセチレンおよびプロパジエンを選択的に除去するのに触媒が必要である.オレフィン製造工程でアセチレン化合物をどこで接触的に除去するかでフロントエンド水素添加とテールエンド水素添加とがあり,それぞれ異なったタイプの触媒が使用されている.

a. **フロントエンド水素添加**

この方法は分解炉で発生した分解ガスを炭酸ガス,硫化水素ガスなどを除去したあと水素化する方法で,この場合,水添塔入口ガス中にはエチレン,プロピレンのほかにメタン,エタン,プロパン,さらに過剰の水素を含んでいる.そのため選択性に富んだ触媒が必要であり,低温活性に優れたPd系やさらに選択性を向上させたプロモー

ター入り Pd 系触媒がおもに使用されている.

b. テールエンド水素添加

　この方法は分解ガス中の水素, メタンなどの軽量ガスを分離したあと, さらにオレフィン分離工程を経て C_2 および C_3 オレフィンとして別個に水添塔に導入する. この場合オレフィン濃度は 80～99% に達し, 水素添加用水素は別個にオレフィンに添加しなければならない.

　最近のエチレンプラントではより高純度のエチレン, プロピレン製品が要求されてきたので, 水素化方式としてはテールエンド方式が多く採用されている. この方法に使用される触媒は, 優れた活性と選択性を有するアルミナ担体の Pd 触媒である.

　Pd 触媒は広く使用されているが, 最近ではプロモーターを加えた改良触媒の開発により, 大幅なエチレンゲインの向上と再生周期の延長が可能になっている. また下流のポリオレフィンプラントで使用されつつあるメタロセン触媒の特性に対応して, CO の添加なしに同等の性能が得られる水添触媒が実用化されている.

5・3・3 水素化処理

　石油, 石炭および, それから派生する炭化水素を水素圧下, 触媒を用いて, 高品質(オクタン価, セタン価などの高い), 高清浄(S, N, 金属などの不純物の少ない)の燃料に転換するプロセスを水素化処理と称している. したがって, 種々の基質の水素化, 水素化分解, 脱硫, 脱窒素, 脱金属などの単位反応を含んでいる. 石油精製プロセスとしてはガソリン(ナフサ)の脱硫, アセチレン, ジエン類の水素化, 灯油の脱硫・水素化, 軽油の脱硫・脱窒素, 真空軽油の脱硫・脱窒素・水素化分解, 残油の脱金属・脱硫・脱窒素・水素化分解があげられる. 石炭の直接液化やタール系ベンゼン, ナフタリンなどの留分におのおの含まれるチオフェンやベンゾチオフェンを除去する脱硫精製も水素化処理の例である. 一方, ガソリンのリフォーミングは脱水素/水素化, 異性化, 環化, 芳香族化などの単位反応を水素圧下で進めているが, 一般には水素化処理には含めない. 化学工業では芳香族化合物, 有機酸, 一酸化炭素など, 多数の水素化反応が実行されているが, 一般には水素化処理には含めない.

　水素化処理反応の原料の多くは硫黄化合物を含有したり, H_2S 生成を伴う反応であるから, 触媒はおもに金属硫化物, 複合金属硫化物が使用されている. おもな金属種は, Co, Ni, Mo, W である. このほか Fe あるいは, 高深度に脱硫された原料に対しては貴金属触媒も使用されている. 担体はアルミナが高表面積, 豊富な細孔分布, 担持触媒の高分散・高機械強度から商業的に広く用いられている. スラリー反応器で

は微粒硫化物自体が使用されることもある．水素化に加えて，酸機能がとくに要求される場合にはゼオライト，シリカ-アルミナなどが担体に加えられる．チタニア(二酸化チタン)や炭素も次世代担体として検討されている．触媒の製造，つまり出発金属種の選択，担持法，添加物，硫化などの工程にはコスト/パフォーマンスを追及して，多くの商業的なノウハウが蓄積されている．

水素化処理の代表例として重質残油の高圧水素化処理プロセスを説明する．減圧蒸留残渣油(VR：vacuum residue)は沸点550℃以上の石油留分を指し，ヘキサンに可溶なマルテン70～95％，不溶なアスファルテン5～30％から構成されている．アスファルテンは，長鎖アルカンおよび長鎖アルキルを有する大小の芳香環が連結した高分子である．芳香環の一部はポルフィリン配位子を形成して，V, Niを中心金属として，芳香環内に相当のSやNを同伴している．アスファルテンは残油中でミセルを形成している．鉄イオン，酸化鉄，硫化鉄を随伴していることも多い．したがって，残渣油の水素化処理プロセスはFeなどの夾雑物をフィルタで除いたあと，ガード触媒でさらに徹底除去し，次に脱金属層でポルフィリンを分解，Ni, Vを除去し，次いで脱硫，脱窒素，さらに水素化分解される．ガード触媒を通り抜けるNi, Vは後段の触媒に堆積し，触媒表面上に沈降する炭素とともに触媒を失活させる．アスファルテンのミセルを解離するため，水素供与溶媒を使用することもある．水素化処理した精製油で"水素化"があらわには認められないこともあるが，脱金属，脱硫，水素化分解の第一段階が水素化であることが多い．

H_2S, NH_3, 低級炭化水素の生成は必ず水素化を含んでいる．したがって，水素化をいっそう強調した水素化前処理によって原料が高度に水素化され，結果として目的とする反応が円滑に進み，触媒の活性低下が抑制できる二段プロセスが考案されている．残油の水素化処理において分解率が高くなると，ドライスラッジとよばれるコロイド状油状溶粒子が認められ，貯蔵タンクに堆積したり，輸送管を閉塞してトラブルを招くことがある．ドライスラッジは多環芳香族成分が脱アルキル反応によって芳香族性が増して凝集し，水素化によって脂肪成分の多くなったマトリックスから相分離，生成したもので，浮遊または沈降して閉塞を招く．芳香族溶媒の添加により溶解，あるいは水素化によって芳香族性を低下させると溶解度が向上して消去できる．さらに分解前に水素化しておけば残渣の分解が進み，ドライスラッジの生成が抑制できる．

残油処理の多くは固定層反応器であるが，重質度の高い残油については沸騰床も商業化されている．またとくに多量のNi, Vを含有する重質な残油については，脱金属を移動層反応器で実行するプロセスも提案されている．

5・3・4 炭素酸化物の水素化：フィッシャー・トロプシュ合成

GTL(gas to liquid)は天然ガスから合成ガス(一酸化炭素と水素の混合ガス)を経由して液体燃料あるいは化学品(炭化水素，アルコール，エーテルなど)を製造する技術である．液体炭化水素をつくるフィッシャー・トロプシュ(Fischer-Tropsch：FT)合成はその核である．それ以外にメタノール合成とジメチルエーテル(DME)合成の技術などが工業化されている．

FT合成で製造される炭化水素は硫黄分や芳香族を含まないため環境面からクリーン燃料として注目されており，積極的な開発技術により経済性が大きく向上してきた．さらに副生する α-オレフィンやワックスなどを化学原料として販売することにより経済性が高くなり，当面は天然ガスを原料として付加価値の高い化学品の製造も視野に入れた液体燃料化(GTL)計画が進められる状況である．将来バイオマス，廃プラスチックなどの資源性ゴミ，重質油，石炭あるいはコールベッドガスからも合成ガス経由で同様に展開できる．

a. FT合成触媒の研究と開発

(i) FT合成の概要と触媒設計　FT合成の基本反応は次式で表され，合成ガスからおもにパラフィンとオレフィンが生成する．

$$n\mathrm{CO} + (2n+1)\mathrm{H}_2 \longrightarrow \mathrm{C}_n\mathrm{H}_{2n+2} + n\mathrm{H}_2\mathrm{O}$$
$$n\mathrm{CO} + 2n\mathrm{H}_2 \longrightarrow \mathrm{C}_n\mathrm{H}_{2n} + n\mathrm{H}_2\mathrm{O}$$

そのほか触媒の種類によっては次の反応が起こる．

$$\mathrm{CO} + \mathrm{H}_2\mathrm{O} \longrightarrow \mathrm{CO}_2 + \mathrm{H}_2$$
$$2\,\mathrm{CO} \longrightarrow \mathrm{CO}_2 + \mathrm{C}$$

これらの反応において，COの解離は律速段階である．触媒金属表面に吸着したCOの非結合軌道 π^* に触媒金属の3d電子が流れ込み，CO解離後金属カーバイドと金属酸化物になるが，直ちに触媒金属によって活性化された水素と反応し，CH_2 と $\mathrm{H}_2\mathrm{O}$ になる．

$$\mathrm{CO} + \mathrm{M} + \mathrm{M} \longrightarrow \mathrm{M\!-\!CO} + \mathrm{M} \longrightarrow \mathrm{M\!-\!C} + \mathrm{M\!-\!O}$$
$$\mathrm{M\!-\!C} + \mathrm{M\!-\!O} + 4\,\mathrm{H} \longrightarrow \mathrm{M\!-\!CH}_2 + \mathrm{M} + \mathrm{H}_2\mathrm{O}$$
$$n(\mathrm{M\!-\!CH}_2) \longrightarrow (\mathrm{CH}_2)_n + n\mathrm{M}$$
$$(\mathrm{CH}_2)_n + \mathrm{H}_2 \longrightarrow \mathrm{C}_n\mathrm{H}_{2n+2}$$

M：金属表面原子あるいはクラスター

触媒金属はおもにFe, Ni, CoとRuが研究されているが，実用的にはFeとCoが使

用されている．Fe は水性ガス反応活性があり，Co はこの活性があまりないため，一般的には H_2/CO 比の小さい石炭系合成ガスの場合は Fe 系触媒が用いられ，H_2/CO 比の大きい天然ガス系合成ガスの場合は Co 系触媒が用いられる傾向が高い．したがって，最近の天然ガスを原料とする新技術は Co 系触媒を使用する傾向がきわめて高い．

　FT 合成は基本的に金属表面における CH_2- の重合反応である．炭素数 n から $n+1$ の炭化水素に成長する確率を連鎖成長確率 (α) としている．α は生成物の平均的分子量の指標となる．得られた炭化水素はおもに直鎖炭化水素の混合体である．α が増大すると，重い炭化水素の選択率が上昇する (図 5・12)．生成物の炭素数分布は原則的に Anderson–Schulz–Flory 分布に従う．Anderson–Schulz–Flory 分布から α を算出できる．特定領域の炭化水素のみ選択的に合成するのは難しい．Anderson–Schulz–Flory 分布に従わないメタンの生成抑制も困難である．しかし触媒の金属分布，担体構造と反応条件，反応器構造を総合的に制御することによって，非 Anderson–Schulz–Flory 分布の実現が不可能ではない．一般的にワックスの蓄積によって，気相反応触媒は失活しやすい．触媒の局所過熱によってメタンなどの軽質炭化水素が過剰に生成する可能性が高い．

　金属の種類を問わず，単一金属触媒の場合では金属粒子が大きくなると，α が増え，メタンなど軽い炭化水素が減る．しかし総転化率は金属分散度とともに減少し，TOF が増加する．同じ条件下において各金属の α は Ru＞Co＞Fe，Ni である．

　もちろん，得られた直鎖構造の FT 合成炭化水素を別の反応器あるいは同じ反応器においてゼオライト系触媒上で水素化分解あるいは異性化反応させ，アルキレートに

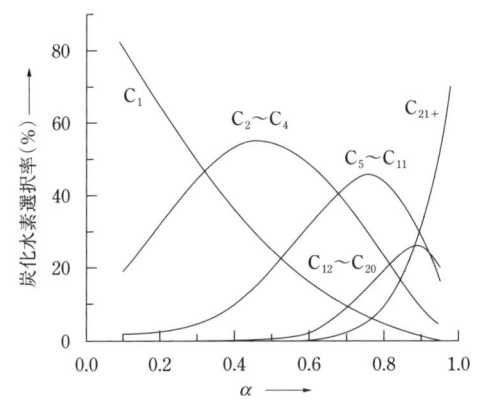

図 5・12　FT 合成の炭化水素選択率と炭素連鎖成長確率 α の関係
　　　　　C_n は炭素原子 n 個を含む炭化水素分子である．

相当するイソ体のガソリンをつくることもできる.

（ii） **Fe 系触媒** 　Fe 系触媒は現在南アフリカのサソール（Sasol）社が使用しているが，サソール社は低温反応の固定床やスラリー床には沈殿鉄系の触媒を，高温反応の流動床には強度の高い溶融鉄系の触媒を使用している．溶融鉄系マグネタイトなどの酸化鉄を助触媒とともに高温で溶融して調製している．

これらの触媒は第二次世界大戦末期に開発されており，沈殿鉄系の組成はドイツのルールヘルミー社からサソール社に供給された 100 Fe–5 Cu–5 K_2O–25 SiO_2（wt 比）が典型的である．助触媒として K と Cu が加えられており，そのほかにシリカが加えられている．K 量を増大すると活性が増大し，α も増え，生成物は高分子化してワックス生成量が増大する．K はオレフィンの二次反応である水素化活性を抑制するため，オレフィン生成量が増大し，生成物が高分子化する．Cu は Fe の還元を促進し安定活性が得られるまでの時間を短縮する作用があり，選択率に対する影響は小さい．Cu と K は相乗効果がみられ，活性は単一助触媒系の場合より二元助触媒のほうが高くなる．しかし，選択率に対してはこの相乗効果はみられない．シリカは金属表面積の安定化や触媒強度の改善および選択率を高める作用をもっている．

（iii） **Co 系触媒** 　Co 系触媒の担体にはシリカの安定性が高く，助触媒は Ru, Pt など貴金属と Zr, Ti, Cr など酸化物が好ましいとされているが，特許にみられる代表的組成は次のとおりである.

① Al_2O_3 担体系触媒：20 Co–0.43 Ru–1.0 La_3O_3/Al_2O_3, 20 Co–1.0 Re–La_2O_3/Al_2O_3
  （数値は wt%）
② SiO_2 担体系触媒：20 Co–8.5 ZrO_2/SiO_2
③ TiO_2 担体系触媒：12 Co–0.75 Re/TiO_2, 12 Co–0.5 Ru/TiO_2

助触媒として加えられている Ru と Re は Co/Al_2O_3 や Co/TiO_2 の Co の分散度と還元度を高め，ZrO_2 は SiO_2 と Co の相互作用による不活性なコバルトケイ酸塩の生成を抑制することにより活性を改善すると考えられている.

Co 系触媒調製に用いられる Co 塩と担体の間にある相互作用の影響がきわめて大きい．シリカ担体では硝酸コバルトからつくられた触媒は還元度が高く，分散度が低い．一方酢酸コバルトから得られた触媒は分散度が高く，還元度が低い．酢酸コバルト触媒に微量な貴金属添加，あるいは硝酸コバルト塩を添加すると，スピルオーバー効果によって分散度を維持しながら，還元度を向上できる.

Co 触媒上での FT 合成が structure–sensitive（構造敏感な）か structure–insensitive（構造鈍感な）か定められていない．最近大部分の研究例をみると structure–insensitive で

ある．しかし著者らの経験からCoと担体の間の相互作用，とくに還元度影響によってstructure-sensitiveになる可能性がある．

米国エクソン・モービル社はスラリー相反応用egg-shell型Co触媒を開発した．溶融塩をシリカゲルに担持させ，触媒粒子内部におけるCoの分布を最小限に抑制した．拡散の影響で触媒粒子の内部はほとんど反応に関わっていないという計算結果から開発された触媒である．

Co系触媒はFe系触媒より活性が高く，FT合成で副生する水による活性低下が少ないためリサイクルガスから水を除去する必要がなく，また，反応ガスのリサイクル比率を低くできるためガスの圧縮費用も大幅に小さくなる．さらに反応器内の水分圧が相対的に高くなる完全混合型のスラリー床の場合はCo系が有利になる．

（iv）**Ru触媒**　Ru触媒は高い連鎖成長確率をもち，還元されやすい．担持量2%以下でもCo系，Fe系触媒に十分匹敵できる高い活性を示す．貴金属であるため，コストが最大な難点である．Ru触媒上でのFT合成がstructure-sensitiveである．

b. **プロセス**

FT合成の反応器は固定床，流動床およびスラリー床反応器が開発されている．そのほか基礎研究段階ではあるが，超臨界反応法が研究されている．これらの反応器は目的に応じて使用されており，特性は次のようにまとめることができる．

（i）**スラリー床反応器**　最近のFT合成技術ではスラリー床反応器が注目されている．スラリー床反応器は微細の固体触媒を高沸点溶媒（高分子量のパラフィンなど）中に分散して反応を行うもので，触媒は反応器下部に供給する原料ガスにより反応液が撹拌されることにより分散する．現在広く採用されている固定床反応器に比較した場合の特徴は，次の点にある．

① 伝熱効率が高く，熱除去効率が高いため，反応温度のコントロールが容易となる．

② 反応器構造がシンプルとなり，設備費が比較的小さく大型化も容易である．

③ 反応生成物は微細触媒を含むスラリーから沪過分離する必要がある．このため，スラリーに伴う配管や沪過フィルターの閉塞などの問題が起こる可能性があり，反応器の設計や運転は固定床より複雑になると思われる．

しかし，FT合成の規模は化学プロセスの規模に比較して大規模であり，このためスラリー床は固定床よりも大型化と設備費の点で有利と評価され，現在天然ガスからおもに灯軽油留分を製造するFT合成の反応器として注目されている．

（ii）**低温型反応器**（図5・13）　反応温度は200〜250℃，主生成物は重質油の

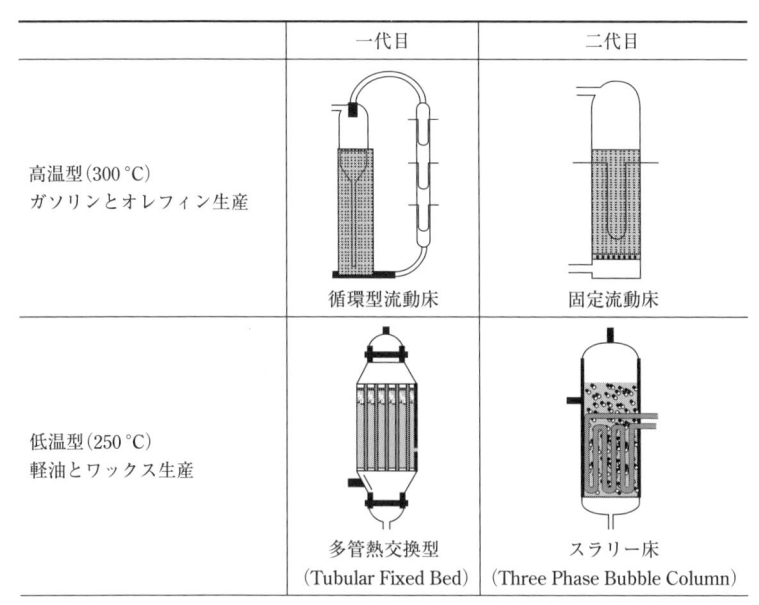

図 5・13　各種 FT 合成工業反応器

ワックスである．反応器形式としては固定床の多管熱交換型反応器（arge）とスラリー床反応器（slurry phase）がある．スラリー床反応器は設備費が小さく，温度コントロール性が高く，圧力損失が小さいなどの長所があるが，問題点は固体触媒と液層との分離技術と思われる．

（iii）**高温型反応器**（図 5・13）　　反応温度は 300〜350 ℃，主生成物は軽質オレフィンとナフサ留分である．反応器形式としては循環型流動床（synthol）と固定流動床（advanced synthol）があるが，固定流動床が最適反応器である．

（iv）**超臨界反応法**　　スラリー反応法では通常の液相反応以外に，超臨界条件下の反応について基礎研究が行われている．液相反応は伝熱速度が大きく，また触媒中の重質物が反応溶媒中に溶出するため，活性低下速度が小さくなる利点があるが，反応速度は気相反応より小さくなる．液相反応の欠点を補うため超臨界相の反応法が提案されている．超臨界相に n-ヘキサンを用いた基礎研究では，反応速度は（気相＞超臨界相≫液相）の順であった．そのほかに，超臨界相においては生成物中のオレフィン含有率も増大する特徴がある．

c.　**生成物の性状**

FT 合成による炭化水素は原料の合成ガス製造段階で脱塵，脱硫などの精製が行わ

れており，合成される炭化水素は硫黄分や重金属類などを含まず，きわめてクリーンである．FT合成で製造したワックスの水素化分解で得られる中間留分は，直鎖のパラフィンを多く含み芳香族を含まない．セタン価も70以上と高く優れた燃焼特性をもっている．

FT合成で製造した軽油によるディーゼルの排ガステストでは，"すす"とNO_xが同時に減少し，また従来軽油にFT軽油をブレンドした場合，ブレンド比の増大に従い，炭化水素，CO，NO_xおよび"すす"排出量が減少する．このようにFT合成で製造した燃料油は環境的にはきわめてクリーンであり，石油精製では得られない高い品質特性をもっている．また，高温反応法で生成するナフサ留分は水素化処理と改質処理によりガソリンに転換される．

5・4 酸塩基反応の触媒化学

5・4・1 酸と塩基の触媒作用

酢酸は式(5・1)のように水素イオンH^+を水分子に供与する．

$$CH_3\text{-}COOH + H_2O \longrightarrow CH_3\text{-}COO^- + H_3O^+ \quad (5・1)$$

Brønsted[*1]は，この例における酢酸のようにH^+を供与する物質を"酸"，水のようにH^+を受け入れる物質を"塩基"とよぶことを提案した．今日ではそれぞれブレンステッド酸，ブレンステッド塩基とよばれる．H^+を押し付ける強さをブレンステッド酸強度，受け入れやすさをブレンステッド塩基強度とよぶ．

電子を受け入れる物質も塩基と反応する．たとえば三フッ化ホウ素BF_3はジエチルエーテルと次のように反応する．

$$C_2H_5\text{-}O\text{-}C_2H_5 + BF_3 \longrightarrow \begin{matrix} C_2H_5 \\ \\ C_2H_5 \end{matrix} O^{\delta+} \rightarrow B^{\delta-}\begin{matrix} F \\ \text{—}F \\ F \end{matrix} \quad (5・2)$$

Lewisは，この例の三フッ化ホウ素のように，電子を受け入れる物質も酸とよぶことを提案した．今日ではこれらをルイス酸とよぶ[*2]．ルイス塩基とは電子を与える物

[*1] 重要な論文が英語圏で出版された際に名前がBrönstedと書かれたため，Brönstedと書かれることも多い．母国のデンマーク語ではBrønstedである．

[*2] ルイス酸の定義として，しばしば"電子対を受け取る物質"と書かれることがある．式(5・2)中でBは2個の電子すなわち"電子"対を受け取ったことになるが，供給された2個の電子をOとBの2原子で共有していると考えると，B原子(ルイス酸)が受け取った電子は一つともいえる．"電子対"か"電子"かというのは表現の問題であり，本質的ではない．

質で,式(5・2)ではジエチルエーテルが該当する.

ブレンステッド酸として塩酸 HCl,硫酸 H_2SO_4 などの鉱酸や,酢酸,フェノール C_6H_5OH などの有機酸,さらにはこれらを組み合わせたようなパラトルエンスルホン酸(CH_3–C_6H_4–SO_3H)などがあげられる.強いルイス酸として三フッ化ホウ素のほか,塩化アルミニウム $AlCl_3$,三塩化アンチモン $SbCl_3$ などの金属ハロゲン化物があげられる.いわゆる金属錯体は金属(あるいは金属イオン)の空軌道に配位子の電子が供与されてできるので,このときには金属や金属イオンもルイス酸としてはたらいている.強い塩基としてアンモニア NH_3,メチルアミン CH_3–NH_2 などのアミン類,ピリジン C_5H_5N,水酸化ナトリウム $NaOH$ などの金属水酸化物があげられる.この例にあげた物質はいずれもブレンステッド塩基としてもルイス塩基としてもはたらく.

さて,酸は不活性な物質に H^+ を押し付けたり,電子を奪ったりして不安定な状態にするため,幅広く触媒作用を示す.塩基も同様である.

酸触媒の作用(反応機構)のうちわかりやすい例を示す.ただし,活性の高い触媒上では,これらと異なる反応機構で進行している場合がしばしばある.

a. アルコールの脱水

$$R\text{–}CH_2\text{–}CH_2\text{–}OH + H^+ \longrightarrow R\text{–}CH_2\text{–}CH_2\text{–}\underset{H}{\overset{H}{O^+}} \longrightarrow R\text{–}CH_2\text{–}\underset{H}{\overset{H}{C^+}} + H_2O$$

$$\underset{\mathbf{1}}{} \qquad \underset{\mathbf{2}}{} \qquad (5\cdot 3)$$

$$R\text{–}CH_2\text{–}\underset{H}{\overset{H}{C^+}} \longrightarrow R\text{–}HC=CH_2 + H^+$$

この反応機構中,**1** はオキソニウムイオンである.酸触媒から H^+ が O に供与され,もともと O のもっていた非共有電子対の一つが新しい OH 間の共有結合に使われている.**2** はカルベニウムイオンである.sp^2 混成軌道によって平面的に周囲の原子と共有結合しており,空の π 軌道をもっているので正電荷を帯びている.

b. アルケン(オレフィン)の水和

$$R\text{–}HC=CH\text{–}R' + H^+ \longrightarrow R\text{–}CH_2\text{–}\underset{H}{\overset{R'}{C^+}}$$

$$R\text{–}CH_2\text{–}\underset{H}{\overset{R'}{C^+}} + H_2O \longrightarrow R\text{–}CH_2\text{–}\underset{H}{\overset{R'}{CH}}\text{–}\overset{H}{O^+} \longrightarrow R\text{–}CH_2\text{–}\overset{R'}{CH}\text{–}OH + H^+ \qquad (5\cdot 4)$$

式(5・4)は式(5・3)の逆反応である[*3]．カルベニウムイオンは，このようにアルケンに H^+ が供与することでも生成する．

式(5・3)と類似の反応はアルコールだけでなく，アミンやハロゲン化合物など各種官能基をもつ有機分子で起きる．その逆反応も起きるから，酸触媒を用いてさまざまな官能基を炭化水素上に導入したり置換したりすることができる．

c. アルケンの分解

$$\text{R-HC=CH-CH}_2\text{-R}' + H^+ \longrightarrow \text{R-HC}^+\text{-CH}_2\text{-CH}_2\text{-R}' \longrightarrow \text{R-HC=CH}_2 + \text{C}^+\text{H}_2\text{-R}'$$
$$\mathbf{3}$$

(5・5)

カルベニウムイオンは，このように一つのアルケンと一つのカルベニウムイオンに分解することができる．生成した第一級カルベニウムイオン **3** はきわめて不安定なのですぐに異性化するが，その後 H^+ を触媒に返してアルケンになると反応が完結する．もしくは，同じ機構を繰り返してさらに分解する．この反応の逆反応はアルケンの重合で，これも酸触媒で促進される．

d. 芳香族のアルキル化

$$\text{R-HC=CH-R}' + H^+ \longrightarrow \text{R-CH}_2\text{-}\underset{H}{\overset{R'}{\text{C}^+}}$$

$$\text{R-CH}_2\text{-}\underset{H}{\overset{R'}{\text{C}^+}} + \text{C}_6\text{H}_6 \longrightarrow \text{R-CH}_2\text{-CH-CH}\underset{\mathbf{4}}{\overset{R'}{\text{C}^+\text{H}}} \longrightarrow \text{R-CH}_2\text{-CR'H-C}_6\text{H}_5 + H^+$$

(5・6)

このように，カルベニウムイオンと芳香族分子が反応すると芳香環がアルキル化される．カルベニウムイオンはほかの物質に由来してもよいので，アルケンもアルコールもアルキル化剤となる．逆反応の脱アルキル化は逆の経路で起きる．また，最後の素過程の逆反応が起きると，**4** が芳香族分子から生成する．このように，カルベニウムイオンは芳香族分子からも生成する．

[*3] 正反応を促進する触媒は逆反応も同様に促進するから，アルコールの脱水とアルケンの水和は同じ酸触媒によって等しく促進されるはずである．ところが多くの場合，脱水は吸熱反応なので温度が高いほど反応速度が速く，かつ平衡的にも有利であるのに対し，水和は発熱反応であるので高温では平衡的に不利である．脱水には多くの酸触媒が適用可能であるのに対し，水和には低温でも高い速度をもたらす強い酸触媒しか用いることができない．

これらの例を振り返ると，有機化学反応において酸触媒はカルベニウムイオンの生成に寄与することが多く，カルベニウムイオンが生成すると多様な反応経路が可能となることがわかる．したがって酸触媒は実にさまざまな反応を促進するので，例を絞るのがむしろ困難である．

次に，いくつかの塩基触媒作用を示す．

e. エステル交換

$$OH^- + HO\text{-}R'' \longrightarrow H_2O + O^-\text{-}R''$$

$$\underset{\underset{\parallel}{O}}{R\text{-}C}\text{-}O\text{-}R' + O^-\text{-}R'' \longrightarrow \underset{\underset{O\text{-}R''}{|}}{R\text{-}\overset{\overset{O^-}{|}}{C}\text{-}O\text{-}R'} \longrightarrow \underset{\underset{O\text{-}R''}{|}}{R\text{-}\overset{\overset{O}{\parallel}}{C}} + R'\text{-}O^- \qquad (5\cdot7)$$

$$H_2O + O^-\text{-}R' \longrightarrow OH^- + HO\text{-}R'$$

f. アルドール縮合

$$\underset{\underset{\parallel}{O}}{R\text{-}C}\text{-}CH_3 + OH^- \longrightarrow \underset{\underset{\parallel}{O^-}}{R\text{-}C}=CH_2 + H_2O$$

$$\underset{\underset{\parallel}{O^-}}{R\text{-}C}=CH_2 + \underset{\underset{\parallel}{O}}{H\text{-}C}\text{-}R' \longrightarrow \underset{\underset{\parallel}{O}}{R\text{-}C}\text{-}CH_2\text{-}\underset{\underset{\parallel}{O}}{C}H\text{-}R' \longrightarrow \underset{\underset{\parallel}{O}}{R\text{-}C}\text{-}CH=CH\text{-}R' + OH^-$$

$$(5\cdot8)$$

ここまでに示したように，酸も塩基も類似の反応を促進する．酸も塩基も原理としては同じ反応を異なる経路で促進することができるが，酸と塩基のどちらが高い反応速度をもたらすかは反応によってさまざまである．酸や塩基が触媒として促進できる反応は，反応前後で酸化数の変わらないすべての反応である．また酸化還元反応に対してもその一部の素過程を担うことで，反応速度や選択性に影響を与えることがある．

非常に強い酸や塩基は，不安定なイオンを生成することができる．非常に強いブレンステッド酸 $HSO_3F\text{-}SbF_5$ は，アルカンと反応してカルボニウムイオンを生成する．

$$R\text{-}CH_2\text{-}CH_2\text{-}CH_2\text{-}R' + H^+ \longrightarrow R\text{-}\underset{H}{\overset{H}{C}}\cdots\overset{+}{}\cdots CH_2\text{-}CH_2\text{-}R' \qquad (5\cdot9)$$

式(5・9)中で+の符号の付いた部分は，2個の電子からなる軌道が左右のCと下のHの3個の原子で共有されている異常な部分である．この部分の微細構造にはいくつかのバリエーションがあり，式(5・10)のようにC-H$^+$-Cの橋架け構造や左右どちらかのCが5本の結合手をもつ構造として描くこともできる．実際にはこれらの構造が混じり合っていると思われるが，多くはいまだに議論の対象である．

$$R-\underset{\underset{H}{|}}{\overset{\overset{H}{|}}{C}}-H^+ + CH_2-CH_2-R' \rightleftarrows R-\underset{\underset{H}{|}}{\overset{\overset{H}{|}}{C}}\cdots\overset{+}{\cdots} CH_2-CH_2-R' \rightleftarrows R-\underset{H}{\overset{\overset{H}{|}}{C}}\overset{+}{-}CH_2-CH_2-R'$$

(5・10)

このようなカルボニウムイオンが生成すると,たとえば式(5・11)のように分解などのさまざまな反応が進行する.この機構で分解するとアルケンが生成するので,式(5・5)のようなカルベニウムイオン経由の反応も進行するようになる.

$$R-\underset{\underset{H}{|}}{\overset{\overset{H}{|}}{C}}\cdots\overset{+}{\cdots} CH_2-CH_2-R' \longrightarrow R-CH_3 + H_2C^+-CH_2-R$$

$$H_2C^+-CH_2-R \longrightarrow H_2C=CH-R + H^+$$

(5・11)

5・4・2 固体酸塩基触媒

ブレンステッド酸としてふつう思い浮かべられるのは,塩酸,硫酸,レモンの汁など,液体状の物質であろう.ルイス酸触媒として教科書によく登場する $AlCl_3$ も,溶媒に溶けた状態で用いられる.一方,固体の表面にも酸性を示す部位(酸点)が発現する場合があり,酸性を示す固体を固体酸とよぶ.同様に,塩基性を示す固体を固体塩基とよぶ.以下に,固体酸塩基の例を示す.

有機物分子の一端にスルホ基$-SO_3H$が付いた物質,たとえばパラトルエンスルホン酸 $CH_3-C_6H_4-SO_3H$ は,溶液中で[*4]強いブレンステッド酸性を示す.この分子の CH_3- の代わりに高分子鎖をつなげると,固体の表面にブレンステッド酸性をもつスルホ基が存在することになる.これが酸性イオン交換樹脂で,スルホ基がブレンステッド酸点である.

ゼオライトは工業的に重要な固体酸である.ゼオライトは SiO_2 を基本的な組成とするシリケートの一群で,さまざまな結晶構造をもち(図5・14),Al が Si の一部を置換している.触媒用のゼオライトは通常 Na^+ を含む塩基性水溶液中で合成され,Si^{4+} を Al^{3+} が置換したことで生じる負電荷を Na^+ が補償している(図5・15(a)).この Na^+ は水溶液中でほかのカチオンと交換でき,NH_4^+ で交換すると NH_4 型となる(図(b)).これを 500 ℃ 程度で加熱すると,ゼオライトの固体上に H^+(ブレンステッド

---

*4 純粋なパラトルエンスルホン酸は固体である.通常,大きな固体の塊として得られるので,固体のままでは H^+ のほとんどは反応に関わることができない.したがってふつうは,固体酸とはよばれない.

> **コラム**
>
> ## 常識を覆した魔法の酸
>
> Olah はきわめて強いブレンステッド酸 HSO_3F–SbF_5 の液体中で固体のアルカンが溶解することを見出し，magic acid (魔法の酸) と名付けた．このときにカルボニウムイオンが生成することを見出し，1994 年のノーベル化学賞に輝いた．炭素が (形式的には) 5 本の結合手をもつという，常識を覆す発見によって新しい分野が拓かれた．

酸点) が発生する (図(c))[*5]．ブレンステッド酸点の強度はゼオライトの種類 (Al 量，ほかの不純物の量，結晶構造，調製条件など) によって異なる．酸強度が何によって制御されているかは議論の途上にあるが，結晶構造によってブレンステッド酸強度が大きく異なることから，結晶構造によって酸点周囲の原子間の結合距離や角度が制御され，これらが酸強度に大きな影響をもつと推測されている．たとえば，図 5・15(c) に矢印で示す O と Al の原子間距離が短いほど配位結合が強く，O–H の電子密度が下がってほかの分子に H^+ を供与しやすくなる，すなわちブレンステッド酸強度が大きくなるという説明がある．この説明は，Al のすべてが骨格内に存在するゼオライトに適用できる．しかし現実のゼオライトの試料には骨格外 Al 種をはじめとする不純物が含まれていることがあり，これが酸性質をもっていたり，酸性質に影響を与えたりする．いずれにせよこれらの議論は，固体酸の触媒化学における活性点の微細構造の重要さを示しており，この分野の研究開発の困難さと面白さを同時に物語っている．

非常に強いブレンステッド酸性をもつ複合酸化物として，ヘテロポリ酸が知られている．たとえばケギン型タングストリン酸では $P^{5+} : W^{6+} : O^{2-} = 1 : 12 : 40$ の安定なユニットが形成される (図 5・16)．電荷を合計すると $(+5 \times 1) + (+6 \times 12) + (-2 \times 40) = -3$ となるので，電荷を補償するカチオンが結合する．このカチオンが H^+ である場合にはブレンステッド酸性を示す．$H_3PW_{12}O_{40}$ は室温で固体であるが，表面積

[*5] 図 5・14(c) の 2 倍の構造を加熱すると脱水によってルイス酸点が発現するという説明もよくなされてきたが，実験的根拠に乏しい．骨格外 Al に由来するルイス酸点と混同されている場合もある．また，歴史的には Ca 型ゼオライトがブレンステッド酸触媒としての最初の利用例であるが，その酸点の発現機構も完全にわかっているわけではない．

FAU 構造

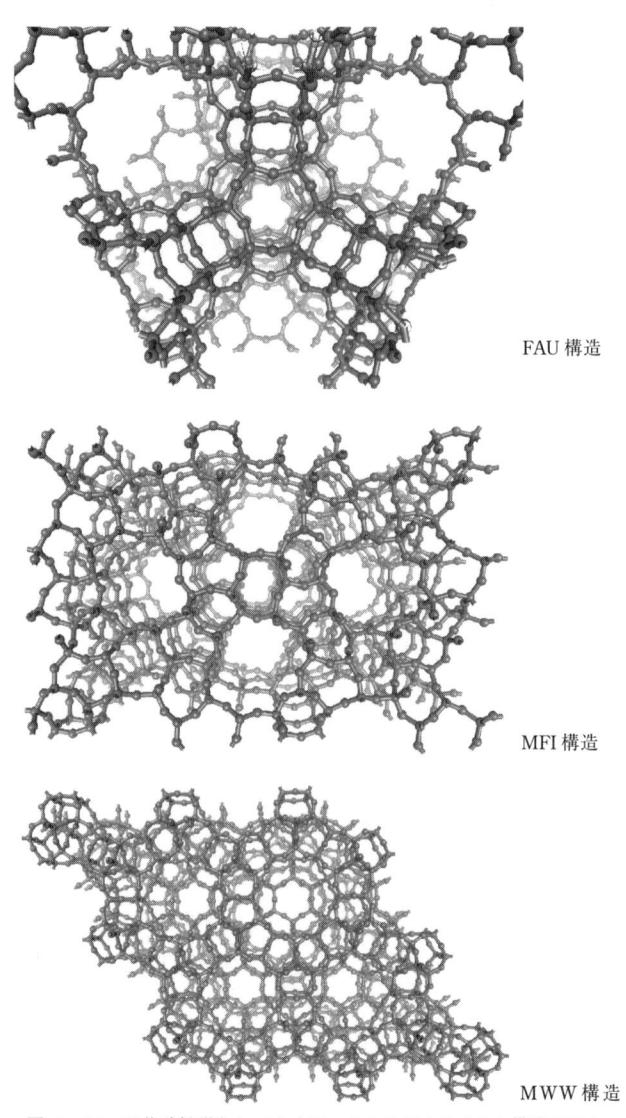

MFI 構造

MWW 構造

図 5・14　固体酸触媒としてよく用いられるゼオライトの構造モデル
結晶構造は 3 英文字の framework type code (FTC) で表す.
図中, 4 本の結合手をもつ原子のほとんどが Si で, 2 本の
結合手をもつ原子が O である. Si の一部は Al で置換され
ている.

図 5・15 (a) Na 型ゼオライト, (b) NH_4 型ゼオライト, (c) H 型ゼオライトのイオン交換サイトの模式図

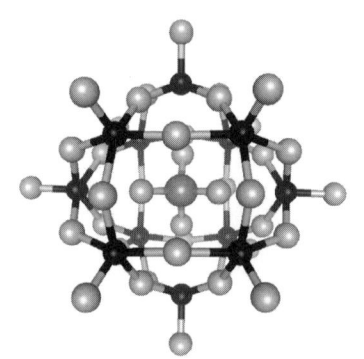

図 5・16 $PW_{12}O_{40}^{3-}$ の構造モデル

が小さいので通常は溶液にして用いられる．しかし種々の技術でヘテロポリ酸を多孔性の固体にしたり，高表面積の担体に担持し，固体酸触媒としても利用されている．

ほかに，2種の酸化物からなる多くの複合酸化物[*6]が固体酸性を示す．しかしほとんどの場合，固体酸性の由来がわかっていない．固体酸においては，このような機構の明確でない物質がほとんどである．それだけではなく，固体上の酸点(たとえばH^+)を直接観察できるわけではないから，"液体の酸と類似した触媒作用を示す固体"を固体酸とよんでいるのが実情である．

[*6] 単に2種類の酸化物の粉を混ぜただけでは固体酸性は発現せず，何らかの方法で原子レベルで酸化物が複合された状態にすると固体酸性が発現する場合が多い．ただ，"原子レベルで複合"という状況は，実は，分析が困難なので構造を正確に記述できない場合がほとんどである．このような物質をおおざっぱに複合酸化物とよんでいる．

> **コラム**
>
> ## 宇宙を旅する固体酸
>
> 　宇宙船の電源には水素–酸素燃料電池が使われ，水の供給源も兼ねている．その電解質は酸性イオン交換樹脂で，H^+ を負極から正極に運んでいる．水素–酸素燃料電池には液体の酸も電解質として使えるが，宇宙船用としてはこぼれたりする危険を避けるため，固体であることが不可欠の条件である．自動車用の燃料電池にも，同じ理由でイオン交換樹脂が用いられる．

　固体塩基にはアミノ基を有する塩基性イオン交換樹脂，CaO，ZrO_2 など電気陰性度の低い金属の酸化物，アルカリ処理アルミナ，アルカリ含有ゼオライトなどがある．
　液体の酸塩基触媒を利用する工業プロセスは多いが，実用的には大きな問題がある．たとえば，$AlCl_3$ を触媒としてベンゼンとプロペン(慣用名プロピレン)から2-フェニルプロパン(慣用名クメン)を生成する反応(式(5・6))では，ベンゼン，プロピレンを溶媒に混合し，そこに $AlCl_3$ を加える．所定の時間と温度で撹拌後，容器の中には溶媒にクメンと $AlCl_3$ が溶けた液体が得られる(条件によっては，未反応の原料も混合している)．水酸化ナトリウムの水溶液を加えると液体は油層と水層に分かれ，油層に製品であるクメンが得られる(溶媒や未反応の原料が混在していても，蒸留で分離できる)．一方，$AlCl_3$ は NaOH と反応し，生成する $NaAlO_2$ と NaCl は水に溶けるので水層に含まれる．水層は一見，無害な塩の水溶液だが，少量の有機物を含んでいるかもしれないのでそのまま廃棄できない．この問題のそもそもの原因は，触媒と生成物が均一に混合していること，つまり均一系触媒を用いることにある．
　不均一系触媒，とくに反応物や生成物が気体か液体で，触媒が固体である場合には，分離はきわめて容易であるのでこのような問題が生じない．クメンの製造は，今日では粒状の MCM-22 型ゼオライトという固体酸触媒を用いて行われている．クメンの製造には液相反応が用いられているが，ほかの反応では固体酸触媒をパイプに詰め，入口から原料の蒸気を供給する方法もよく行われる．出口からは製品(と未反応の原料の一部など)のみが出て来るので，分離工程は必要ない．

コラム

究極の選択性をもつ触媒

トルエンのメチル化［式(5・6)に類似の反応］でキシレンをつくると，オルト，メタ，パラの三つの異性体の混合物が得られる．これらのうち，パラキシレンのみがPET(ポリエチレンテレフタレート樹脂)の原料としてきわめて大きな需要をもつ．ところが，これら異性体の沸点は近いので，蒸留によって分離することはきわめて困難である．直径0.5 nmほどのミクロ細孔の内部にブレンステッド酸点を有するZSM-5ゼオライトを用いると，スリムなパラキシレン分子が優先的に生成するようになる．さらにミクロ細孔入口にSiとO原子を蒸着して少し狭めると，内部でいったん生成したオルト・メタキシレンは細孔の外に出られず，パラキシレンに異性化してから外に出るので，反応器の出口で得られる物質はパラキシレンのみとなる．

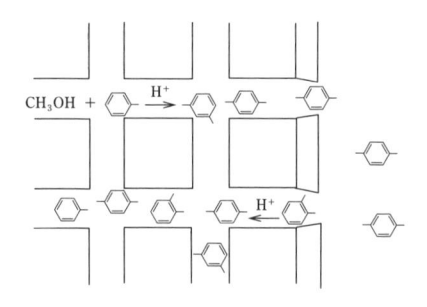

5・4・3　酸塩基性質の表し方と測定法

液体の酸強度はpH，pK_a，H_0などの指標で表すことができる．これら三つの指標はいずれも，数値が小さい(負に大きい)ほど強い酸性を表す．

pHは$-\log[\mathrm{H}^+]$を表すことになっているが，実は，水中では$-\log[\mathrm{H_3O}^+]$を表すなど，H^+が供与された種の濃度を表す．pHは溶液の場合，濃度によって変化する指標である．pHは定義からみてブレンステッド酸に限って適用でき，ルイス酸には適用できない指標である．

pK_a は問題とする溶質の,ある溶媒中での酸解離定数を示す(式(5・12)).pK_a は濃度によって変化しない.溶質と溶媒の組合せに固有のパラメータである.ルイス酸にも適用可能な指標である.

$$\text{AH(酸)} + \text{S(溶媒)} \longrightarrow \text{A}^- + \text{SH}^+ \text{の平衡定数が } K_a \text{ であるとき}$$

$$pK_a = -\log K_a \qquad (5 \cdot 12)$$

H_0 は,共役酸の水中での K_a がわかっている塩基 B を少量その液体に投じたとき,B と BH^+ の濃度を比較し,式(5・13)で求められる.H_0 は溶液の濃度によって変化する指標である.H_0 は本来はブレンステッド酸に限って適用できる指標であるが,$[BH^+]$ の代わりに配位した錯体の濃度を用いればルイス酸強度の指標ともなる.

$$H_0 = pK_a - \log\left(\frac{[BH^+]}{[B]}\right) \qquad (5 \cdot 13)$$

塩基として B と BH^+ の色の異なる物質(指示薬)を用いると,$[BH^+]/[B]$ が 1 より大きいか小さいかは色によって判断できる.したがって,用いた指示薬の共役酸の pK_a より H_0 が大きいか小さいかを判断できる.共役酸の pK_a が異なる一連の指示薬を投入し,どこで色が変わるかを観察すれば,H_0 がどの領域にあるかを測定できる.このように,液体の H_0 は簡単に測定できる.

ブレンステッド酸とルイス酸の区別は,測定面からは簡単ではないが,液体の酸の場合には分子構造がわかっている場合が多いので,H^+ 源の有無によって推測でき,あまり問題とならない.

固体の酸性質はもっと複雑である.いろいろな傍証から,固体の単位重量あるいは単位表面積あたりの酸点の数(酸量)と,個々の酸点の強度(酸強度)は独立に触媒作用に影響を及ぼすと考えられている.構造がわからないことが多いので,ブレンステッド酸とルイス酸の区別も議論する必要がある.以上から,固体酸性質の指標は酸量,酸強度,酸の種類(ブレンステッド・ルイスの別)の三つであるとされる.

酸量は,ある基準以上の強さをもつ酸点の数で,単位重量あたりの物質量(mol kg^{-1} のような単位)あるいは単位表面積あたりの物質量(mol m^{-2} のような単位)で表すことができる.後者は,原子レベルで数を議論しやすいように,たとえば $1\,\text{nm}^2$ の表面あたりの酸点の個数などで表すこともある.酸強度はたとえば,アンモニアの吸着熱などを用いて表す.

固体酸性質の測定のためには,小さな分子径と強い塩基性をもつ気体であるアンモニアを吸着させ,吸着量や吸着熱を測定するのが適している.これらは微小熱量計による吸着熱の直接測定,およびアンモニア TPD(昇温脱離,temperature-programmed desorption)法によって行われる.

　固体酸点の種類は，アンモニアやピリジンなどの気体塩基を吸着させ，吸着種のIR(赤外分光, infrared)測定を行うことで識別できる.最近ではアンモニアIRMS(赤外/質量分析, infrared/mass spectroscopy)-TPD法が確立され，ブレンステッド・ルイス酸それぞれの量と強度(分布)を決定できるようになった.

　液体の塩基強度も酸強度と似た指標で表される.たとえば，酸におけるH_0に対応する塩基強度の指標はH_-で，水中でのpK_aがわかっている酸AHを少量その液体に投じたとき，A$^-$とAHの濃度を比較し，式(5・14)で求められる.H_-が正に大きいほど強い塩基である.

$$H_- = pK_a + \log\left(\frac{[A^-]}{[AH]}\right) \qquad (5・14)$$

　固体の塩基性質の測定法はいまだに確立されていない.CO_2の吸着が用いられることもあるが不明な点も多い.

5・4・4　新しい酸塩基触媒

　近年盛んに研究されている酸塩基触媒の例を示す.均一系触媒では，活性中心の周囲に配位子を配置し，選択性などを発現させる手法が発達している.活性中心としてはさまざまな機能をもつ活性点が用いられるが，貴金属などに比べ，酸塩基触媒の配位子制御は発展途上であり，とくに不斉なルイス酸，ブレンステッド酸，アミン(塩基)などの開発は現代化学の先端分野の一つである.

　環境負荷低減の観点から均一系酸塩基触媒を固体酸塩基触媒で置き換える研究も盛んである.近年の成功例としてはゼオライトを用いる式(5・6)のクメン製造，類似のエチルベンゼン製造プロセスがあげられる.これらは消費量の多いポリマーの中間原料として重要である.シクロヘキサノール，ピリジン誘導体，エチレンイミンなどの機能材料の中間原料も固体酸塩基触媒を用いて製造されるようになった.シクロヘキサノールとピリジン誘導体はゼオライト，エチレンイミンはリンとアルカリ金属の複合酸化物を主体とする固体酸塩基触媒によって製造されている.

　固体酸触媒は石油中の重質成分の分解に用いられてきた.資源の有効利用のため，さらに活性の高い，あるいはより分子量の大きな分子を分解できる触媒が盛んに研究されている.また，従来ナフサの熱分解で製造していた石油化学原料(アルケンや芳香族混合物)を，価値の高いプロピレン(プロペン)，イソブテン(2-メチルプロペン)，ベンゼン，トルエン，キシレンが多く得られるよう，固体酸触媒を用いるルートに切

コラム

クメン法は地球に優しいか？

　機能性樹脂の中間原料であるフェノールは，以前はニトロベンゼンやクロロベンゼンを経由する多段法でつくられていた．その後，$AlCl_3$を触媒とするベンゼンのイソプロピル化によってクメンをつくり，クメンを酸化してアセトンとフェノールを得る，いわゆるクメン法が開発された．大学入試でも扱われ，なじみ深い反応である．クメン法は反応式中にハロゲン化合物を含まず，環境負荷の小さなフェノール製造法とされている．

　ところが，$AlCl_3$を触媒とするイソプロピル化の工程で，本文に書いたように廃水溶液を副生してしまう．$AlCl_3$をゼオライト（固体酸触媒）で置き換えたとき，クメン法は完全にハロゲン化合物の介在しない方法となった．

　しかし，まだその後がある．クメン法では副原料としてプロピレンを使い，アセトンが副生する．アセトンは溶剤などに多用され，化学の学生にもなじみ深いが，実は価格が安いからであって，利用価値の低い化合物である．またフェノール1分子を得るためにベンゼンの6個だけでなく余分に3個の炭素原子を使うので，最終的にはどこかで余分な二酸化炭素を生成することになる．もしベンゼンと酸素から直接フェノールを得ることができたら，環境負荷は劇的に小さくなる．ベンゼンからフェノールの直接合成は夢の反応の一つで，多くの研究者が汗を流して研究している．

り換える例もみられる．植物油のエステル交換によるバイオディーゼルの製造，植物由来のセルロースの分解による液体成分の製造などバイオマス利用分野にも，固体酸塩基が使われている．これら新しい分野では非常に強い酸塩基点や，精密に制御された構造などが必要と考えられている．このため，従来にない構造をもつゼオライト，メソポーラスシリカ，硫酸化ジルコニア，メソポーラス有機無機ハイブリッド物質，固定化ヘテロポリ酸，スルホ基をもつナノグラフェンなど，新しい固体酸塩基触媒の開発が盛んである．

5・5 高分子合成反応の触媒化学

現在，日常生活においてさまざまな種類の高分子(プラスチック)製品が使われている．その中でもポリエチレンやポリプロピレンに代表されるポリオレフィンは，食品包装，飲料・化粧品・医療用容器，自動車部品，通信・電気機器部品，土木・建材，農業資材，医療機器などの幅広い分野に用いられており，その生産量(現在は世界で年間約1億トン)は依然として増加傾向にある．ポリオレフィンがさまざまな分野で幅広く使用される理由としては，樹脂として軽量かつ安価で，優れた物性と加工性をもつことがあげられるが，それ以上に高性能触媒の発見と関連技術の技術革新によるところが大きい．本章では，さまざまなポリマーの合成に用いられる触媒(重合触媒)の代表例を紹介し，その反応機構を概説することとする．

5・5・1 遷移金属触媒を用いるオレフィンの配位重合

a. エチレンやプロピレンの重合

エチレンは高温かつ非常に高い圧力の条件下であればラジカル重合が進行するものの，得られるポリマーは(ラジカル移動により)枝分かれが多い．一方で，1950年代後半に発見されたTiなどの遷移金属触媒(チーグラー・ナッタ(Ziegler–Natta)触媒，コラム参照)の存在下では，常圧・室温でも反応が進行し，直鎖状の高密度ポリマーが得られる．触媒の有無により反応条件や得られるポリマーが明らかに異なる典型例である(図5・17)．これはオレフィンの金属への配位による活性化に起因する．さらに，ポリプロピレンに代表されるように，触媒により立体規則性を有するポリマーの合成も可能で，さらにはエチレンとプロピレンや1-ヘキセンなどのαオレフィンとの共重合による(加工性などに優れる)直鎖状低密度ポリマーの合成も可能である．

オレフィンが金属に配位すると，① 電子の入っているオレフィンのπ軌道から金属の空の軌道への電子供与，② 電子の入っている金属のd軌道からオレフィンのπ^*軌道への逆供与により，オレフィン自身が(結合性のπ電子を失い，また逆供与により反結合性のπ^*軌道に電子が流入するために)，遊離の状態より活性化され，炭素原子間の結合次数が低下し，中心金属の電子状態により求核攻撃や求電子攻撃などの反応が可能となる(図5・18(a))．オレフィンのcis位にアルキル(またはヒドリド)があると，オレフィンの内側(金属上)で，アルキルがオレフィンを攻撃し，結果として挿入反応がcis付加で進行する(図5・18(b))．さらに空のサイト(空の配位座)へのオレ

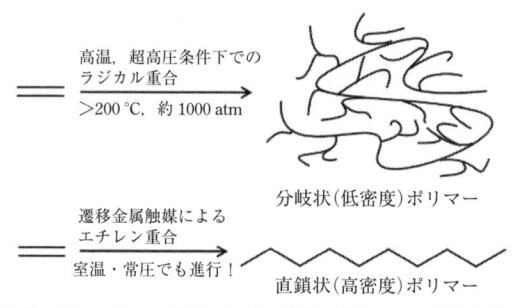

```
═══  高温, 超高圧条件下での
     ラジカル重合
     >200 ℃, 約 1000 atm  →    分岐状(低密度)ポリマー

═══  遷移金属触媒による
     エチレン重合
     室温・常圧でも進行！  →    直鎖状(高密度)ポリマー
```

図 5・17 エチレン重合における触媒の有無による反応条件や生成ポリマーの違い

コラム

チーグラー・ナッタ触媒の発見とポリオレフィン製造プロセス

ドイツのマックスプランク研究所の Ziegler は，トリエチルアルミニウム($AlEt_3$)触媒によるエチレンとの反応の研究中，二量化により 1-ブテンが生成することを見出した(1953 年)．これは Ni–Cr 鋼で製造した反応容器(オートクレーブ)中に(硝酸でたまたま容器内を洗浄したために)微量のニッケルが偶然混入したためであった．Ziegler は，この発見を見逃さずに，種々の遷移金属とアルキルアルミニウムの組合せを検討し，四塩化チタン($TiCl_4$)と $AlEt_3$ からなる触媒を用いると，エチレンが常圧でかつ室温でもポリマーの合成が可能となることを見出した．当時のポリエチレンは英国の ICI 社からすでにラジカル重合により工業化されていたが，超高圧条件が必要であり，したがって数気圧程度で直鎖状の高密度ポリマーが製造できる触媒は実に画期的であった．またミラノ工科大学の Natta は，三塩化チタン($TiCl_3$)とクロロ(ジエチル)アルミニウム(Et_2AlCl)からなる触媒を用いると，プロピレンの立体特異性重合(isospecific polymerization)により結晶性のイソタクチックポリマー(isotactic polymer)を合成できることを見出した(1954 年)．現在この種の触媒系はチーグラー・ナッタ(Ziegler–Natta)触媒とよばれている．

(つづく)

> **コラム(つづき)**
>
> 初期の触媒は活性が低く,これは触媒中の全 Ti 種の約 0.1% しか重合に関与していないことがおもな原因と考えられた.そのため,Ti 化合物を適当な担体に担持することで活性点濃度を高める検討が精力的に行われた.さまざまな試みの結果,三井石油化学(現 三井化学)の柏らは,エチレン重合に初期触媒の 100 倍以上の高活性を示す $MgCl_2$ 担持型 $TiCl_4$ 触媒の開発に成功し(1968 年),大量生産可能な製造プロセスを実現した.イタリアの Montecatini 社でも同様の触媒が(少し遅れて)見出されている.現在でも主流の製造プロセスとして,世界中で用いられている.この種の触媒はプロピレン重合に高活性を示すものの,立体特異性は従来触媒よりきわめて低かったが,(内部・外部ドナーとよばれる)有機酸エステルやアルコキシシラン化合物などの添加により"高立体特異性活性点を選択的につくり出す"ことで活性や立体規則性の飛躍的向上を達成している.この触媒により,触媒残差や立体規則性の低いポリマーの除去工程を省略しても,高い立体規則性ポリマー(ポリプロピレン)が製造可能となった.現在では,気相重合法による製造プロセスの簡略化も達成されている.
>
> **表 1** 典型的なオレフィン重合(チーグラー・ナッタ)触媒
>
> | 代表的な触媒 | 活性[1] | I.I.[2] |
> |---|---|---|
> | $TiCl_4$–$AlEt_3$(Al^iBu_3, Et_2AlCl),エチレン重合 | | |
> | $TiCl_3$–Et_2AlCl($AlEt_3$),プロピレン重合(第 1 世代) | 約 4 | 90 |
> | $TiCl_4/MgCl_2$,エチレン重合 | >400 | |
> | $TiCl_4/MgCl_2/PhCO_2Rt$,プロピレン重合(第 2 世代) | 1000 | 92〜94 |
> | $TiCl_4/MgCl_2$/フタル酸ジエステル/アルコキシシラン,プロピレン重合(第 3 世代) | 1000〜3000 | >98 |
> | $TiCl_4/MgCl_2$/1,3-ジエーテル/アルコキシシラン,プロピレン重合(第 4 世代) | 00〜5000 | >98 |
>
> 1) kg-ポリマー/mol-Ti・h・atm., 2) isotactic index, 沸騰ヘプタン抽出法による分析結果(立体規則性の指標)

フィンの配位とつづく挿入反応を繰り返すことでポリマー鎖が成長する(図 5・19).オレフィン重合の基本メカニズムである.

遷移金属化合物と有機 Al 化合物からなる不均一系触媒であるチーグラー・ナッタ触媒では,反応性の異なる触媒活性種が混在するために,工業的には広く用いられて

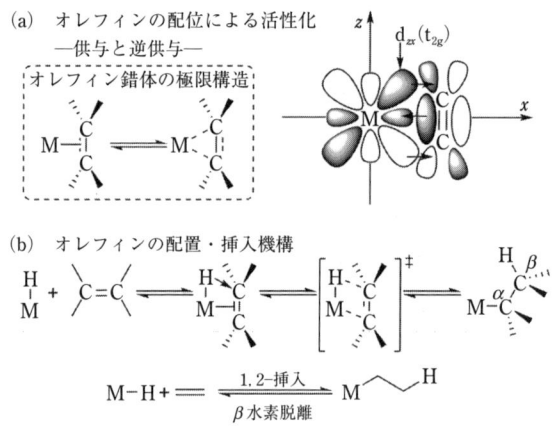

図 5・18 オレフィンの配位・挿入反応の基礎配位によるオレフィンの活性化とつづく挿入反応（*cis* 付加）

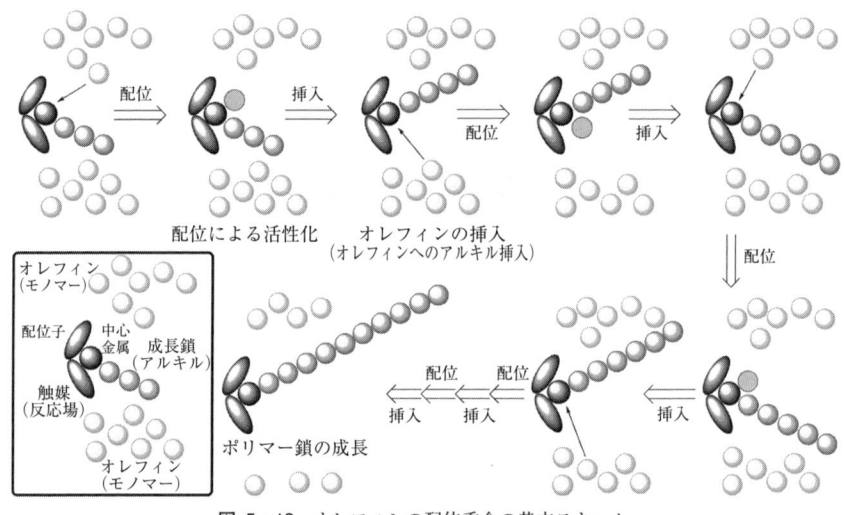

図 5・19 オレフィンの配位重合の基本スキーム

いるものの，得られるポリマーの分子量や共重合による組成の制御は困難であった．一方で，ドイツの Kaminsky らはシクロペンタジエニル配位子を分子内に二つ有する錯体（メタロセン）[*7]がメチルアルミノキサン（MAO）の存在下，エチレン重合にチー

＊7 **メタロセン触媒**：シクロペンタジエニル（Cp）配位子を二つ有する錯体の総称．たとえば，Cp_2Fe はフェロセン，Cp_2Ni はニッケロセン，Cp_2ZrCl_2 はジルコノセンジクロリドとよぶ．Cp 配位子を一つ有する錯体をハーフメタロセンとよぶ．

5・5 高分子合成反応の触媒化学

GPC(ゲル浸透クロマトグラフィー: gel permeation chromatography)による
生成ポリマーの分子量の分布

チーグラー・ナッタ触媒
(マルチサイト触媒)
$M_w/M_n > 2 (5–20)$

シングルサイト触媒
$M_w/M_n = 2$

高 ← 分子量 → 低   高 ← 分子量 → 低

M_w = 重量平均分子量, M_n = 数平均分子量

チーグラー・ナッタ触媒
 TiCl$_4$/AlR$_3$
 TiCl$_3$/AlR$_3$, Et$_2$AlCl
 TiCl$_4$/MgCl$_2$
 TiCl$_4$/MgCl$_2$/ドナー

メタロセン

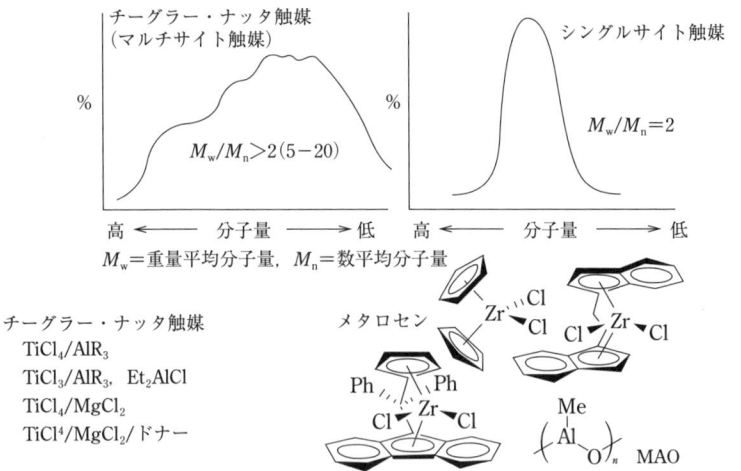

図 5・20 チーグラー・ナッタ触媒とメタロセン触媒(マルチサイト触媒とシングルサイト触媒)
重合は連鎖移動反応(後述)を伴って進行するので,分子量分布は2に近づく.

グラー・ナッタ触媒よりも(約10倍も)高い触媒活性を示し,分子量の揃ったポリマーを与えることを見出した(1980年).この種の触媒では重合系内の触媒活性種が均質であるために,上述のチーグラー・ナッタ触媒(マルチサイト触媒)に対して,シングルサイト触媒とよばれる(図5・20).

メタロセン触媒は,単一構造の触媒活性種が重合反応に関与することから,関連錯体やその反応性に関する検討を通じて,触媒活性種や配位子効果,反応機構に関する理解が飛躍的に進展した.触媒活性種は4価のアルキルカチオン種で,MAO はアルキル化とアルキル引抜きによるカチオン種の生成に関与し,しかも MAO の代わりにホウ素化合物を用いても触媒反応が進行する(図5・21(b)).図5・19にも示したように,アルキルカチオン種へのオレフィンの配位とつづく挿入反応が繰り返すことでポリマー鎖が成長し,β水素脱離反応[*8]や使用する Al 上へのアルキル移動によりポ

[*8] β水素脱離: 遷移金属-アルキル結合の β 位の水素が金属上に移動する反応で,空間的に近接した水素原子が中心金属との(C–H 結合の切断を伴わずに金属と結合する)アゴスティック相互作用が関与することが明らかで,一般的に前周期遷移金属よりも中心金属に d 電子が過剰にある後周期遷移金属錯体に起こりやすい.金属–水素結合へのオレフィン挿入と β 水素脱離反応は多くの場合,可逆的に起こることが多い.

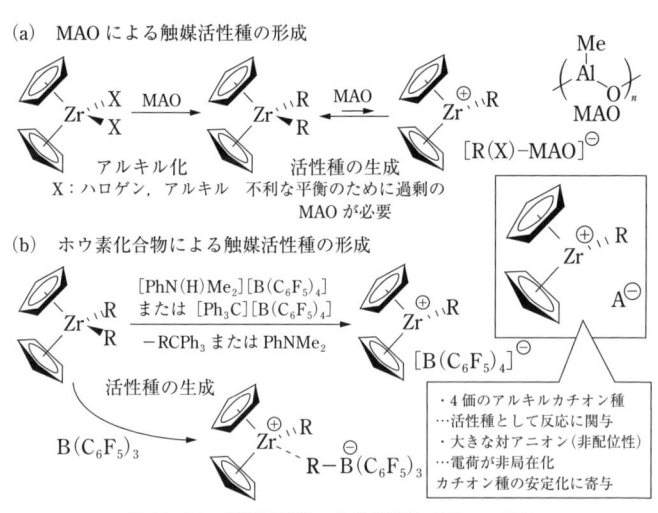

(a) MAOによる触媒活性種の形成

図 5・21 触媒活性種の生成機構とMAOの役割

リマー鎖が金属上から解離する(連鎖移動反応)と,再び出発の活性種が生成する(図5・22).連鎖移動反応を伴わなければ,反応は開始と成長反応のみとなり,反応の進行に伴って生成ポリマーの分子量(重合度)が増加するリビング重合挙動をとる(図5・22).

メタロセン触媒は単一の触媒活性種で反応が進行する分子触媒で,中心金属や配位子を工夫することで,エチレンと長鎖 α オレフィンとの効率的な共重合のみならず,(上述のチーグラー・ナッタ触媒では不可能な,)スチレンや環状オレフィンなどとの共重合が可能となる.とくにこの種のエチレン共重合では,シクロペンタジエニル配位子が一つ配位したハーフメタロセン型のTi触媒が有効である.さらなる研究の結果,シクロペンタジエニル配位子のない錯体触媒やFe, Co, Ni, Pdなどを中心金属とする錯体触媒でもオレフィン重合に高性能を示すことが明らかになった(図5・23).これらは,メタロセン触媒と差別化する目的で,非メタロセン触媒とよばれている.

プロピレンの立体特異性重合 イソタクチックポリプロピレンは不均一系のチーグラー・ナッタ触媒(有機酸エステルやアルコキシシラン化合物などを添加した $MgCl_2$ 担持型 $TiCl_4$ 触媒)を用いるプロセスで広く工業化されており,高活性のみならず得られるポリマーの立体規則性も均一系より優れることから,すでに成熟期にある.プロピレンが1,2-挿入で進行することから,プロピレンが Re または Si 面(プロキラ

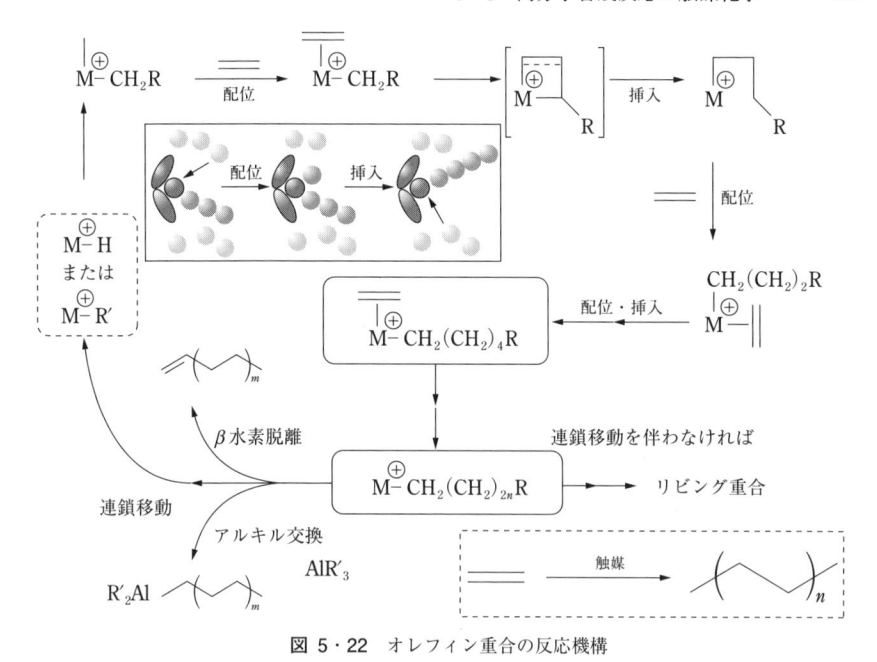

図 5・22 オレフィン重合の反応機構

ル面)の一方のみで金属に配位し，つづくアルキル挿入が起これば立体特異性が発現する(図 5・24)．固体触媒では，活性種近傍に位置する Cl 原子との立体反発により成長鎖の β 炭素の位置が決まり，プロピレンはメチル基と β 炭素との立体反発が最小になるように配位することで進行すると考えられている．活性 Ti 種は C_2 対称であるために，挿入後の空の配位座も同様の環境にあり，したがって配位と挿入を繰り返すことで，立体規則性ポリマーが得られる．

架橋型のメタロセン錯体，とくにケイ素架橋したビス(インデニル)配位 Zr 錯体触媒を用いるプロピレンの立体特異性重合では，配位子上の置換基の修飾により，高い立体規則性ポリマーが得られる．これは C_2 対称性有する錯体触媒へのオレフィンの配位方向を，配位子により緻密に制御した結果である(図 5・25 上)．また，[Me$_2$C(fluorenyl)Cp]ZrCl$_2$ 錯体では Cp 配位子上の置換基により得られるポリマーの立体規則性を大きく変換できる(図 5・25 中)．これもオレフィンの配位方向や配位空間を緻密に制御した結果である．

b. スチレンの重合：シンジオタクチックポリスチレンの合成

ラジカル重合で合成されるポリスチレンは，立体規則性の低い非晶性のアタクチックポリマーで，食品トレーや家電製品の外枠などに使用されている．一方でハーフメ

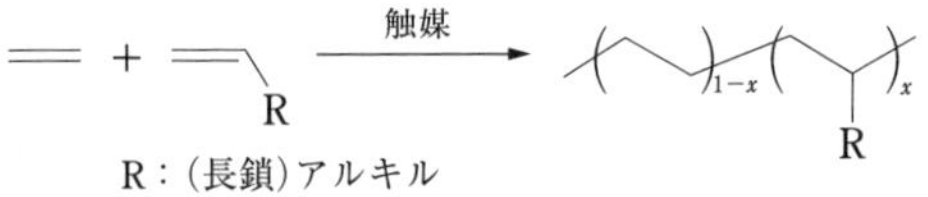

R：（長鎖）アルキル

直鎖状低密度ポリエチレン（linear low density polyethylene：LLDPE）フィルム，包装用，食品容器など

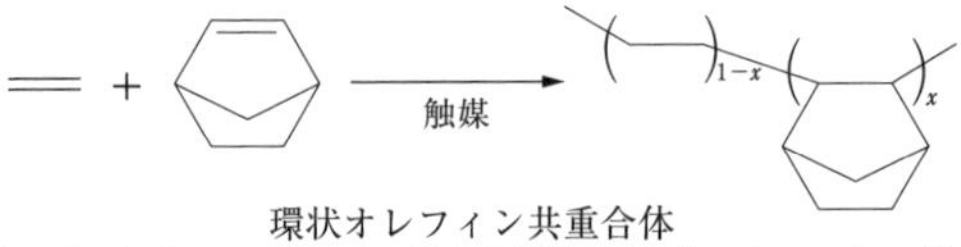

環状オレフィン共重合体
（cyclic olefin copolymer：COC）光学レンズ・フィルムなど

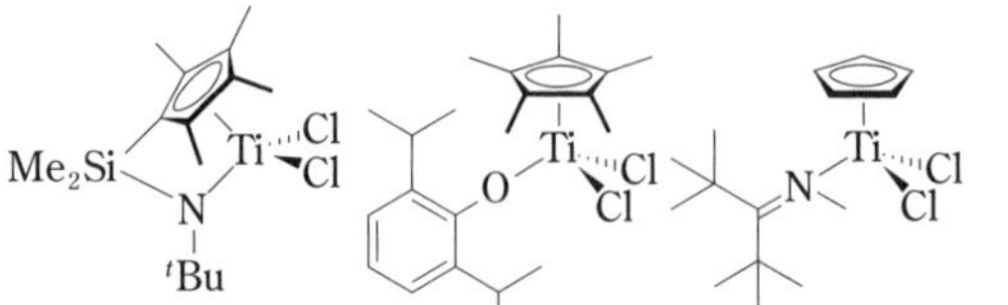

幾何拘束触媒（CGC）

ハーフメタロセン型 Ti 錯体触媒（例）

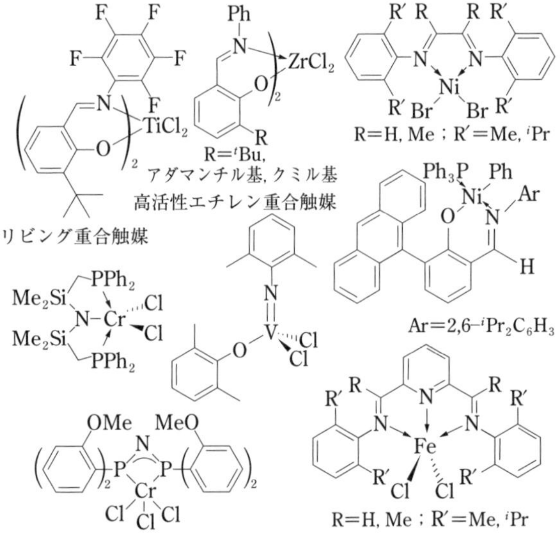

高活性エチレン重合触媒

リビング重合触媒

非メタロセン型の錯体触媒（例）

図 5・23　高性能分子触媒の例とエチレン系共重合体の合成

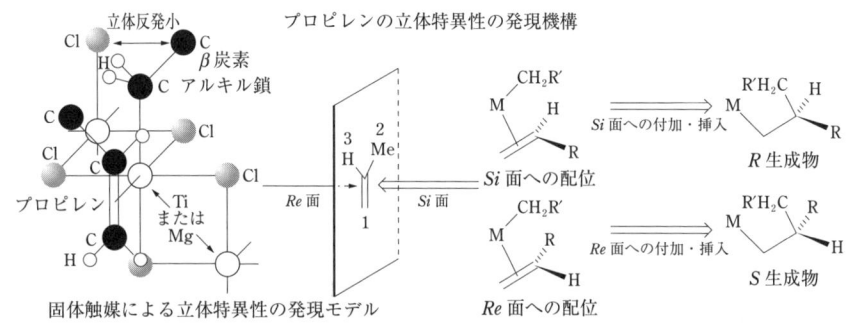

5・5 高分子合成反応の触媒化学　　*161*

図 5・24 プロピレンの立体特異性の発現機構と固体触媒における活性種モデル

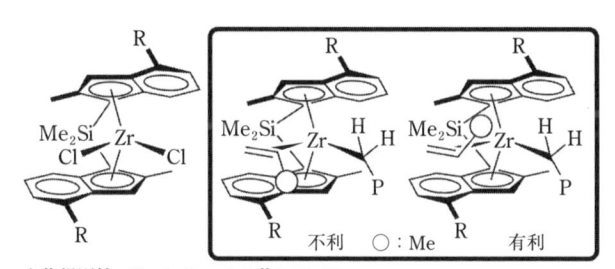

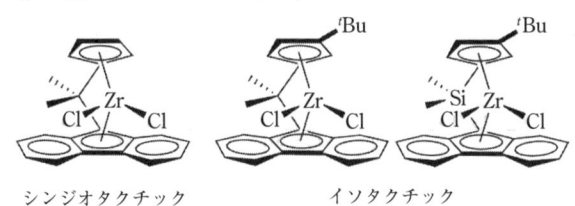

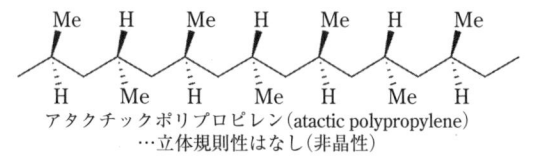

図 5・25 プロピレンの立体特異性重合に有効なメタロセン触媒(例)と発現機構

アタクチック（atactic），非晶性，T_g 100 ℃

イソタクチック（isotactic），結晶性，
T_g 100 ℃，T_m 240 ℃，結晶化遅い

シンジオタクチック（syndiotactic），結晶性，
T_g 100 ℃，T_m 270 ℃，素早く結晶化

シンジオタクチックポリスチレン

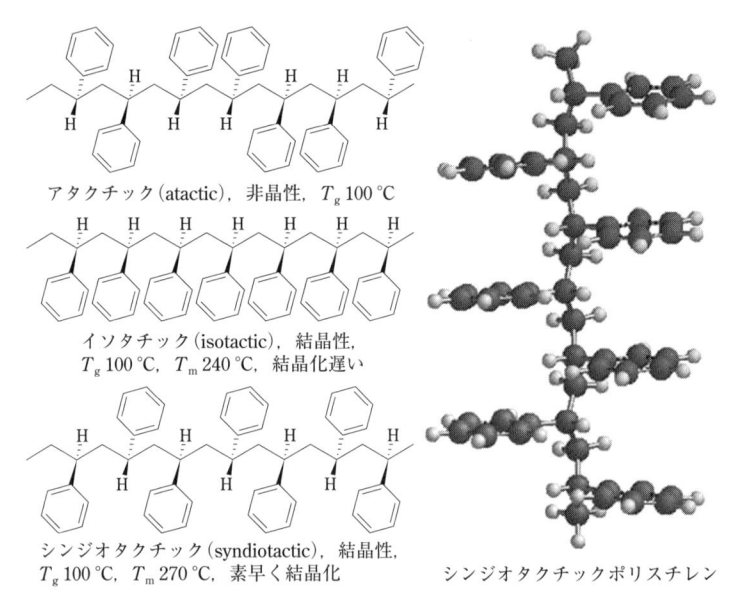

図 5・26　ポリスチレンにみられる立体規則性と得られるポリマーの性質

タロセン型の Ti 錯体（ハーフチタノセン）触媒[$CpTi(OMe)_3$ など]を用いる配位重合では，高い立体規則性を有する結晶性のシンジオタクチックポリマーを与える（図5・26）．このポリマーは従来のチーグラー・ナッタ触媒では合成不可能で，耐熱性や耐薬品性に優れることから，現在，出光興産で工業化に至っている．立体特異性の発現機構は基本的にプロピレンの重合と同様であるが，触媒活性種はエチレンやプロピレンの重合でみられる4価アルキルカチオン錯体ではなく，3価のカチオンまたは中性錯体であると提唱されている．また，図5・23に示すハーフメタロセン型の Ti 錯体触媒を用いると，チーグラー・ナッタ触媒や通常のメタロセン触媒では不可能，困難な，エチレンとスチレンとの共重合が進行する．この共重合では4価のアルキルカチオン種が触媒反応に関与している．

5・5・2　遷移金属触媒を用いるオレフィンのメタセシス重合

　遷移金属触媒を用いるオレフィンメタセシス反応は，近年の精密合成化学における有用な手法で，金属-カルベン錯体とオレフィンとの反応で形成するメタラサイクルが反応中間体として重要な役割を果たす．2005年のノーベル化学賞が，"有機合成におけるメタセシス法の開発"の業績により，Chauvin，Grubbs，Schrock の3氏に授

与されたことも記憶に新しい．この反応には Mo や Ru 錯体触媒がおもに使用され，ポリマー合成には，環状オレフィンの開環メタセシス重合（ring-opening metathesis polymerization：ROMP）やジエンのメタセシス重合（acyclic diene metathesis polymerization：ADMET）が知られている（図 5・27）．

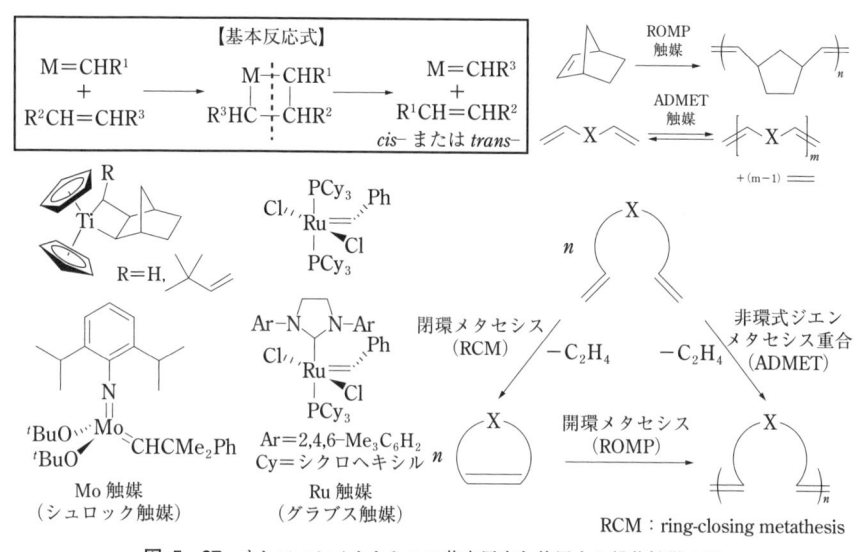

図 5・27 オレフィンメタセシスの基本反応と使用する錯体触媒の例

環状オレフィンの開環メタセシス重合は，適切な触媒を用いると，"金属-カルベン"錯体が環状オレフィンのみと反応し，（停止や連鎖移動を伴わないので，）リビング挙動をとることから，分子量が厳密に揃った単独重合体や分子量・組成の揃った各種ブロック共重合体の精密合成が可能となる（図 5・27）．とくに Mo 触媒では使用錯体のほぼ 100% が開始剤として環状オレフィン（モノマー）と反応し，モノマーと触媒とのモル比に対応した鎖長のポリマーを与える．一方で，Ru 触媒では，反応は配位子の解離を伴うので，触媒効率は必ずしも 100% でなく，重合挙動は使用する基質や配位子の影響を強く受ける．

生長反応（重合）の停止は，Mo 触媒ではカルベン配位子とアルデヒドとの反応によりオキソ錯体を生成させることで，Ru 触媒ではビニルエーテルとのクロスメタセシス反応により電子吸引基を有するカルベン種（フィッシャー型カルベン錯体）を生成させることで，ポリマー鎖が中心金属から解離される（図 5・28）．リビング重合を阻害する主要因としては，内部オレフィンとのクロスメタセシス反応，カルベン種同士の

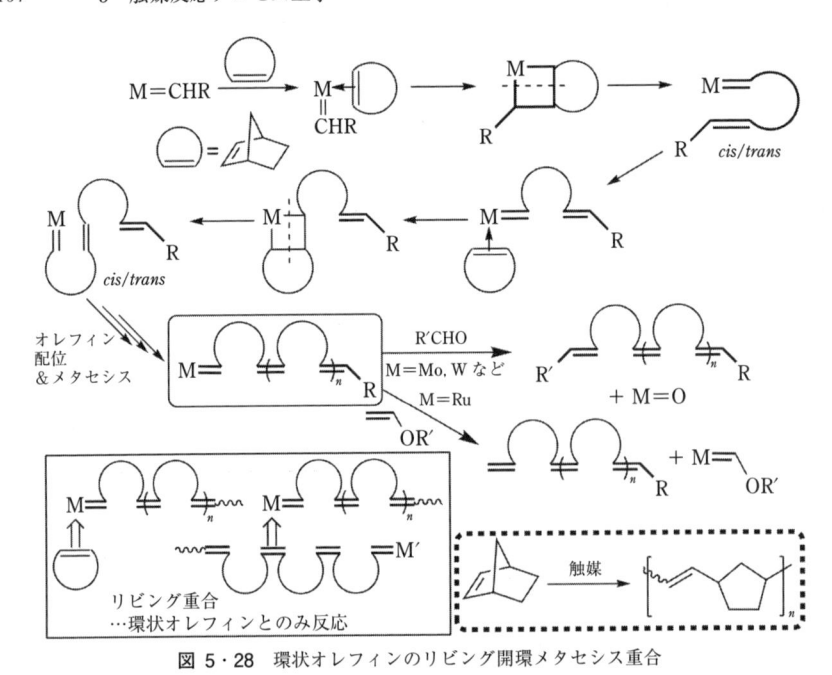

図 5・28 環状オレフィンのリビング開環メタセシス重合

カップリング反応や配位子交換反応による失活種あるいは別の活性種(生長種)の生成，水分や酸素との反応による触媒の失活が考えられる．

Mo などの前周期遷移金属触媒を用いる際はアルコールやカルボン酸，アミンなどを適切な保護基により予め保護しておく必要がある．一方，Ru 触媒ではこの点はある程度鈍感になり，オレフィンとの反応性が高ければ保護の必要はなく，水溶媒中でもリビング重合が進行する場合もある．したがって多くの研究者にとって取扱いが容易で，合成反応に広く用いられている．

5・5・3 遷移金属触媒を用いるアセチレンの重合

アセチレンの重合触媒として，無置換アセチレンの重合には $Ti(O^nBu)_4$-$AlEt_3$ 触媒，一置換アセチレンの重合には Mo や W 触媒($MoCl_5$ や WCl_6 に $^nBu_4Sn$ や Ph_4Sn，さらにアルコールを添加した触媒系)，二置換アセチレンの重合では Nb や Ta 触媒($NbCl_5$，$TaCl_5$-$^nBu_4Sn$，Et_3SiH)がおもに用いられる．Ti 触媒による重合は配位・挿入機構で進行し，後者の触媒を用いる重合はメタセシス機構で進行することが知られている．図 5・29 に示すシュロック型の Mo 錯体触媒は，一置換アセチレンのリビ

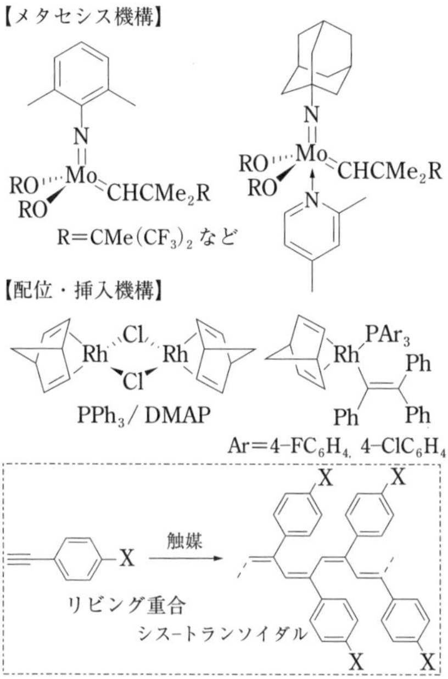

【メタセシス機構】

【配位・挿入機構】

図 5・29 典型的なアセチレンの重合錯体触媒

ングメタセシス重合を進行させる代表的な錯体触媒として知られている．

Rh 化合物は，アミン存在下で，有機金属化合物などがなくとも，置換フェニルアセチレンの重合に高い触媒活性を示す．とくにアミンと PPh_3 との組合せで容易に触媒活性種を発生でき，一部の Rh 触媒では重合が水中でも進行可能であることから，使用できる官能基の種類も豊富で，広く使用されている．この重合は挿入機構で進行し，一般的にリビング挙動を示し，しかも高立体規則性のポリマーが得られる．

5・6 触媒化学無機合成

5・6・1 アンモニアの合成

アンモニアはそれ自身が広い用途をもっているだけでなく，その誘導体である硝酸や尿素を製造するうえでも重要である．以前よりアンモニアの大半は硫安（硫酸アンモニウム，$(NH_4)_2SO_4$）などの窒素肥料に用いられた．一方で，高分子化学工業でのアンモニア利用も増加している．

アンモニアの製造過程は原料ガスとなる N_2 と H_2 の混合ガスの製造およびアンモニ

ア合成からなる．

a. 原料ガスの製造

アンモニア合成用原料ガスは $N_2:H_2=1:3$（モル比）の混合ガスである．原料ガスの製造コストはアンモニア製造コスト全体の 50～70％ を占め，そのほとんどは H_2 の製造コストである．そのため，H_2 を経済的に製造することが重要となる．

（i）H_2 製造　以前は H_2 製造法として水電解法，石炭やコークスなどの固体原料からの製造法が採用されていた．しかし，流体原料が扱いやすいことから，現在ではナフサ，天然ガス，LPG などから H_2 を製造する方法が主流である．流体原料を使用する場合，水蒸気改質法と部分酸化法により H_2 を生成する．

ポイント　アンモニア合成に使用する水素は炭化水素の水蒸気改質，部分酸化から製造する

(1) 水蒸気改質法：メタンからナフサまでの軽質留分の炭化水素に適応される．実際は改質する前に，これらの炭化水素に対して脱硫操作を行う．ナフサには 200～1200 ppm の硫黄成分が含まれる．硫黄成分は改質やアンモニア合成触媒の深刻な毒となるため，その濃度を 0.1 ppm 程度まで低下させる必要がある．まず，約 400 ℃ で Co-Mo 系触媒を用いて，気相水素添加脱硫を行い，硫黄成分を硫化水素に転換する．硫化水素除去後の硫黄成分の濃度は 3～5 ppm となる．その後，Co-Mo 系触媒と ZnO 系触媒の組合せによる吸着脱硫が行われ，硫黄成分が 0.1 ppm 程度まで低下する．

脱硫後の炭化水素に水蒸気を混合し，触媒存在下，700～800 ℃，30 atm において水蒸気改質反応を行い，H_2 を得る．

$$C_nH_m + nH_2O \longrightarrow nCO + \left(n+\frac{m}{2}\right)H_2 \qquad (5\cdot15)$$

触媒としては，Ni 系触媒（NiO を 20～35％ 含有）を使用する．NiO を α-酸化アルミニウムまたは酸化マグネシウム-酸化アルミニウムスピネルなどの担体に固定化したものであり，改質条件下で NiO が金属 Ni へ還元され，触媒活性が発現する．これらの Ni 系触媒上での反応は硫黄，ハロゲン，ヒ素化合物により阻害される．

水蒸気改質反応から得られたガス中には CH_4 が 7～9％ 含まれるので，これを空気により酸化し，残留 CH_4 濃度を 0.2～0.5％ とする．

$$CH_4 + \frac{1}{2}O_2 \longrightarrow CO + 2H_2 \qquad (5\cdot16)$$

この反応は Ni 系触媒存在下，900～1000 ℃，30 atm で行われる．このとき，空気中の O_2 は消費され，N_2 は生成した H_2 に導入される．そのため，これらの反応をうまく組み合わせることで，アンモニア合成用の原料ガスを調製することができる．

(2) **部分酸化法**: 炭化水素を不完全燃焼させ，COとH₂を生成する反応を利用し，メタンから重質留分，重油，コールタールなど幅広い原料に採用される．

$$C_nH_m + \frac{n}{2}O_2 \longrightarrow nCO + \frac{m}{2}H_2 \tag{5・17}$$

この反応は触媒を必要とせず，純酸素供給下，1000〜1500 ℃，30 atm で行われる．

このようにして得られたガス中にはH₂のほかに多量のCOを含んでいる．COはアンモニア合成時に触媒毒となるため，除去しなければならない．COは水蒸気と混合し，触媒存在下で反応させることでCO_2へ転化する．

$$CO + H_2O \longrightarrow H_2 + CO_2 \tag{5・18}$$

この反応は発熱反応であるため，低温ほど平衡定数は大きくなり，CO転化率は上昇するが，触媒の役割が重要となる．Fe_2O_3–Cr_2O_3系触媒は400〜420 ℃付近で使用され，残留COを2〜3% 程度まで低減させる．さらに200〜250 ℃においてCu/ZnO_2系触媒により0.2〜0.3% まで減らすことができる．

得られたガス中には大量のCO_2と微量のCOを含んでおり，これらを除去する必要がある．大量のCO_2を除去するために，As_2O_3とグリシンを含む炭酸カリウム溶液にCO_2を65〜75 ℃で吸収させ，115 ℃で再生する方法がとられる．また微量COやCO_2はNi系触媒存在下，300〜400 ℃においてH₂でメタン化して除去する方法が採用されている．

$$CO + 3H_2 \longrightarrow CH_4 + H_2O \tag{5・19}$$

$$CO_2 + 4H_2 \longrightarrow CH_4 + 2H_2O \tag{5・20}$$

メタネーションによりCO+CO_2濃度は10 ppm以下となり，アンモニア合成時の深刻な触媒毒とはならない．

[ポイント] 一酸化炭素は水蒸気と反応させ，二酸化炭素に転化する

(ⅱ) **N₂製造** 水蒸気改質法では残留CH_4の燃焼時に空気を導入するため，改めてN₂を添加する必要はない．一方で，部分酸化法の場合，別にN₂を加え，原料ガスを調製する．N₂の製造には，N_2(b.p. −195.8 ℃)とO_2(b.p. −183.0 ℃)の沸点の差を利用して液化空気を精留し，分離する方法がとられる．

b. アンモニアの合成

合成反応は発熱・減容の可逆反応である．

$$N_2 + 3H_2 \longrightarrow 2NH_3 \tag{5・21}$$

したがって，低温・高圧であるほど，平衡時のアンモニア生成量は増加する．図5・30

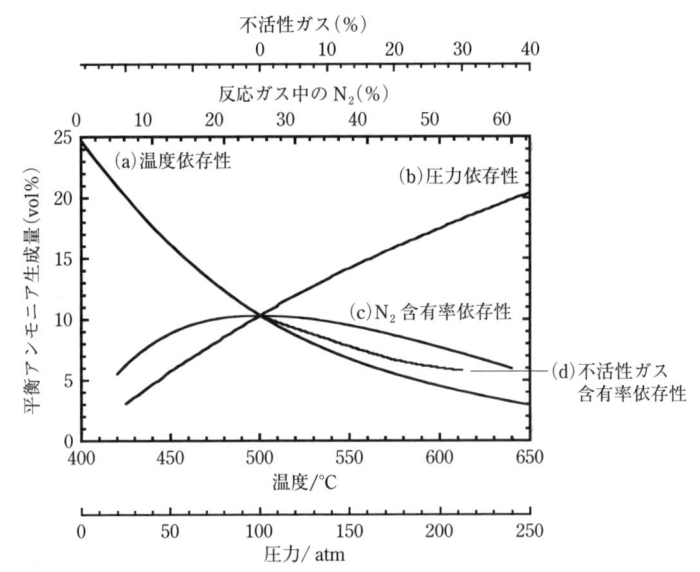

図 5・30 平衡アンモニア生成量と圧力，温度，不活性ガスとの関係
[塩川二郎，"無機工業化学概論", p. 29, 丸善(1992)]

には，平衡アンモニア生成量と圧力，温度，不活性ガスとの関係を示す．曲線(a)は圧力 100 atm において温度を変化させた場合，曲線(b)は温度 500 ℃ において圧力を変化させた場合，曲線(c)は 500 ℃，100 atm において原料ガス中の N_2 の割合($N_2/(N_2+H_2)$)を変化させた場合，曲線(d)は $N_2：H_2＝1：3$ の原料ガス中に不活性ガスを加えた場合である．この結果より，アンモニア生成量は反応温度が低いほど，圧力が高いほど増加し，原料ガス組成は $N_2：H_2＝1：3$ が最適となり，不活性ガスが少ないほどアンモニア生成が進行することが明らかである．しかし，温度を下げると反応速度は低下する．実際には触媒存在下，150〜1000 atm，450〜550 ℃ で反応が行われる．

ポイント アンモニア合成反応は温度が低いほど，圧力が高いほど進行する

アンモニア合成の主触媒には Fe_3O_4 が使用され，Al_2O_3，K_2O，CaO，MgO，SiO_2 などを助触媒としている．触媒は使用前に水素に曝され，Fe_3O_4 は $α$-Fe となるが，助触媒成分は還元されない．Al_2O_3，SiO_2 は触媒調製時にアルミノケイ酸塩を形成し，Fe 粒子の焼結を防ぎ，熱安定性を向上させる．また CaO は硫化物や塩化物のような触媒毒に対する耐性を向上させる．触媒調製では，磁鉄鉱と助触媒との混合物を 1500 ℃ 付近で混融・急冷させたあと，粒子径 3〜25 mm に成型する．このような触媒は S，Cl，P，As，CO，CO_2，O_2，H_2O などによって被毒されるが，十分に原料ガ

スが精製されていれば数年間使用可能である．

5・6・2 硝酸の合成

硝酸の大部分は肥料や工業用原料である硝酸アンモニウムや硝酸ナトリウムの製造に使用される．また有機化学工業において，アクリロニトリル系合成繊維やウレタン，アジピン酸などの製造にも用いられる．

硝酸はアンモニアの接触酸化，酸化窒素の酸化と吸収から合成される．

a. アンモニアの接触酸化

アンモニアを触媒存在下において酸化し，一酸化窒素(NO)を生成する．

$$4\,NH_3 + 5\,O_2 \longrightarrow 4\,NO + 6\,H_2O \tag{5・22}$$

この反応の平衡定数および反応速度定数はきわめて大きいため，反応は速やかに進行する．しかし，反応ガス中の酸素の不足，高すぎる反応温度，触媒との長い接触時間により，アンモニアから窒素が生成する副反応が起こる．

反応は一般的に，常圧下では 800～850 ℃，加圧下では 900 ℃で行われ，10% 程度のアンモニアを含む空気との混合ガスを原料ガスとして供給する．触媒にはおもに Pt が用いられるが，転化率と耐久性向上のために Rh を 5～10% 程度，Pd を 5% 程度添加したものが使用される．このような合金触媒をメッシュ状にし，複数枚重ねたものを触媒層とし，接触時間が 10^{-3} s 程度となるように原料ガス流速を調整している．

[ポイント] アンモニアの接触酸化には，Pt-Rh-Pd 合金が触媒として使用される

b. 酸化窒素の酸化と吸収

生成した NO は酸素共存下で冷却すると，二酸化窒素(NO_2)になる．

$$NO + \frac{1}{2}O_2 \longrightarrow NO_2 \tag{5・23}$$

約 600 ℃から反応が開始し，150 ℃程度で大部分が NO_2 に変化する．さらに温度を下げると，次の反応により四酸化二窒素(N_2O_4)が生成する．

$$2\,NO_2 \longrightarrow N_2O_4 \tag{5・24}$$

生成した NO_2 や N_2O_4 は水に吸収されて硝酸となる．

$$3\,NO_2 + H_2O \longrightarrow 2\,HNO_3 + NO \tag{5・25}$$

$$3\,N_2O_4 + 2\,H_2O \longrightarrow 4\,HNO_3 + 2\,NO \tag{5・26}$$

吸収過程で生成した NO は再び NO_2 や N_2O_4 へ酸化され，水に吸収されるが，NO_2 を完全に吸収することはできない．こうして得られた硝酸の濃度は 68 wt% 程度であり，これを蒸留しても濃硝酸を生成することはできない．濃硝酸を合成するには，脱水剤

を用いて希硝酸を濃縮する方法と，$NO_2(N_2O_4)$とO_2とH_2Oを高圧下で反応させたあと，蒸留する方法がとられる．

5・6・3 硫酸の合成

硫酸は多くの化学プロセスに用いられ，化学産業の主要な化学品の一つである．そのため，生産量や出荷量はその国の化学工業の水準を表すといわれるほど重要である．

硫酸の製造工程では，まず原料ガスとなる二酸化硫黄(SO_2)が製造される．そのあと，硝酸式または接触式による硫酸製造が行われる．かつては硝酸式硫酸製造が主流であったが，高品位の硫酸を製造できる接触式が開発されて以降，減少し，その重要性は失われた．接触式硫酸製造はSO_2から三酸化硫黄(SO_3)への酸化およびSO_3の水(実際には濃硫酸)への吸収反応からなる．その中で，硫酸の製造において反応の平衡と速度の点で問題になる過程は，SO_2からSO_3への酸化である．

> ポイント　硫酸製造では，二酸化硫黄から三酸化硫黄への酸化反応が平衡と速度の点で問題になる過程である

a. SO_2 の製造

原料となる硫黄源は単体硫黄，硫化金属鉱である．単体硫黄として硫黄元素を主成分とする硫黄鉱や原油からの回収硫黄が使用される．これらの硫黄を燃焼，酸化させることにより得られたSO_2ガスは純度が高く，ほとんど精製する必要なく，原料ガスとして使用できる．また Fe，Cu，Zn，Pb などの硫化金属のばい焼により，SO_2ガスが得られる．こうして生成したSO_2ガスは，単体硫黄の場合と異なり，不純物を多く含んでいるため，精製が行われる．そのほかにも，硫化水素の酸化や金属硫酸塩の分解によりSO_2を製造することが可能である．

b. SO_2 から SO_3 への酸化

SO_2からSO_3への反応は発熱反応であり，次の式に基づいて進行する．

$$SO_2 + \frac{1}{2}O_2 \longrightarrow SO_3 \qquad (5・27)$$

8% SO_2，13% O_2 を含むガスの平衡転化率と温度，圧力の関係を図5・31に示す．400°C 程度でSO_2転化率は100%を示す．図5・31から明らかなように，この反応は平衡反応であり，温度および圧力の上昇により転化率は低下する．実際には触媒の最低稼働温度である 420〜450°C で反応を行う．反応は一般に 8% SO_2，13% O_2 を含む原料ガスで開始される．反応により温度が上昇したガスは冷却の過程を経たのち，再び触媒層へ供給される．このような反応・冷却の過程を繰り返した結果，約4段の触

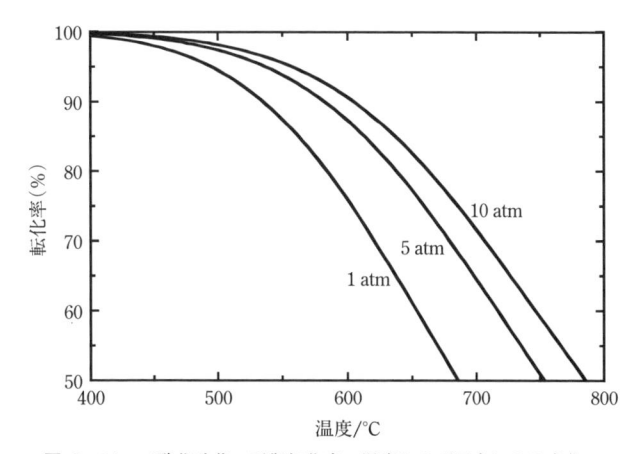

図 5・31 二酸化硫黄の平衡転化率の温度および圧力による変化
($8\% \ SO_2$, $13\% \ O_2$ を含む)
[岡部泰二郎, "無機プロセス化学", p.82, 丸善(1981)]

媒層により SO_2 の転化率が約 98% まで上昇する．この場合，排ガス中の SO_2 ガス濃度は 1500～2500 ppm と高い．そこで，SO_2 の転化率を 90～95% にとどめて，生成した SO_3 を濃硫酸に吸収させたあと，ガスを再び触媒層に通し，SO_2 の最終転化率を 99.5% 以上に上げる手法(二段接触式)が採用されている．排ガス中の SO_2 濃度は 200～500 ppm に抑えることができ，原料ガスの SO_2 濃度を 9～10% にすることができるため，装置を小型化できる．

触媒としては Pt がもっとも高い活性を示し，初期には主として使用された．しかし，高価であること，As などの触媒毒に弱いことなどが問題点となった．V 系触媒は，開発されて以降，Pt 代替触媒として工業的に使用されている．

V 系触媒は V_2O_5 を主触媒，K，Na などのアルカリ金属硫酸塩を助触媒，シリカゲルやケイ酸アルミニウム，けいそう土を担体として構成されている．V_2O_5 の含有量は 5～9% であり，10% 以上にしても触媒活性は向上しない．このような触媒を直径 5～10 mm，長さ 5～10 mm の粒状に成型し使用する．V_2O_5 のみの場合，転化率は 22% 程度であるが，助触媒を添加することで 98% にまで上昇する．また触媒の耐熱性，耐酸性の向上のために Fe_2O_3, Al_2O_3, CaO, MgO などを少量添加する場合もある．触媒毒としては As_2O_3, ハロゲン，酸化鉄，CO, H_2S, 炭化水素などがあげられる．

V_2O_5 上での SO_2 の酸化反応機構は次のように考えられている．

$$V_2O_5 + SO_2 \longrightarrow V_2O_4 + SO_3 \tag{5・28}$$

$$V_2O_4 + 2SO_2 + O_2 \longrightarrow 2VOSO_4 \tag{5・29}$$

$$2\,VOSO_4 \longrightarrow V_2O_5 + SO_3 + SO_2 \qquad (5\cdot30)$$

硫酸バナジルを中間体として V^{5+} と V^{4+} イオン間の酸化還元反応が進行することで SO_3 が生成する.このうち V_2O_4 の生成が律速段階であると考えられている.

> **ポイント** 二酸化硫黄の酸化反応では,バナジウム触媒中の V^{5+} と V^{4+} イオン間の酸化還元が重要である

c. SO_3 からの硫酸の製造

SO_3 を水に接触させた場合,ミストとなるため容易に凝集しない.また,そのまわりはガス状の膜に包まれるため,水に溶解しない.そのため,SO_3 を水と反応させ,直接硫酸を製造することはできない.そこで,SO_3 は濃硫酸に吸収される.得られた酸を発煙硫酸,もしくは希硫酸で希釈して濃硫酸とする.

5・6・4 過酸化水素の合成

過酸化水素の大部分は,パルプの漂白や半導体の洗浄など,工業的に利用されている.また,そのほかの用途として殺菌剤,衣類用漂白剤があげられる.

おもな過酸化水素の合成法はイソプロパノール酸化法,硫酸や硫酸アンモニウムの電気化学的酸化法およびアントラキノン法である.現在,過酸化水素の多くはアントラキノン法により製造されている.

アントラキノン法では以下の酸化還元反応の循環プロセスにより過酸化水素が生成する.

$$\text{アントラヒドロキノン} \underset{+H_2(\text{触媒})}{\overset{+O_2}{\rightleftharpoons}} \text{アントラキノン} + H_2O_2 \qquad (5\cdot31)$$

この工程で使用されるアントラヒドロキノンは置換基 R によって異なり,おもなものとして 2-エチルアントラヒドロキノン,2-アミルアントラヒドロキノンがある.

酸化反応では 30〜80 ℃,5 atm において,アントラヒドロキノンと空気(O_2)を混合することで,アントラキノンと過酸化水素が生成する.得られた混合物から抽出・蒸留の工程を経て,過酸化水素を精製する.一方,アントラキノンは Ni または Pd 触媒存在下,40 ℃,5 atm において H_2 還元することでアントラヒドロキノンに再生される.この過程では容易に副反応も進行し,さまざまな副生成物が生成するため,水素化を 50% 程度にとどめる.

> **ポイント** 過酸化水素はアントラキノン法により製造される

5・6・5 メタノールの合成

メタノールは酢酸やメタクリル酸メチルなどの化学原料,溶剤,燃料の添加剤として利用される.

1923年にメタノールの工業的製造は開始され,石炭由来の合成ガス(CO, H_2)から ZnO/Cr_2O_3 触媒存在下,300〜400 ℃,150〜200 atm において合成された.1960年代以降,硫黄分の少ない天然ガスを出発原料として,$Cu/ZnO/Al_2O_3(Cr_2O_3)$ 系触媒を用いたプロセスでの合成が主流となっている.

天然ガスの主成分である CH_4 の水蒸気改質反応と水性ガスシフト反応により,CO_2 を含む合成ガスが得られる.

$$CH_4 + H_2O \longrightarrow CO + 3H_2 \quad (5・32)$$

$$CO + H_2O \longrightarrow H_2 + CO_2 \quad (5・33)$$

こうして得られた CO および CO_2 の水素化反応によりメタノールは合成される.

$$CO + 2H_2 \longrightarrow CH_3OH \quad (5・34)$$

$$CO_2 + 3H_2 \longrightarrow CH_3OH + H_2O \quad (5・35)$$

これらの反応は発熱反応であり,低温・高圧であるほど平衡転化率は上昇する.

合成ガスからのメタノール合成に活性を示す金属種は Pd および Cu である.Pd 系触媒では担体として Al_2O_3,ZnO,ゼオライト,ランタン系希土類酸化物が使用される.Cu 系触媒としては $Cu/ZnO/Al_2O_3$,$Cu/ZnO/Cr_2O_3$ 触媒が高い活性・安定性を示すことが知られている.また,いくつかの合金触媒も活性を有することがわかっている.

$Cu/ZnO/Al_2O_3$ 触媒を使用することにより,300 ℃,50〜100 atm という比較的低温・低圧において工業的にメタノールを合成することが可能となった.触媒の調製法として,Cu と Zn が原子レベルで混合される共沈法が高活性をもたらす.また 40〜60 wt% の Cu を含有した触媒が広い Cu 表面積を有し,もっとも高いメタノール収率を示す.ZnO 粒子は Cu 粒子のスペーサーの役割を担い,Cu 粒子のシンタリングを抑制し,高い Cu 表面積を維持する.また ZnO は CO_2 からのメタノール合成において,Cu 粒子表面上に Cu–Zn 活性サイトを形成する.さらに,合成ガス中に硫黄成分を微量に含む場合,ZnO が硫黄成分と反応し,ZnS を生成することで,硫黄成分が除去される.Al_2O_3 もスペーサーとして Cu 粒子の高分散化に寄与するとともに,熱的な活性劣化を抑制する.

ポイント メタノールは $Cu/ZnO/Al_2O_3$ 触媒により比較的低温・低圧で合成可能となった

5・7 燃料電池システムでの触媒

現在,種々の燃料電池システムの普及が図られている.燃料電池の主要なものに,H^+ が伝導する PEFC(polymer electrolyte fuel cell,固体高分子形燃料電池)と O^{2-} が伝導する SOFC(solid oxide fuel cell,固体酸化形燃料電池)がある.高温型の SOFC は 800〜1000 ℃ で操作され,発電効率も高く良質の熱が得られ,また,炭化水素系燃料を直接使用することができるので,燃料電池システムとしての触媒を必要とせず,電極触媒の話と重複するのでここでは次節に譲る.一方,低温型の PEFC ではセルの運転温度は 70 ℃ 程度なので,DSS 運用(daily startup and shutdown operations,毎日の起動停止操作)が比較的容易であるが,燃料電池システムに炭化水素系燃料を使用すると,改質のために触媒が必要になる.本節では,PEFC システムでの触媒について記述する.

5・7・1 燃料電池システムと CO_2 の排出削減効果

ポイント 燃料電池システムに CO_2 削減効果があることを理解する

地球環境問題への関心の高まりにつれて,省エネルギーと CO_2 の排出削減が求められている.図 5・32 に示すように,通常の火力発電の発電効率は 39% 程度であるが,

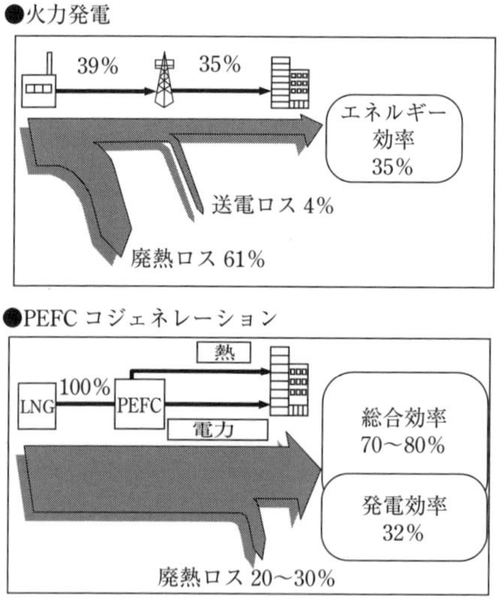

図 5・32 燃料電池の CO_2 削減効果

送電ロスで4%失うので,エネルギー効率は35%程度である.残りの61%は廃熱ロスとして廃棄される.熱と電力を同時に供給するエネルギーシステムとして,コジェネレーションが知られているが,PEFCを用いたコジェネレーションでは,発電効率33%,総合効率が80%となる.NEDO(new energy and industrial technology development organization,新エネルギー・産業技術総合開発機構)での実証試験で,家庭での燃料電池に使用によりCO_2の排出が約30%削減されことが証明されている.

5・7・2 家庭用PEFCの燃料改質プロセス

ポイント 炭化水素を原料とする燃料電池からどのように水素を製造するかを理解する

図5・33に示すような定置用PEFCコジェネレーションシステムでは,原燃料として天然ガス,プロパンガス,灯油などの化石燃料(炭化水素),アルコール類を用いて,水蒸気改質して,水素リッチな改質ガスを製造する.この燃料改質反応の過程でCOが生成する.高濃度COを含む改質ガスをPEFCに供給して運転すると,燃料極(アノード)触媒がCO吸着により被毒されて性能が低下する.基本的な燃料改質プロセスは同じなので,メタンを主成分とする天然ガスを原料にしたときの燃料改質システムを図5・34に示す.燃料改質反応の後段で水性ガスシフト反応とCO選択酸化反応により,燃料改質装置出口のCO濃度を10 ppm以下まで低減してPEFCに水素を供給する.

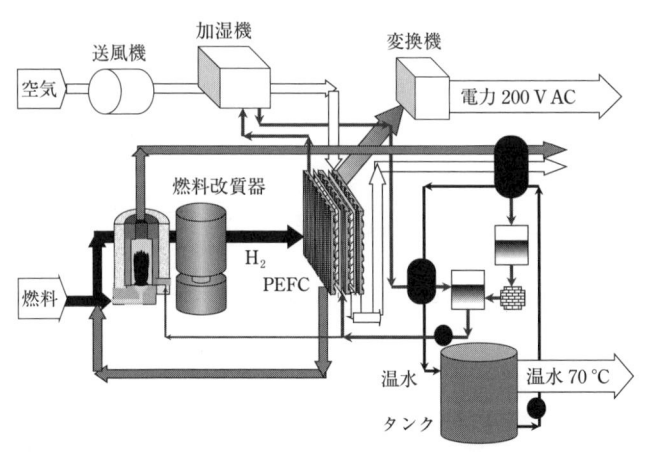

図5・33 PEFCコジェネレーションシステム

5・7・3 脱硫反応（PEFC システム）

ポイント 都市ガスには付臭剤が添加されており除去する必要がある

都市ガス，メタンを主成分とする天然ガスは，においがないので，微量な漏れでもガス漏洩をいち早く発見できるよう，有機硫黄化合物からなる付臭剤を数 ppm 加えている．炭化水素燃料を Ru 触媒や Ni 触媒を用いて水蒸気改質するわけであるが，これらの付臭剤で触媒が被毒される．日本では，DMS(dimethyl sulfide，ジメチルスルフィド：化学式 CH_3SCH_3)，TBM(t-butylmercaptan，t-ブチルメルカプタン（正式名：2-メチル-2-プロパンチオール）：化学式 $C(CH_3)_3SH$)，THT(tetrahydrothiophene，テトラヒドロチオフェン：化学式 C_4H_8S) などが用いられている．とくに，DMS と TBM の組合せがよく，都市ガスに添加されている．

中規模燃料電池の脱硫プロセスでは，水素を加えて，Ni–Mo 触媒あるいは Co–Mo 触媒を用いて，

$$CH_3SCH_3 + 2H_2 \longrightarrow 2CH_4 + H_2S \qquad (5・36)$$

$$C(CH_3)_3SH + H_2 \longrightarrow CH(CH_3)_3 + H_2S \qquad (5・37)$$

さらに，吸着剤の ZnO を加えて

$$H_2S + ZnO \longrightarrow H_2O + ZnS \qquad (5・38)$$

しかし，これらの反応は 300 ℃ 以上で行わなければならず，また，水素ガスも必要であり，式(5・38)の反応で吸着剤 ZnO が消費されるので定期的な交換も必要であり，家庭用の燃料電池での使用は困難である．家庭用 PEFC では，吸着剤で，有機硫黄化合物を室温で除去し，その後，脱離させて吸着剤を再生させる方法が提案されている．吸着剤として，活性炭，MgO，ゼオライトなどがある．そのなかでも，ゼオライトは吸着剤として，もっとも性能を示す．家庭用 PEFC での脱硫は，下記のような，吸着・再生により行う．

$$CH_3SCH_3 + \text{ゼオライト} \xrightarrow{\text{吸着}} CH_3SCH_3 \cdot \text{ゼオライト} \xrightarrow{\text{再生}} CH_3SCH_3 + \text{ゼオライト} \qquad (3・39)$$

$$C(CH_3)_3SH + \text{ゼオライト} \xrightarrow{\text{吸着}} C(CH_3)_3SH \cdot \text{ゼオライト} \xrightarrow{\text{再生}} C(CH_3)_3SH + \text{ゼオライト} \qquad (3・40)$$

5・7・4 水蒸気改質反応(PEFCシステム)

ポイント 家庭用燃料電池では，なぜ，システムにより貴金属を使うのかを理解する

メタンを主成分とする，都市ガスの水蒸気改質反応について述べる．

$$CH_4 + H_2O \longrightarrow CO + 3H_2 \quad \Delta_r H = 206.17 \text{ kJ mol}^{-1} \quad (5 \cdot 41)$$

$$CO + H_2O \longrightarrow CO_2 + H_2 \quad \Delta_r H = -41.17 \text{ kJ mol}^{-1} \quad (5 \cdot 42)$$

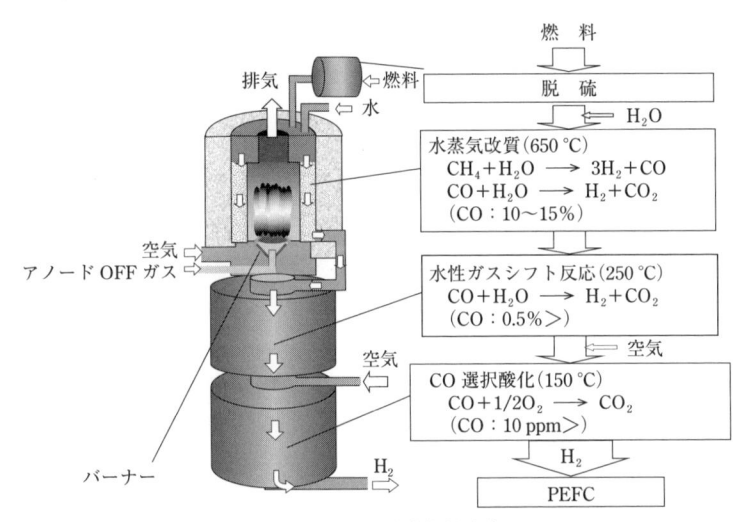

図 5・34 PEFC 用炭化水素燃料改質システム

水蒸気改質反応(式(5・41))は，吸熱反応なので，平衡に有利なように通常 700 ℃ 以上の高温で操作される．また，一般に，水性ガスシフト反応(式(5・42))は，水蒸気改質反応よりも速いので，式(5・42)の反応は平衡に達する．したがって，図 5・34 に示すとおり，CO 濃度は温度に応じて，平衡により規定され，700 ℃ では 10〜15% 程度である．大きい吸熱反応で，さらに水の温度を上げるのにも熱エネルギーが必要なので，図 5・34 のように，アノードの OFF ガスの燃焼により，熱エネルギーを供給する必要がある．平衡論的には $H_2O/CH_4 = 1.5$ でも炭素は析出しないが，速度論的に下記に反応も進行するので，

$$\text{炭素析出反応} \quad CH_4 \longrightarrow C + 2H_2 \quad (5 \cdot 43)$$

水の量を増やして，$H_2O/CH_4 = 2 \sim 3$ 程度のガスを流し，炭素の析出を抑制する．家庭用 PEFC では，DSS 運用を行う．したがって，燃料電池運転停止時には水などを使って，水素ガスをパージする．しかし，水あるいは空気中の酸素により，Ni 触媒の表

面が酸化され不活性になる．

$$2\,\text{Ni(表面)} + \text{O}_2 \longrightarrow 2\,\text{NiO(皮膜)} \qquad (5\cdot 44)$$
　　　活性　　　　　　　　非活性

　中規模 PEFC の場合，水素ガスを用いて還元すれば活性は回復するが，家庭用 PEFC では水素を用いるのは困難で，表面の酸化が起こりにくい金属を使う必要がある．メタンの水蒸気改質に高活性を示す金属として，Ni 触媒と Ru 触媒が知られている．Ni の標準電極電位は，標準水素電極基準で，$-0.257\,\text{V}$ であり負（卑）の値を示し，Ni は卑金属である．一方，Ru の標準電極電位は，$+0.46\,\text{V}$ であり正（貴）の値を示し，Ru は貴金属である．

$$\text{Ni}^{2+} + 2\text{e}^- \longrightarrow \text{Ni} \qquad -0.257\,\text{V} \qquad (5\cdot 45)$$

$$\text{Ru}^{2+} + 2\text{e}^- \longrightarrow \text{Ru} \qquad +0.46\,\text{V} \qquad (5\cdot 46)$$

これらの金属の標準電極電位を比較すると，貴金属 Ru は卑金属 Ni よりも酸化されにくいことがわかる．したがって，家庭用の水蒸気改質触媒には，貴金属 Ru 触媒が用いられる場合も多い．

　地球規模での CO_2 排出削減を考えるとき，エネルギーシステムの効率化でもっとも重要な問題の一つに，そのシステムがいかに普及するかがある．たとえ効率のいいシステムが開発されても，普及しなければ，エネルギー問題への貢献は小さい．システムの広範囲な普及が必要で，そのためには，PEFC のコスト削減が重要になってくる．そこで，貴金属の使用量を低減した水蒸気改質触媒の開発が望まれている．ハイドロタルサイトを前駆体として調製した Ni/Mg(Al)O 触媒は，Ni 触媒が安定に分散し，メタンの水蒸気改質反応に高活性と安定性を示す．しかし，この触媒も DSS 運用中に Ni 表面が酸化され活性を失う．しかし，その欠点を克服する目的で Ni/Mg(Al)O 触媒を微量の Ru で修飾した Ru–Ni/Mg(Al)O 触媒は，下記のように，NiO の還元による自己再生能力があり，新しい水蒸気改質触媒として注目されている．

$$2\,\text{Ni(表面)} + \text{O}_2 \longrightarrow 2\,\text{NiO(皮膜)} \qquad [劣化] \qquad (5\cdot 47)$$

$$\text{CH}_4 + \text{H}_2\text{O} \longrightarrow 3\,\text{H}_2 + \text{CO} \qquad [\text{Ru 触媒}] \qquad (5\cdot 48)$$

$$\text{NiO} + \text{H}_2 \longrightarrow \text{Ni} + \text{H}_2\text{O} \qquad [再生] \qquad (5\cdot 49)$$

5・7・5　水性ガスシフト反応（PEFC システム）

　[ポイント]　水性ガスシフト反応が，速度論と平衡論に支配されることを理解する
CO を除去する水性ガスシフト反応は，下記のように表される．

$$\text{CO} + \text{H}_2\text{O} \longrightarrow \text{CO}_2 + \text{H}_2 \qquad \Delta_r H = -41.17\,\text{kJ mol}^{-1} \qquad (5\cdot 50)$$

この反応は，発熱反応である．したがって平衡論で考えると，反応温度が低いほど，反応は右に進む．しかし，反応速度定数は，アレニウス(Arrhenius)式で，

$$k = A\exp\left(\frac{-\Delta_r E_a}{RT}\right) \qquad (5\cdot51)$$

で表される．したがって，温度が高いほうが，反応速度が速い．中規模 PEFC では，400 ℃ 程度の高温シフト反応で，Fe_3O_4-Cr_2O_3 系触媒を用いて反応速度を稼ぎ，そのあとに，200 ℃ 程度の低温シフト反応で，Cu-ZnO-Al_2O_3 系触媒を用いて平衡濃度に到着させるようにする．

実際の PEFC では，大過剰の水が加えられているので，平衡組成での反応進行度は高い．低温で CO を除去するシフト反応は，平衡的には有利であるが，速度論で考えると反応速度は遅くなり，活性の高い触媒の開発が重要である．

家庭用 PEFC では，システムの簡略化から高温シフトを省略し，1段の低温シフト反応が用いられ，250 ℃ 程度で行われる．PEFC 用に CO 低減の目的から，上記のように低温で高活性な触媒が必要であるが，低温での反応効率を上げるため，触媒量を増やして充填されている．通常，低温シフト反応触媒には Cu-ZnO-Al_2O_3 触媒が用いられる．また同様に，セリア系酸化物(CeO_2，CeO_2-ZrO_2)に Pt を担持した触媒もシフト反応の活性がある．前項と同様に標準電極電位を調べる．

$$Cu^{2+} + 2e^- \longrightarrow Cu \qquad +\ 0.340\ V \qquad (5\cdot52)$$
$$Pt^{2+} + 2e^- \longrightarrow Pt \qquad +\ 1.188\ V \qquad (5\cdot53)$$

どちらも，正の電位をもち貴金属であるが，標準電極電位を比較すると，Pt より Cu が酸化されやすい．DSS 運用により空気と銅の酸化反応が起こると，

$$Cu + \frac{1}{2}O_2 \longrightarrow CuO \qquad \Delta_r H = -156.06\ kJ\ mol^{-1} \qquad (5\cdot54)$$

この反応は大きな発熱反応である．いったん，酸化反応が進むと，反応熱により反応温度が上昇し，上の酸化反応の速度が速くなり，発熱による Cu-ZnO-Al_2O_3 触媒のシンタリングが起こって触媒が劣化する．したがって，家庭用 PEFC では，Cu-ZnO-Al_2O_3 触媒を用いる場合，Cu の酸化が進行しないよう停止条件や装置の設計などに注意を要する．あるいは，Cu-ZnO-Al_2O_3 触媒を用いずにセリア系酸化物担持 Pt 触媒あるいは Pt-Re/TiO_2 触媒など貴金属触媒が用いられることもある．これらの水性ガスシフト反応を行って，1% 以下程度の CO 濃度にする．

5・7・6　PROX(preferential oxidation, CO 選択酸化)

ポイント PROX 反応の選択性の表し方について理解する

最後に 1% 程度の CO を，酸化反応で 10 ppm 以下に取り除くのであるが，H_2, CO の混合ガスに酸素を混ぜて燃焼反応を行うと，

$$CO + \frac{1}{2}O_2 \longrightarrow CO_2 \tag{5・55}$$

$$H_2 + \frac{1}{2}O_2 \longrightarrow H_2O \tag{5・56}$$

の，二つの反応が同時に進行する．燃料電池に用いることを考えると，式(5・55)の反応が選択的に進むことが望ましい．式(5・56)の反応は原料の H_2 を浪費するだけで，燃料電池の効率の低下をもたらす．

$$CO\ 酸化反応の選択率 = \frac{反応の進行度(式(5・56))}{反応の進行度(式(5・55)) + 反応の進行度(式(5・56))}$$

と定義すると，

$$CO\ 酸化反応の選択率 = \frac{[CO]_{in} - [CO]_{out}}{2 \times ([O_2]_{in} - [O_2]_{out})} \times 100\%$$

で表すことができる．もし，O_2 のすべてが反応するならば，CO を完全に除去するには，$[O_2]/[CO] = 1/2$ の O_2 があればいいはずである．しかし，CO 濃度を 1% から 10 ppm 以下にするために，実際の PEFC システムでは，100～200 ℃ で，$[O_2]/[CO] = 1.5$～2.5 と過剰の O_2 が加えられ，Pt/Al_2O_3 触媒や Ru/Al_2O_3 触媒が用いられている．

さらに，選択性や活性の高い触媒の先端的な研究として，ゼオライトの一種であるモルデナイトに Pt と Fe をイオン交換法で担持した Pt-Fe—モルデナイト触媒が，GHSV(gas hourly space velocity，ガス空間速度) 8000 h^{-1} という高流速の条件で，模擬改質ガス(CO, CO_2, H_2O, H_2)を用いて，80～150 ℃ で操作したときに，CO 酸化反応の選択率が 100% となることが報告されている．

このように，PEFC の触媒システムは，CO を含まずに水素を効率よく供給する化学プラントを，家庭用の小さな装置に収めたものである．

5・8　電　極　触　媒

電気化学の原理を利用したエネルギー変換，物質変換，情報変換などの機能をもつ装置を電気化学デバイスと称する．高効率なエネルギー変換が可能な燃料電池，イオ

ン選択性やガス選択性を有する化学センサーが該当し，これらのデバイスにおいて電極は性能や特性を左右する重要な構成要素となっている．電極上で起こる反応の速度は，材料や性状による影響を受けるが，電極自身は反応前後で変化しないことから電極材料を"電極触媒"とみなすことができる．

電極触媒には目的の反応を可逆電位に近い電位，すなわち過電圧による損失を最小限に抑えた状態で，しかも大きな電流密度で進行させる高い触媒活性が要求される．そのほかにも，高い導電性や使用環境における耐食性などが必要とされる．これらの要求を満たす電極触媒は金属だけにとどまらず，合金，金属間化合物，炭素，酸化物，窒化物，炭化物，金属錯体などさまざまな材料が研究されている．これらの電極材料のみで目的とする反応の高性能化を図ることが困難であっても，触媒能や導電性などの各電極機能を担う物質を最適な条件で組み合わせることで解決することができる．このような複合化電極では，物質間の化学的な相互作用による触媒能の改変や新たな機能の付与など，さまざまな応用が期待される．ほかにも電極表面を化学修飾することによって反応速度や選択性を高度に制御することも可能であるなど，作製法を含めた裾野の広い学問領域となっている．また，電極材料の選択だけでなく，電極の微構造も電気化学デバイスの性能に大きく影響する．たとえば燃料電池では，電極(固体)，反応ガス(気体)，電解質(液体または固体)の三相が接する三相界面でのみ電極反応が起こるため，反応ガスが拡散しやすく三相界面を多くもつ多孔性電極が適している．これを実現させるために，高表面積を有する導電性担体上に電極触媒微粒子を高分散担持するなどの工夫が凝らされている．上述した各トピックの詳細は専門書に譲るとして，以下ではおもに，低温作動の燃料電池(固体高分子形燃料電池やリン酸形燃料電池)や水電解装置に関連する水素電極反応と酸素電極反応を例に電極の触媒作用について概説する．

5・8・1 水素電極反応

酸性水溶液中の水素発生反応は，全体としては次のように書ける．

$$2H_3O^+ + 2e^- = H_2 + 2H_2O \quad (5\cdot57)$$

このように反応式の上では単純なようにみえるが，実際にはもっと複雑であり，次のような反応機構が提案されている．

フォルマー(Volmer)反応： $H_3O^+ + M + e^- = MH + H_2O \quad (5\cdot58)$

ヘイロフスキー(Heyrovsky)反応： $H_3O^+ + MH + e^- = M + H_2 + H_2O$

$$(5\cdot59)$$

ターフェル(Tafel)反応： $\quad MH + MH = 2M + H_2 \quad (5\cdot60)$

　Mは電極金属，MHは金属上に吸着した水素原子

　反応は式(5・58)，式(5・59)または式(5・58)，式(5・60)の素反応の組合せで進行するが，電極触媒の種類や実験条件などに左右される．いずれにせよ，吸着水素種MHの形成が最初に起こることから，M–H結合の強さが反応に関与していることが予想される．事実，さまざまな金属種におけるM–H結合の強さと反応速度の指標である水素電極反応の交換電流密度をプロットすると，図5・35に示すような火山型の相関関係が得られることが報告されている．適度なM–H結合強度を有する触媒金属が水素発生に有利であることを示しており，Ptがもっとも適した触媒であることがわかる．また，水素電極反応の交換電流密度と元素周期との関係から，各周期内でも火山型の依存性を示すことが明らかとなっており，電子配置との強い相関が示唆されている(図5・36)．これらの金属電極の特性を利用した実例として，水素発生の逆反応である電気化学的水素酸化反応を利用した燃料電池があげられる．酸性電解質膜を用いる固体高分子形燃料電池やリン酸形燃料電池では，水素酸化に対して高活性であるとともに耐食性が求められるため，貴金属であるPtがおもに用いられる．一方，アルカリ性電解質を使用する環境では，耐食性による制限が緩和されるためNiなどを代替電極触媒として用いることができる．また高温環境下では，電極反応速度が飛躍的に向上することから，貴金属を必要とせず，Niなどを電極触媒に利用することができる．これは600 ℃以上で作動する溶融炭酸塩形燃料電池や固体酸化物形燃料電池で用いられている．

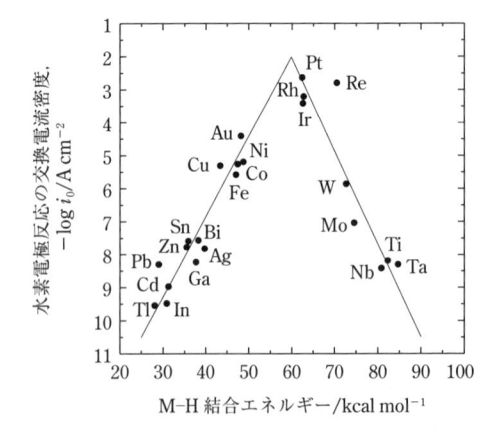

図 5・35　各金属の水素電極反応活性と金属–水素間結合エネルギーの関係
[B. E. Conway and B. V. Tilak, *Electrochim*. Acta, **47**, 3571 (2002)]

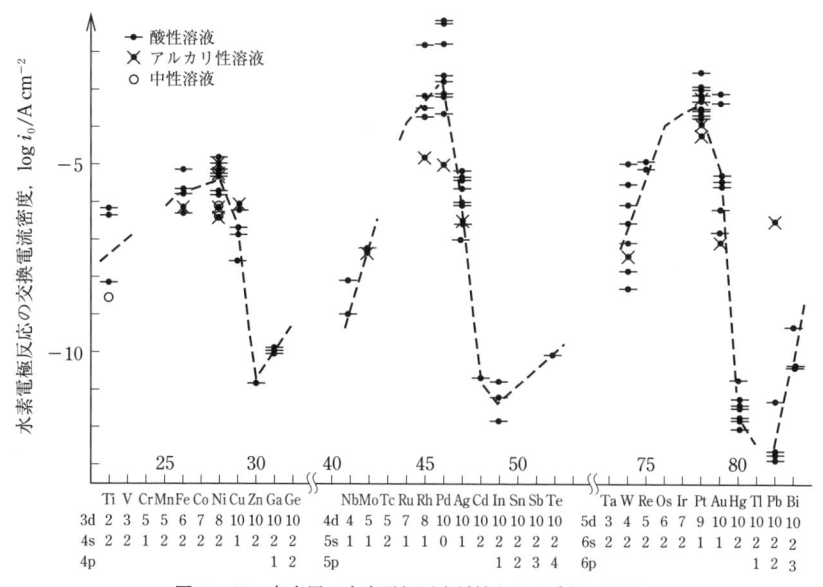

図 5・36 各金属の水素電極反応活性と原子番号の関係
[H. Kita, *J. Electrochem. Soc.*, **113**, 1095 (1966)]

5・8・2 酸素電極反応

本項では，酸素の還元反応における電極触媒作用について述べる．酸素の電気化学的還元反応はアルカリ水溶液中では比較的早く進行し，使用可能な触媒の選択範囲も広い．中でも，Ag が高い触媒活性を示すことが知られている．一方，酸性水溶液中では反応速度が非常に遅いため，電極の触媒活性が重要となるうえに，耐食性や安定性も求められる．酸性溶液中において酸素は 4 電子反応で還元される．

$$O_2 + 4H^+ + 4e^- = 2H_2O \quad (E^{\circ}=1.23\text{ V vs. NHE}) \quad (5・61)$$

また，次に示すような 2 電子還元反応も進行し，過酸化水素が生成する．

$$O_2 + 2H^+ + 2e^- = H_2O_2 \quad (E^{\circ}=0.68\text{ V vs. NHE}) \quad (5・62)$$

$$H_2O_2 + 2H^+ + 2e^- = 2H_2O \quad (E^{\circ}=1.77\text{ V vs. NHE}) \quad (5・63)$$

E° は標準電極電位，NHE は標準水素電極

中間生成物である過酸化水素は酸化力が強く，系中のほかの構成材料に悪影響を及ぼす可能性があるため 4 電子反応機構で進行することが望ましい．酸性環境下でもっとも有望な電極触媒として Pt があげられ，表面積の大きい炭素などに高分散担持して使用される．しかし，有機物やハロゲンなどの吸着種が存在すると性能が低下し，過

酸化水素を生成しやすくなるため，燃料電池のように長期間の運転を想定しているデバイスでは影響が蓄積して性能低下を引き起こす要因となる．また，資源量が少なく高価なため，使用量の削減や代替触媒の開発が急がれている．これまでに炭化物や窒化物，遷移金属錯体などが検討されているが，Ptの活性を凌駕する電極触媒はいまだ開発されていない．以下では，Pt系電極触媒の活性について述べる．

図 5・37 に酸性溶液中，金および白金族金属の酸化物生成熱と酸素過電圧の関係を示す．前述の水素電極反応と同様に火山型の相関を示し，適度な金属-酸素結合強度を有する電極上では円滑に反応が進行することがわかる．このように白金族金属の中ではPtがもっとも高い触媒活性を示したが，Cr，Fe，Co，Niなどの卑金属と合金化することでさらなる高活性化が図られている．これらの合金では，表面近傍の卑金属は溶出するため表面は数原子層のPt相となるが，下地の合金の電子状態の影響を受けてPt単体よりも高い原子価状態にあることが明らかにされている[1]．この結果，酸素の吸着状態が変化することにより触媒活性が向上したと考えられている．また，酸素還元電流と合金中の最近接原子間距離との間に直線関係があることが報告されている(図 5・38)．最近接原子間距離が短いほど酸素還元活性が高く，酸素の原子間結合の切断に有利であると説明されている．Ptの粒子サイズが触媒活性に及ぼす効果についても多くの報告があり，電子構造の変化や活性な結晶面の増減などが影響因子として提案されているが，議論の余地がある．

ここでは水溶液系における反応を中心に述べてきたが，600 ℃以上の高温下では，水素電極反応の場合と同様に貴金属は必要でなく，電子導電性やイオン-電子混合導電性を有するペロブスカイト型酸化物やスピネル型酸化物などが使用できる．

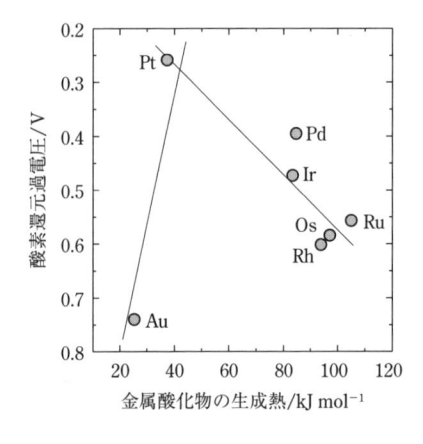

図 5・37 白金族金属の酸素還元過電圧と酸化物生成エネルギーの関係
0.5 M H_2SO_4 中 10^{-5} A cm^{-2} 通電下で評価
[内田裕之ほか 編著，"固体高分子形燃料電池のすべて"，p. 90，エヌ・ティー・エス (2003)]

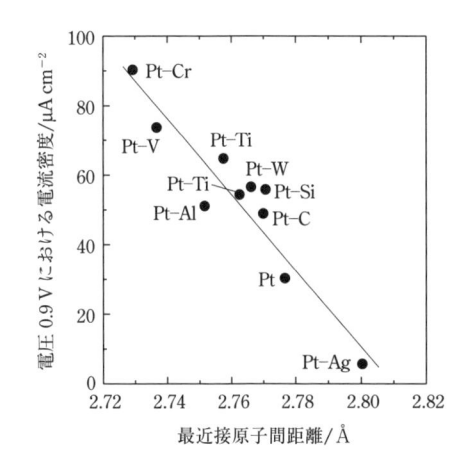

図 5・38 Pt合金電極における酸素還元触媒活性と最近接原子間距離の関係 100% H_3PO_4 中 200°C, 0.9 V (vs. RHE) で評価
[V. Jalan *et al., J. Electrochem. Soc.*, **130**, 2299 (1983)]

5・9 光触媒化学

5・9・1 光触媒・光触媒反応とは

　光照射下で触媒として機能する物質・材料が光触媒である．植物の光合成反応では，葉緑素が光触媒としてはたらいている．半導体，金属錯体，色素なども光触媒として機能する．よく利用される光触媒は半導体であり，なかでも酸化チタン(TiO_2)を光触媒として用いた製品は実用化されている．

　光触媒反応は，触媒反応と光化学反応の両方と密接な関係を示す．通常の触媒反応は，出発系から熱力学的に安定な生成系へと，"熱エネルギー"を駆動力として進行する．これに対し，光触媒反応では，"光エネルギー"を駆動力として化学反応が進む．"光エネルギー"の利用により，ギブズ自由エネルギー変化が負で，自発的に進行する反応(down hill 反応：有機物の酸化分解反応など)に加え(図5・39(a))，ギブズ自由エネルギー変化が正の反応(up hill 反応：水分解，二酸化炭素の還元反応など)を進めることも可能である(図5・39(b))．up hill 反応では，光エネルギーを化学エネルギーに変換し貯蔵することができる．

　また，このような"光エネルギー"を利用した化学反応の前後において，光触媒自身は通常の触媒と同様に，変化することはない．

　一方，光化学反応と光触媒反応は，いずれも"光エネルギー"を駆動力として反応が進行する点は同じである．しかし，前者では，基質自身の光吸収による活性化を経て反応が誘起されるが，後者では，光吸収により活性化された光触媒上での間接的な

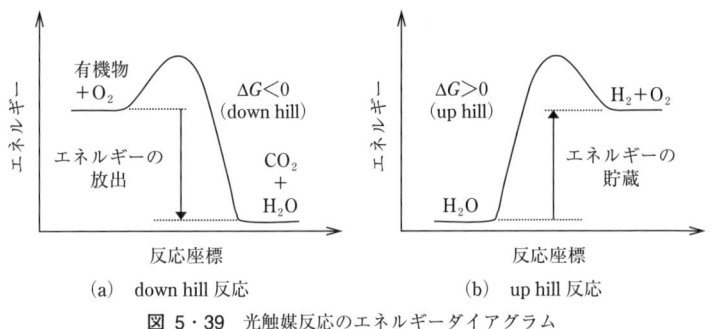

図 5・39 光触媒反応のエネルギーダイアグラム

基質の活性化を通して反応が進行する点が大きく異なる．

5・9・2 活躍する光触媒

これまでに，光触媒としておもに TiO_2 を用いた製品が実用化されている．TiO_2 は，安定性が高く，無害，安価であるとともに，さまざまな反応に対して高い光触媒活性を示す．通常，TiO_2 は白色の粉末であるが，薄膜状に加工するとほぼ無色透明となる．

昨今，TiO_2 光触媒の応用分野は多岐にわたっている（図 5・40）．紫外光を含む光の下で TiO_2 が示す酸化還元反応性を利用すると，水・空気の清浄化，脱臭，抗菌，防汚などを行うことが可能である（図 5・41）．高速道路の遮音壁に塗布すると，自動車より大気中に排出される窒素酸化物（NO_x）を除去できる．われわれの居住空間においても，シックハウス症候群の原因物質である揮発性有機化合物の除去などに効果を発揮する．また，水の分解による水素製造や二酸化炭素の還元反応のようなエネルギー蓄積型反応においてもこの性質を利用している．

TiO_2 が示すもう一つの重要な性質が，**光誘起超親水化特性**である．光照射により

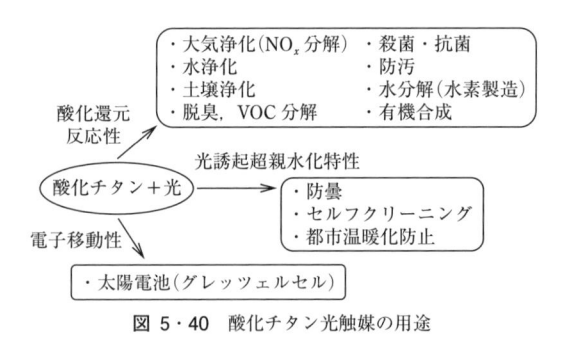

図 5・40 酸化チタン光触媒の用途

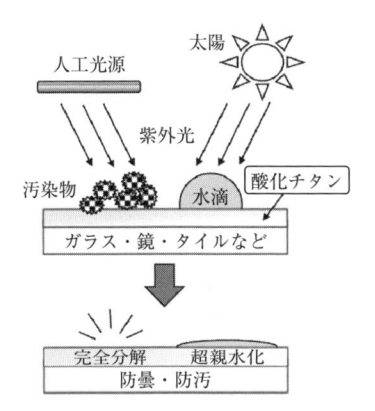

図 5・41 酸化チタン光触媒の機能

TiO_2 薄膜表面は親水化する．親水化した表面上で水滴は濡れ広がり，薄い水膜を形成する（図5・41）．TiO_2 のこの特性を応用し，曇らない鏡や窓ガラスが実用化されている．また，親水化した表面では，油汚れが付着しても水で容易に洗い流すことも可能である．光照射下における有機物分解能と超親水化特性を組み合わせ，セルフクリーニング機能を示す外装建材も開発されている．

TiO_2 光触媒の用途には，環境浄化やエネルギー変換に加え，より快適でクリーンな居住環境の実現など，われわれの身近なところへの広がりがみられる．

5・9・3 光触媒のメカニズム

よく利用される光触媒は半導体であり，おもに下記の過程を経て反応を誘起する．① 光吸収による励起電子・正孔の生成，② 電荷分離（励起電子・正孔の触媒表面への拡散）あるいは脱励起（励起電子・正孔の再結合による失活）と，③ 触媒表面での化学反応である．

図5・42に，TiO_2 の示す**酸化還元反応性**による有機物分解反応の模式図を示す．バンドギャップよりも大きいエネルギーをもつ光を照射すると，伝導帯に励起電子が，価電子帯に正孔が生成する．還元力および酸化力を有する励起電子・正孔は触媒表面に拡散し，触媒表面ではラジカルや活性酸素種が生成する．これらは非常に高い反応性を有し，種々の有機物を最終的には二酸化炭素や水まで分解する．

一方，TiO_2 薄膜の表面は，光照射下で親水化し，水の接触角が5°以下にまで低下する．この**光誘起超親水化特性**のメカニズムについては諸説存在するが，光触媒作用による表面の清浄化とヒドロキシ基が増加するなどの表面構造変化に基づき発現する機能であると考えられている．

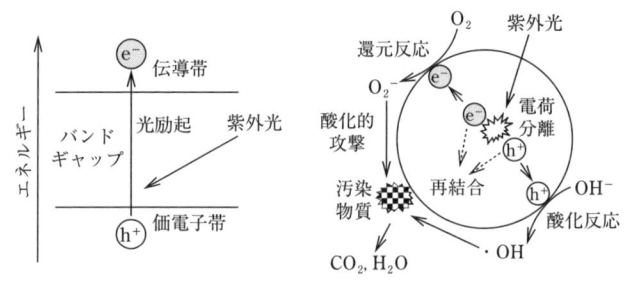

図 5・42 酸化チタン上での有機物分解反応の模式図

5・9・4 光触媒活性を支配する因子

　光触媒活性を支配する因子として，① 光吸収効率（利用できる光の波長領域），② 励起電子・正孔の反応効率，③ 基質の吸着特性などがあげられる．これらの素過程には，光触媒のバンド構造，結晶性，表面積，粒子サイズなどの差異が大きく寄与するが，その程度は対象とする反応によって異なる．

　結晶性と表面積は光触媒の調製法により大きく変化する要素である．多くの光触媒が液相プロセスで合成され，焼成した後に使用されている．高温で焼成すると結晶性が向上し，励起電子・正孔の再結合を引き起こす欠陥（再結合中心）は減少する．しかし，同時に，粒子同士の焼結も進むため表面積が減少する．一般的には，結晶性が高く表面積も大きいほうが光触媒として望ましい．

　また，光触媒に Pt などを少量担持すると多くの反応系で触媒活性が向上することが知られている．これは，光照射下で生成する励起電子が担持金属へとスムーズに移動し，励起電子・正孔の再結合が抑制されることに起因する．

5・9・5 可視光応答型光触媒

　地表に届く太陽光に含まれる紫外光（波長 400 nm 以下）は約 4% にすぎず，蛍光灯に含まれる紫外光もごくわずかで，ほとんどが可視光（波長 400〜800 nm）である（図 5・43）．TiO_2 が優れた光触媒作用を発現するには紫外光が必要であるが，可視光下でも効率よく機能すればその用途はさらに広がる．

　TiO_2 の改良による可視光応答型光触媒の調製が検討されている．遷移金属カチオンを酸化チタンにドープすることで可視光応答性を付与できる．N, S, C のドーピングも可視光化に有効である．これら，TiO_2 へのヘテロイオンのドーピングには最適値が存在し，高濃度にドープすると再結合中心が形成され光触媒活性は低下する．

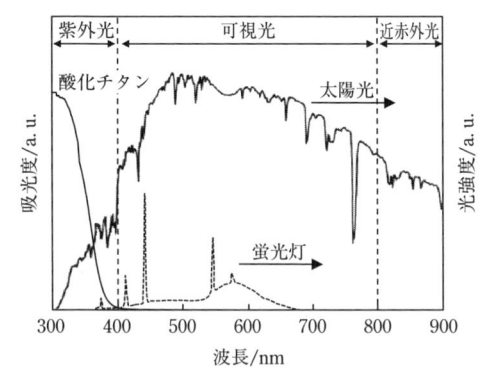

図 5・43 太陽光と蛍光灯のスペクトル，および酸化チタンの吸収帯

最近，TiO_2 以外の光触媒として，酸化タングステン(WO_3)が注目されている．Pt，Pd，CuO などを助触媒に用いると，可視光照射下での有機物の分解に優れた光触媒作用を示す．

また，水分解や二酸化炭素の還元では，エネルギー問題解決や地球温暖化抑制と密接に関係するため，太陽光の有効利用を視野に入れた触媒が盛んに探索されてきた．これまでに，複合酸化物やオキシナイトライドなどが有効であることが見出されている．窒化ガリウム(GaN)と酸化亜鉛(ZnO)の固溶体では，可視光下で水の完全分解が進行し，量論比の水素と酸素が生成する．

5・9・6 シングルサイト光触媒

シリカやアルミナなどの酸化物，および高表面積を有するゼオライトやメソ多孔体を担体として，Ti，V，Cr などの酸化物を孤立高分散状態で固定化することでシングルサイト光触媒は調製される．シングルサイト光触媒では，金属酸化物種は六配位のバルク構造とは異なる四配位構造をとり，空間的に互いに離れて存在する．

TiO_2 光触媒では光照射下で生成する励起電子・正孔が別々の離れたサイトに移動したあとに反応に寄与する．これに対し，シングルサイト光触媒では四配位金属酸化物種の O^{2-} から中心金属への局所的な電荷移動に基づき形成される電荷移動型励起種が重要な役割を担う．電荷移動型励起種では，電子と正孔が隣接して存在し，共に反応に関与するため，特異な光触媒反応が誘起される(図 5・44)．

孤立四配位金属酸化物種

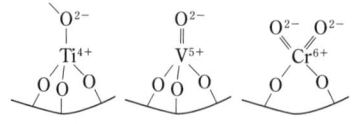

触媒担体：各種酸化物，ゼオライト，メソ多孔体

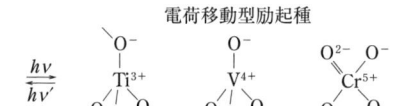

電荷移動型励起種

特異な反応を誘起：CO_2 固定化，選択酸化，NO_x 分解

図 5・44　各種担体上に固定化したシングルサイト光触媒

参 考 文 献

5・8節
1) T. Toda, H. Igarashi, H. Uchida, M. Watanabe, *J. Electrochem. Soc.*, **146**, 3750 (1999).

5・9節
2) 窪川　裕，本多健一，斎藤泰和，"光触媒"，朝倉書店 (1988).
3) 佐藤しんり，"光触媒とはなにか"，講談社 (2004).
4) 山下弘巳，田中庸裕，三宅孝典，西山　覚，古南　博，八尋秀典，窪田好浩，玉置　純，"触媒・光触媒の科学入門"，講談社 (2006).

環 境 触 媒 6

- 1～4章までに紹介した触媒の基礎を踏まえて，環境分野での触媒の応用例について理解する．
- 環境保全に用いられている既存の触媒技術について知る．
- 環境保全に配慮した化学技術の発展のありかたを考える契機とする．

　自動車触媒，脱硫触媒，VOC (volatile organic compounds, 揮発性有機化合物) 燃焼触媒など，地球環境・住環境を保全する触媒を"環境触媒"とよんでいる．表6・1に例を示すように，化学プロセスで大規模に使われる触媒技術もあれば，自動車触媒，光触媒やアメニティ触媒などわれわれの身近で活躍する触媒もあり，環境触媒の活躍

表6・1　環境負荷物質と触媒および関連技術の例

化学物質	環境負荷	排出源	触媒および関連技術
NO_x	光化学スモッグ，酸性雨	ガソリン車	自動車三元触媒
		ディーゼル車，ガソリンリーンバーン車	吸蔵還元触媒，尿素-SCR，炭化水素-SCR
		火力発電所，ゴミ焼却施設	排煙脱硝触媒
CO	毒性	燃焼装置，自動車など	燃焼触媒，自動車触媒
SO_x	酸性雨	原油	水素化脱硫
粒子状物質	呼吸器障害	ディーゼル車	触媒燃焼
VOCs	健康被害	建材	光触媒
アミン，硫黄化合物	悪臭	調理器，生ゴミ処理機	触媒燃焼
CFCs	オゾン破壊	冷媒	回収・分解
ダイオキシン	発がん性，免疫毒性など	ゴミ焼却施設	触媒燃焼
N_2O	温室効果	アジピン酸製造工程	分解
CO_2	温室効果	発電，自動車，燃焼装置など	バイオマス利用技術，希薄燃焼，省エネルギー

の場は幅広い．また有害物質の除去・分解などの後処理技術のみならず，近年では有害物質そのものを排出しない技術が注目されている．化学プロセスにおいてはグリーン・ケミストリーあるいはサステイナブル・ケミストリーとよばれる環境負荷を抑えた化学プロセスにかかわる触媒が，広い意味で"環境触媒"と捉えられられている．本章では，自動車排ガス浄化など後処理技術に使われる触媒と，グリーン・ケミストリーの鍵となる触媒の両者について紹介する．

6・1 固定発生源における窒素酸化物の削減

窒素酸化物（NO と NO_2，総称して NO_x）は，吸入すれば呼吸器系に障害を及ぼし，また光化学的な作用により光化学オキシダントとなる．上空に昇った窒素酸化物は雨に溶け込み酸性雨となって地上に降る．窒素酸化物の被害は 1970 年に光化学スモッグの頻発として現れた．二酸化窒素濃度とオキシダント濃度との関連が明白になり，これと前後して公害対策基本法（1967 年）や大気汚染防止法（1968 年）が成立し，規制を背景に技術開発が進められ，触媒技術による公害対策技術が進歩した．窒素酸化物の発生源は燃焼装置である．燃料に含まれる窒素分から発生する窒素酸化物（fuel NO_x）と 800 ℃ 以上の高温で空気中の窒素が酸化されて発生する窒素酸化物（thermal NO_x）がある．おもな発生源は火力発電所や焼却炉などの固定発生源と，自動車を代表とする移動発生源に分けられる．これら 2 種の発生源に対して，それぞれ固有の NO_x 低減技術（脱硝ともよぶ）が用いられている．

固定発生源における脱硝は 1972 年頃には窒素酸化物をアルカリ溶液中に吸収・中和させて除去する湿式が主流であった．ただし，溶液の処理に莫大な費用がかかったため，乾式法の開発が 1973 年頃から盛んに行われた．この技術は，アンモニアを還元剤として，排ガス中の窒素酸化物を触媒のはたらきにより窒素，水へと浄化するものであり，アンモニア脱硝法あるいはアンモニア選択触媒還元法とよばれる．

$$4 NO + 4 NH_3 + O_2 \longrightarrow 4 N_2 + 6 H_2O$$

現在おもに使用されている触媒は，酸化バナジウムおよび酸化チタンを主成分とする触媒である．圧力損失低減のため触媒はハニカム状に成形する．このプロセスは触媒が高性能であることや，長寿命，廃水処理が不要，副生物が出ないなど優れた技術である．現在は，1000 基以上が稼働し，3 億 $Nm^3 h^{-1}$ 以上の排ガスが処理されている．また，日本で開発・完成された技術であり，80 年代より開発が始まった欧米に対して 10～20 年先行している．最近では小型の加熱炉，ゴミ焼却炉，定置用ディーゼル

にも用途が拡大し，またゴミ焼却用の触媒にはダイオキシン分解能を併せもつものも開発されている．

図 6・1 にチタニア担持酸化バナジウム（V_2O_5/TiO_2）触媒のイメージを示す．活性成分は V_2O_5 であるが，機械的強度を向上し，かつ活性成分を有効に使うため表面積の広い金属酸化物（担体）の表面に担持（担体上に保持すること）して用いられる．アンモニア脱硝触媒の担体としては排ガス成分中に存在する硫黄分（おもに SO_2）に対して被毒されにくい性質をもつ TiO_2 が用いられる．さらに TiO_2 には SiO_2 などの成分を添加して高表面積化（約 $100\ m^2 g^{-1}$）して用いられることが多い．TiO_2 担体上の V_2O_5 は担持量によっていくつかの形態を示す．図 6・1 に示すように低担持量のときは孤立種を形成しやすいが，担持量が 10 wt% 程度では単分子層に広がった化学種を形成しやすい．これは V_2O_5 と TiO_2 の結晶構造が近いためといわれている．さらに V_2O_5 担持量を増加すると V_2O_5 の微結晶が生成する．アンモニア脱硝反応には単分子層あるいは微結晶状態の V_2O_5 が活性を示し，孤立種では不活性であるといわれている．このため触媒の活性は，担体表面積，V_2O_5 担持量，触媒調製法，担体結晶相などのさまざまな因子に依存する．また反応温度が高いとき（400〜500 ℃）に N_2O（亜酸化窒素，地球温暖化ガスの一種）が副生しやすい傾向があることから，WO_3 や MoO_3 を助触媒として添加して，N_2 への選択性を向上させている．

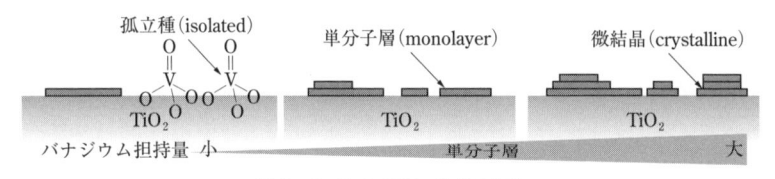

図 6・1 V_2O_5/TiO_2 触媒の構造

図 6・2 に V_2O_5 触媒上での NO–NH_3 反応の反応メカニズムを示す[1]．この反応は，① NH_3 の酸点への吸着，② NO と吸着 NH_3 との反応，③ V による H の引抜き（$V^{5+}=O$ は V^{4+}–OH へと還元される），④ 気相酸素あるいは格子酸素による V の酸化，のサイクルで進行する．このように NO–NH_3 反応には，V_2O_5 のもつ① 固体酸性（NH_3 の酸点への吸着），② 酸化還元性（$V^{5+}=O \rightarrow V^{4+}$–$OH$）が有効にはたらいている．

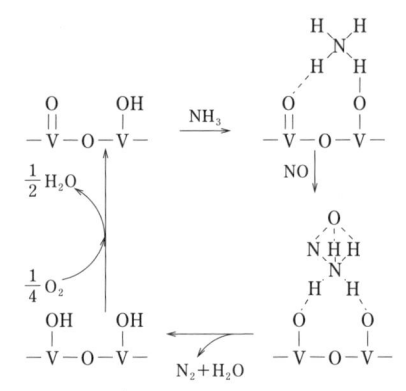

図 6・2 V_2O_5 触媒上での NO-NH_3 反応の反応機構
[菊池英一, 瀬川幸一, 多田旭男, 射水雄三, 服部 英, "新しい触媒化学 第 2 版", p.130, 三共出版(1988)]

6・2 ガソリン自動車のための三元触媒

6・2・1 三元触媒の役割と構造

　固定発生源と同様, 自動車などの移動発生源についても 1970 年代に法的な規制がなされた. ガソリン車の排ガス規制として 1970 年に米国ではマスキー法が, 日本でも同様の大気浄化法(いわゆる日本版マスキー法)の 1976 年からの実施が可決された(実際の実施は 1978 年). この規制を日本の自動車メーカーが相次いでクリアしたが, これを可能としたのが三元触媒(three way catalyst:TWC)の技術である(ただし, 当初は本田技研(ホンダ)のみ, 触媒を用いない CVCC エンジンを採用していた). ガソリン車の排気ガスには有害成分として NO_x, 一酸化炭素(CO), エチレンのような未燃の炭化水素(以下 HC)が含まれている. 三元触媒上では次に示す種々の化学反応が進行し, これら 3 種の有害ガスが① NO_x は CO, HC, H_2 により還元され N_2 と H_2O へ, ② CO は酸化され CO_2 へ, ③ HC は酸化され CO_2 と H_2O へと転化される.

$$CO + \frac{1}{2}O_2 \longrightarrow CO_2$$

$$H_mC_n + \left(\frac{m}{4}+n\right)O_2 \longrightarrow nCO_2 + \frac{m}{2}H_2O$$

$$2NO + 2CO \longrightarrow N_2 + 2CO_2$$

$$\left(\frac{m}{2}+2n\right)NO + H_mC_n \longrightarrow \left(\frac{m}{4}+n\right)N_2 + nCO_2 + \frac{m}{2}H_2O$$

$$2NO + 2H_2 \longrightarrow N_2 + 2H_2O$$

$$CO + H_2O \longrightarrow CO_2 + H_2$$

$$H_mC_n + 2nH_2O \longrightarrow nCO_2 + \left(\frac{m}{2}+2n\right)H_2$$

 触媒はペレットないしはハニカム構造を有するモノリスの形状で用いられるが,エンジン排気系の圧力損失を低減するため触媒の支持体には主として図6・3に示すモノリスが用いられる.モノリスにはコージェライト($2Al_2O_3 \cdot 5SiO_2 \cdot 2MgO$)を用いたセラミック担体とステンレス箔を用いたメタル担体があり,用途により使い分けられる.モノリスは1平方インチ[*1]あたり300〜400個の"セル"とよばれる穴が空いており,この穴を排ガスが通過する際に触媒と接触して後述の化学反応が進行する.

図6・3 セラミックモノリス(左)とメタルモノリス(右)
[G. J. Acres, B. Harrison, *Top. Catal.*, **28**, 7 (2004)]

 図6・4に示すように触媒はウォッシュコートによりセル内の壁に支持されている.従来は左の四角い貫通孔(格子状セル)が用いられていたが,この形状は四隅に堆積した触媒層が厚くなり,触媒が有効に排ガスに接触できない問題があった.このため最

[*1] 1インチ = 2.54 cm, 1平方インチ = 6.45 cm^2

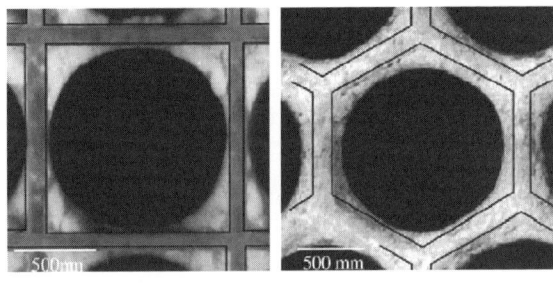

図 6・4 モノリス触媒の断面
格子状セル(左)とハニカム上セル(右)上のウォッシュコート層
[M. Takeuchi, S. Matsumoto, *Top. Catal.*, **28**, 154 (2004)]

近では六角形の貫通孔(ハニカム状セル)をもつモノリスが開発され,触媒を有効に排ガスに接触させる工夫がなされている.

三元触媒では,Pt,Rh,Pd の貴金属がアルミナ(Al_2O_3)などの表面積の広い金属酸化物に担持されて用いられる.また貴金属成分まわりの酸化還元状態を制御するため,酸素吸蔵能をもつセリア(CeO_2)系複合酸化物が添加される.排ガスの浄化作用は貴金属の表面で進行する.担持された貴金属の表面が有効に利用されるよう,貴金属はナノサイズの粒子として担体上に保持される.図 6・5 の TEM 像では Rh ナノ粒子が原子レベルで観察できるほか,貴金属粒子の表面がプレーン,エッジ,コーナーを形成していることがわかる.

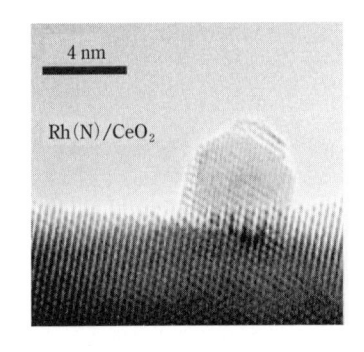

図 6・5 Rh/CeO_2 の TEM 像
[S. Bernal, G. Blanco, J. J. Calvino, J.M. Gatica, J.A. Pérez Omil, J.M. Pintado, *Top. Catal.*, **28**, 36 (2004)]

三元触媒は CO および HC の酸化と,NO_x の還元を同時に進行させるため,有効に作用させるためには排ガス中のこれら成分のバランスが重要である.図 6・6 には空気と燃料の重量比(空燃比,Air/Fuel ratio)に対する HC,CO,NO_x それぞれの浄化率

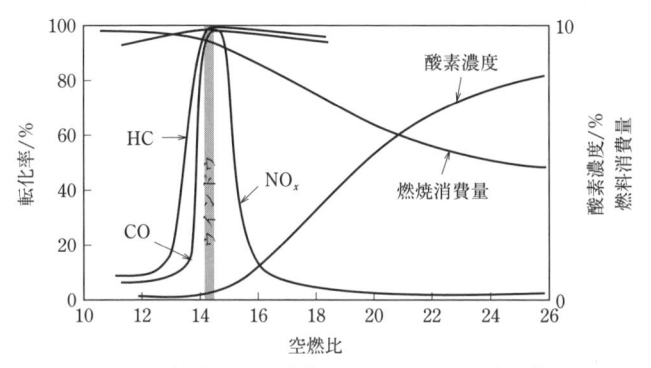

図 6・6 三元触媒における空燃比と HC, CO, NO_x 浄化率の関係
[M.Takeuchi, S.Matsumoto, *Top. Catal.*, **28**, 152 (2004)]

の変化を示す．空燃比が低い燃料過剰(リッチ)領域では CO や未燃 HC が十分浄化できず，逆に空燃比が高く燃料が少ない希薄燃焼(リーン)領域では NO_x が十分還元されない．このため三元触媒が有効にはたらくためにはガソリンが空気で完全燃焼し，かつ酸素が余らない理論空燃比(Air/Fuel＝14.7)に制御することが必要である．また，理論空燃比付近の高い浄化率が確保される領域をウインドウとよぶ．

自動車三元触媒はエンジンを含めたシステムとして制御され空燃比が保たれるようになっている(図6・7)．触媒前後には酸素センサが配置され，センサからの情報と空気流量計により計測された空気の取込み量がコンピュータにフィードバックされることにより，燃料噴射装置から最適な量の燃料が噴射される．

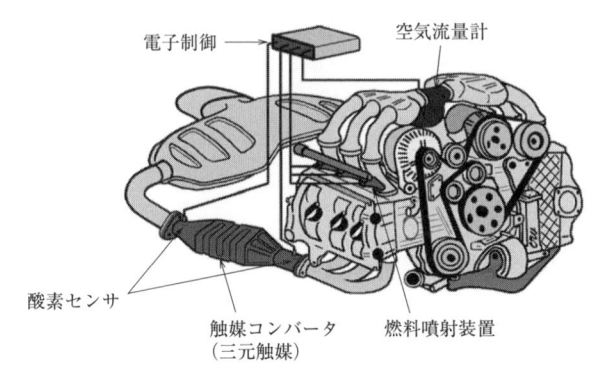

図 6・7 三元触媒システムの例
触媒前後の酸素センサ(λ sensor)と空気流量計からの信号により燃料噴射機が制御され空燃比が保たれる．
[R. D. Monte, J. Kasper, *Top. Catal.*, **28**, 47 (2004)]

また触媒担体であるアルミナ上にはCeO_2-ZrO_2が担持され、さらにその表面に貴金属が担持されている。CeO_2はCe^{4+}-Ce^{3+}の酸化還元に起因して、

$$CeO_2 \rightleftarrows CeO_{2-x} + \left(\frac{x}{2}\right)O_2$$

のように酸素を吸蔵・放出する特性があり、これを酸素貯蔵能(oxygen storage capacity：OSC)とよぶ。酸素過剰雰囲気では酸素を吸蔵し、逆に酸素不足のときは酸素を放出する。この作用により触媒側で活性貴金属周辺の酸化還元状態を補償して、ウインドウの拡大やごく短時間における空燃比の変動に対応している。さまざまな三元触媒の技術により、今日のガソリン車の有害ガス排出量は90%以上の削減がなされている。

> **コラム**
>
> ### 自動車触媒とノーベル賞
>
> 2007年のノーベル化学賞はベルリン・フリッツ・ハーバー研究所のゲルハルト・エルトル(Gerhard Ertl)博士が受賞した。受賞理由は「固体表面における化学過程の研究」(for his studies of chemical processes on solid surfaces)である。彼は振動分光法や光電子分光法などの表面化学的な手法により固体表面での反応過程を解き明かし、その成果は高校の教科書でもおなじみのアンモニア合成(ハーバー・ボッシュ(Haber-Bosch)プロセス)をはじめ、自動車触媒や燃料電池の発展に大きく貢献した。三元触媒のような貴金属表面での複雑な触媒反応でも、現代の表面化学・触媒化学ではさまざまな手法により原子レベルでの解明が可能となっている。

6・2・2 三元触媒の課題と最近の進歩

自動車触媒は温度、雰囲気、排ガス量が著しく変動する過酷な環境で使用されるが、長期間その性能を維持することが求められる。このため次のさまざまな条件に対する耐久性が必要である。

・エンジン始動時でも作動する低温活性
・900℃以上の高温に耐える耐熱性

・排ガス中の硫黄(S),リン(P)などに対する耐被毒性
・小型軽量化

耐被毒性に関しては燃料中の被毒物質除去が有効であり，5・1節の水素化脱硫技術を参照されたい．自動車触媒の最大の課題は低温での活性確保と耐熱性の向上である．エンジン始動時(コールドスタートとよぶ)は排ガス温度が低く触媒上での化学反応が進行しにくいため，とくにHCの多くがエンジン始動から数十秒間に排出される．全世界的な排ガスの規制強化に対応するためには，冷間始動時におけるHCの低減が不可欠である．通常三元触媒はアンダーフロア(前席の床下)に配置されるが，コールドスタートでの浄化性能を確保するため，エンジン近くに配置したスタートキャタリストとよばれる触媒コンバーターを組み合わせて用いられることが多い．ただし，エンジン近くは定常運転での排ガス温度も高くなるため，触媒には高温での耐久性がよりいっそう求められる．自動車触媒が高温に曝されることにより，担持貴金属および担体の表面積がシンタリング(焼結)により減少し，その結果活性も低下してしまう．シンタリングは担体に使われる金属酸化物よりも担持貴金属でより深刻である．このため，従来の触媒は劣化を見越して貴金属を多めに担持していた．ただし，Pt, Rh, Pdの貴金属はもともと地殻中の存在量が少なく高価であり，また特定の国・地域からしか産出しないため，供給に不安定さを抱える．このため次に紹介するように，貴金属のシンタリングによる劣化を抑制するさまざまな新規技術が近年実用化されている．

ダイハツ工業が開発したインテリジェント触媒は，自動車触媒長寿命化の一つの方向性を示した．インテリジェント触媒ではペロブスカイトである $LaFe_{0.57}Co_{0.38}Pd_{0.05}O_3$ にPdが担持されている．図6・8のようにPdは酸化雰囲気ではBサイトに固溶し，還元雰囲気では格子外に析出する．すなわちPd粒子がシンタリングにより成長しても，高温の酸化雰囲気に曝せばPdは原子状に分散する．低温での還元により，再び担体表面にPd金属微粒子が形成され活性を発現する．いわば温度・雰囲気の制御により自己再生機能が発現し，Pdの分散度の低下が抑制される．ダイハツ工業の報告

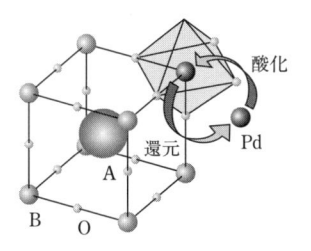

図6・8　インテリジェント触媒の再生機構
ペロブスカイト($LaFe_{0.57}Co_{0.38}Pd_{0.05}O_3$)担体上のPdは酸化条件でBサイトに固溶して分散し，還元条件で格子外に出て金属微粒子として触媒作用に寄与する．シンタリングによる触媒劣化が抑制され70～90%の貴金属量低減が可能となる．
[http://www.daihatsu.co.jp/company/craftsmanship/tech_dev/environment/i-topaz.htm]

では，このインテリジェント触媒により 70〜90％ の貴金属量低減が可能となったと報告している．

トヨタ自動車は CeO_2 担体上での Pt のユニークな挙動を見出している．Pt は塩基性担体上では高温の酸化雰囲気中で Pt–O–Ce などの結合を形成して再分散する性質がある．この再分散した Pt は低温の還元雰囲気下で容易に Pt 金属微粒子に変換され，高い触媒活性を示す（図 6・9）．この再分散–再生のメカニズムを利用して Pt 系触媒の劣化の大幅な抑制が可能となった．この技術は 2008 年 8 月から実用化され，貴金属使用量の約 30％ の低減を実現している．いずれの場合も担体酸化物と貴金属との

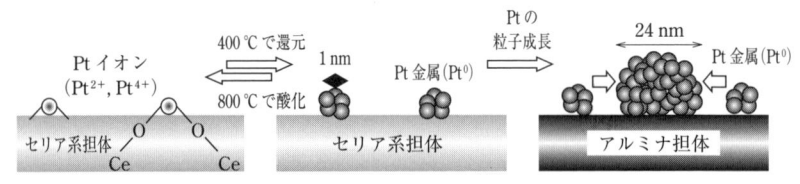

図 6・9 Pt/CZY 上での Pt のシンタリング抑制機構
CZY 担体上では 800 ℃ で酸化することにより Pt–O–Ce 結合が形成し Pt は原子状に分散し，400 ℃ での還元で Pt 微粒子としてはたらく．一方，アルミナ担体では担体と Pt の相互作用は弱く，Pt の粒子成長による触媒劣化が避けられない．
〔Y. Nagai, T. Hirabayashi, K. Dohmae, N. Takagi, T. Minami, H. Shinjoh, S. Matsumoto, *J. Catal.*, **242**, 108 (2006) を改変〕

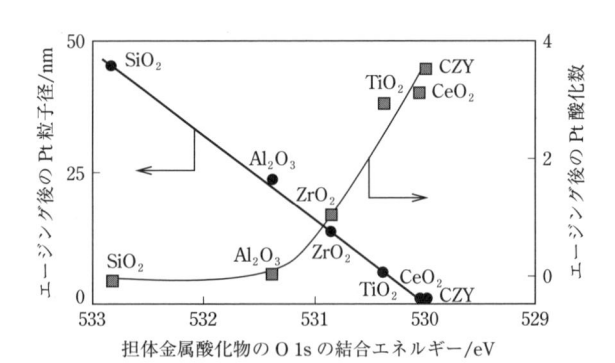

図 6・10 Pt と金属酸化物担体の相互作用
横軸の酸素部分電荷が大きいほど（図右），Pt の粒子径（黒丸）は小さいが，エージング後に Pt が酸化（四角）されやすくなる．
〔Y. Nagai, T. Hirabayashi, K. Dohmae, N. Takagi, T. Minami, H. Shinjoh, S. Matsumoto, *J. Catal.*, **242**, 108 (2006)〕

相互作用(図6・10)に着目している点が共通しており，貴金属触媒の劣化抑制には担体を含めた触媒設計が重要である．ほかにも，日産自動車は触媒粒子の間に繊維状アルミナの壁をつくって触媒粒子の凝集を防ぐ技術を発表している．またマツダは粒子のくぼみに貴金属をピン留めしてシンタリングを防止する技術をそれぞれ発表し，実用化につなげている．

また冷間始動時における HC の低減技術として，ゼオライトを吸着材として利用し，低温時に排出される HC をトラップする方式も実用化されている．使用するゼオライトには高い HC 吸着能とともに耐熱性，水熱安定性が求められる．また効率的な浄化には吸着した HC の脱離-浄化過程のタイミングが重要であるため，吸着剤と三元触媒を二層構造にする，あるいは排気切替えバルブを採用するなどの工夫がなされている．

助触媒として用いられる CeO_2-ZrO_2 複合酸化物の改良も三元触媒の性能向上に大きな役割を果たしている．CeO_2-ZrO_2 は Ce と Zr が原子レベルで混合すればするほど酸素吸蔵能が高くなる．豊田中央研究所では，水溶液中の共沈により Ce と Zr 水酸化物の均質な核を生成させ，さらに界面活性剤で保護して加熱による粒成長を抑えることにより，単相の CeO_2-ZrO_2 固溶体を調製することに成功している．また高温でのシンタリングにより CeO_2-ZrO_2 の表面積が低下することを抑えるため，耐熱性の高い Al_2O_3 粒子とのナノサイズ複合酸化物(ACZ)も開発されている．第三世代といわれる ACZ は，熱安定性に優れ，高い表面積を保ち，純粋な CeO_2 に比べて約 23 倍の酸素吸蔵能をもつ．この結果，三元触媒の能力を格段に高め，NO_x 排出量を約 1/5 に低減し，かつ金属使用量を約 1/2 に節減させている．さらに最近，新しい材料として，CeO_2 系材料をしのぐ酸素吸蔵量をもつ多孔性のランタノイドオキシ硫酸塩が発見され実用化が期待されている．

6・3　ガソリンリーンバーンエンジンのための触媒技術

燃費向上を目的として，空燃比の高い条件で運転するエンジンがガソリンリーンバーン(希薄燃焼)エンジンである．理論空燃比では排ガス中の酸素濃度は 0.2% 程度であるが，リーンバーンでは 4〜10% 程度と高いため，従来の三元触媒は機能しない．これは NO の還元剤としてはたらく CO や HC が高濃度の酸素による燃焼で消費されてしまうためである．これに対して，トヨタ自動車は NO_x 吸蔵還元(NO_x storage reduction：NSR)方式とよばれる新しい自動車触媒技術を開発した．吸蔵還元触媒は

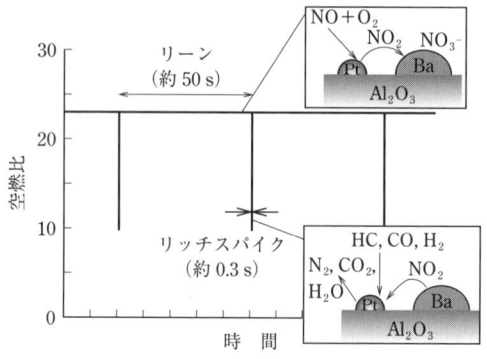

図 6・11 吸蔵還元触媒の作用機構
［薩摩 篤, 清水研一, 月刊マテリアルインテグレーション, **22**, 14 (2009)を一部改変］

いわば非定常状態で動作する三元触媒である. NSR では三元触媒と同様の Pt/Al_2O_3 をベースとする担持貴金属触媒に, NO_x 吸蔵能をもつ Ba などの塩基性物質を添加した触媒が用いられる. 図 6・11 に動作原理を示す. 酸素濃度が高く貴金属による NO の還元が進行しないリーン領域では, NO_x は触媒に担持された Ba などの塩基性物質に硝酸塩として吸蔵される. 一定時間（約 1 min）吸蔵が行われたのち酸素濃度の低いリッチスパイクを入れると, 吸蔵された硝酸塩は脱離して HC, CO, H_2 により効率よく還元される. 吸蔵還元方式では, 触媒の反応雰囲気を意図的に変化させることにより, NO_x 吸蔵と NO_x 還元の複数の機能を発揮させている. いわば時間分解型の多元機能触媒である.

マツダはリーンバーンエンジン排ガスの NO_x を HC により還元する触媒として Pt–Ir–Rh/MFI 触媒を開発し, 1994 年に市場導入している. またアイシーティーは N_2O の副生が少なく耐 SO_x 性が高いことを特徴とする $Ir–BaSO_4$ 触媒を開発し, 1996 年より三菱自動車の GDI (gasoline direct injection) エンジン用触媒として実用化している. これらの技術には自動車触媒としては新規材料である Ir, ゼオライト, 硫酸塩が用いられた.

6・4 クリーンディーゼルのための触媒技術

ディーゼルエンジンも希薄燃焼であり本質的に燃費がよい. 油井から走行まで (Well-to-Wheel) の総合エネルギー効率は, 化石資源を使う限り水素製造・輸送を含

めた燃料電池自動車の総合エネルギー効率と同程度であり，CO_2 排出量はガソリン車の 40％ 程度である．ディーゼル車はとくに欧州で CO_2 削減に効果的と認識され，乗用車の新車登録が半数を超えている．この理由にはエンジンの改良が大きい．現在主流のディーゼルエンジンにはコモンレールシステムとよばれる高圧かつ多段階での燃料噴射が可能な方式が採用され，高出力，低振動を実現するとともに，環境悪化の原因となる NO_x や粒子状物質(particulate matter：PM)の生成を抑制している．PM は炭素微粒子(いわゆるスス)，可溶性有機成分(soluble organic fraction：SOF)，硫酸塩で構成される 10 μm 以下の細かい粒子であり，呼吸器疾患の原因物質や発がん性が指摘される物質を含んでおり，NO_x とともにその排出を最小限にしなければならない．しかし，エンジンの改良だけでは NO_x，PM 排出量低減には限界があるため，次に紹介する NO_x 還元触媒と DPF(diesel particulate filter)が後処理装置として開発され実用化されている．後処理装置により NO_x，PM を大幅に低減したディーゼル車をクリーンディーゼルとよぶことがある．

6・4・1　DPF

　PM はハニカム型のセラミックフィルタである DPF で捕集する方法が用いられている．DPF は図 6・12 に示すように炭化ケイ素あるいはコージェライトでできた多孔質セラミックスのセルが互い違いに塞がれた構造をもつ．貫通孔がないため排ガスがセル壁を通過する際に PM が壁面およびその細孔にトラップされる．そのままでは堆積した PM により DPF が目詰まりするため，PM は燃焼により除去される．このため，図 6・13 に示すように，DPF 前段には DOC(diesel oxidation catalyst)とよばれる酸化触媒が配置される．DOC の効果の一つは，NO の酸化により酸化力の強い NO_2 を発生することである．酸素では 600 ℃ 以上しか燃焼しない PM も，NO_2 を用い

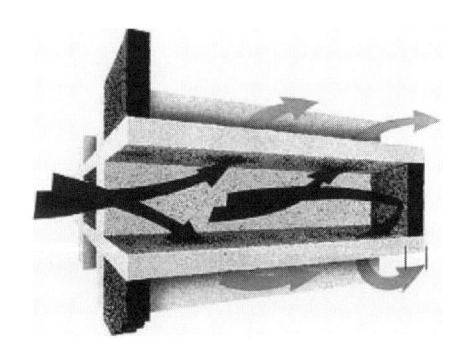

図 6・12　DPF の構造と PM トラップ作用
〔A.P. Walker, *Top. Catal.*, **28**, 167 (2004)〕

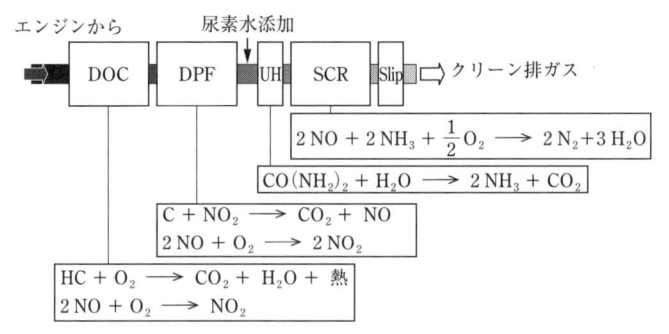

図 6・13 クリーンディーゼル車の排ガス処理装置の例
エンジンからの排ガスは DOC, DPF, UH(urea hydration)触媒, SCR 触媒, Slip(スリップ)触媒を通過して PM, NO_x などが浄化される.

エンジンから → DOC → DPF → ↑尿素水添加 → UH → SCR → Slip → クリーン排ガス

$$2NO + 2NH_3 + \frac{1}{2}O_2 \longrightarrow 2N_2 + 3H_2O$$
$$CO(NH_2)_2 + H_2O \longrightarrow 2NH_3 + CO_2$$
$$C + NO_2 \longrightarrow CO_2 + NO$$
$$2NO + O_2 \longrightarrow 2NO_2$$
$$HC + O_2 \longrightarrow CO_2 + H_2O + 熱$$
$$2NO + O_2 \longrightarrow NO_2$$

ると 300 °C 前後で燃焼する.この方式はジョンソン・マッセイの CRT(continuously regenerating trap)とよばれる連続型の DPF 再生システムに採用されている.もう一つの効果は,DOC において未燃焼の HC ないしは過剰量の燃料を燃焼することにより排気温度を 600 °C 以上に上昇させることであり,高温により後段の DPF 中の PM が燃焼する.しかしながら,DOC には現在 Pt/Al_2O_3 などの貴金属触媒が用いられている.大型のディーゼル車では触媒容積が大きく,それに伴って大量の Pt が使用されているため,DOC 中の Pt 使用量の低減もしくは Pt の代替が課題である.

PM 燃焼のために燃料を余分に使うことは燃費の悪化につながる.このため DPF に触媒を塗布し,PM を通常の排ガス温度で連続的に燃焼させようという取組みもある.これを触媒化 DPF(catalyzed DPF)という.触媒には担持 Pt 触媒が用いられることが多いが,アルカリ,ペロブスカイト,セリア系酸化物,スピネル型酸化物などを材料とする触媒が研究され,Pt 触媒よりもさらに低温で PM の燃焼が可能となることが報告されている.最近マツダはより低温で PM の燃焼が可能となる触媒を開発し,2009 年 1 月から欧州向けターボディーゼルモデルへ搭載している.

6・4・2 リーン NO_x トラップ触媒

ディーゼルエンジン排ガスの NO_x 還元にはリーン NO_x トラップ(lean NO_x trap, LNT)と尿素–SCR(selective catalytic reduction)が実用化され,炭化水素–SCR が研究中である.LNT 方式としては先に 6・3 節で説明した NSR 触媒が実用化されている.また,DPF の壁を NSR 触媒とし,吸蔵された NO_x とトラップした PM との反応によ

り両者の同時除去が可能なDPNR(diesel particulate NO_x-reduction)も，2003年から欧州向けの乗用車で実用化され，国内向けでもバン，トラックなどの商用車として市販されている．

またNSRとは異なる方式として，ホンダは米国の排出ガス規制Tier II Bin5を達成可能なディーゼルエンジン用NO_x触媒を2006年に発表している．この触媒は，排ガス中のNO_xを吸着してアンモニアに添加する層と，触媒内で転化されたアンモニアを吸着して排ガス中のNO_xを窒素に浄化する層の2層構造からなり，オンサイトで生成されるアンモニアを還元剤としてNO_x浄化を行うと報告されている．NSRと同様にリーン-リッチを交互運転するが，NSRではリッチ領域でNO_xの還元が進行するのに対して，ホンダ方式ではリッチ領域で生成・蓄積されたアンモニアにより，リーン時にNO_xが還元される．

6・4・3　尿素-SCR

乗用車を中心とする小型車ではLNT方式が主流であるが，バス，トラックなど大型車には図6・13に示した尿素-SCRが用いられている．国内では日産ディーゼル(現UDトラックス)，また海外ではダイムラー社が先行して市場導入している．この技術は原理的には6・1節で説明したアンモニア脱硝である．ただし，気体のアンモニアは運搬性が悪く安全性が低いため，代わりに尿素水溶液が還元剤として用いられる．尿素水をUH(urea hydration)触媒に接触させることにより尿素が加水分解されてアンモニアを生じるため，後段の脱硝触媒でのアンモニア脱硝が可能となる．固定発生源の触媒にはV_2O_5/TiO_2が用いられるが，有害なV_2O_5の飛散を避けるため，一般的にFeゼオライト系触媒が用いられている．アンモニア脱硝では200〜500℃の幅広い温度域で選択的にNO_xを還元することができるため，NO_x除去性能は非常に高く，温度の低いディーゼル排ガスの後処理に適している．ただし走行に応じて尿素水を補充する必要があることや，尿素水タンクが大型であることなどハンドリングの面で課題が残る．

6・4・4　炭化水素-SCR

排ガス中の未燃炭化水素(HC)ないしは燃料の一部を還元剤として，NO_xを触媒的に還元する方式である．小型から大型まで適用可能であり，尿素-SCRのように余分なタンクを搭載せず，燃料の一部を還元剤として利用できるなど，本質的に優れた方式である．炭化水素-SCRでは式(6・1)(化学量論は省略)のHCによるNO_xのN_2への

選択的還元が目的反応であるが，式(6・2)に示す酸素によるHCの燃焼も競争的に進行する．

$$NO_x + HC \longrightarrow N_2 + H_2O + CO_2 \qquad (6・1)$$

$$HC + O_2 \longrightarrow H_2O + CO_2 \qquad (6・2)$$

ディーゼル排ガスには大量の酸素(～10%程度)が存在するため，濃度がppmオーダーのNO_xとHCを反応させるためには，選択性の高い触媒が必要となる．

1990年，Cuをイオン交換したMFI型ゼオライト(Cu–MFI)が炭化水素–SCRに高い活性を示すことが報告されて以降，全世界的にありとあらゆる触媒が試された(図6・14)[2])．これまで提案された炭化水素–SCRは貴金属系触媒，ゼオライト系触媒，酸化物系触媒に大別される．Ptなどの貴金属触媒は200℃台の低温域で高い活性を示すが，高温領域ではHCの酸素による燃焼が優先する．Cu–MFIなどのイオン交換ゼオライトは広い温度域で高いNO_x還元活性を示す．ただし，ゼオライトは水熱条件で構造が破壊されやすいため，過酷な条件で使用される自動車触媒としては耐久性に問題がある．またアルミナなどの金属酸化物触媒は耐熱性が高く500℃付近で最大活性を示すが，低温での活性は不十分である．

いずれの触媒系も実用には課題があるが，研究開発が続けられている．たとえば酸化物系触媒は低温域での触媒活性が低いが，Ag/Al_2O_3触媒は長鎖の炭化水素を還元

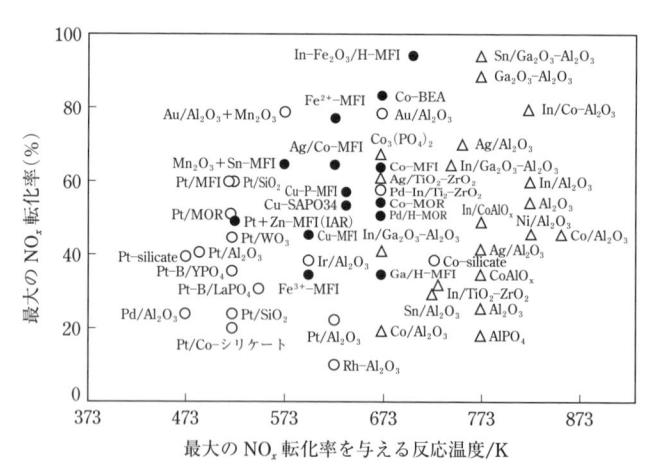

図6・14　これまで提案された炭化水素–SCRの活性と反応温度のおおよその相関
(○)貴金属系触媒，(●)ゼオライト系触媒，(△)酸化物系触媒
[M. Iwamoto, *Stud. Surf. Sci. Catal.*, **130**, 33 (2000)]

剤とした場合，低温でも高い活性を示す特徴がある．実際，ボルボ社は Ag/Al_2O_3 触媒コンバータ上流でのディーゼル燃料（成分はおもに炭素数 16 程度のパラフィン）の中間添加が有効であることを報告している．また，反応系中に水素を添加すると低温での活性が著しく増大する[3]．この現象は "Hydrogen effect" とよばれ，ダイムラー社，ボルボ社など欧州の自動車メーカーが追試を行いその顕著な効果が確かめられている．エンジンベンチでも "Hydrogen effect" を使えば NO_x の排出を $0.2\,\mathrm{g\,km^{-1}}$ 程度に抑えることが可能であるとの報告がある．水素をどこからもってくるかという問題もあるが，従来自動車触媒に使われる Pt 系の貴金属に比べ，Ag は価格が 2 桁安く，自動車触媒の成分として魅力的であり今後の展開が期待される．

6・5 さまざまな環境触媒

6・5・1 揮発性有機化合物処理

塗装，印刷工程や，化学工場からの排ガスに含まれる揮発性有機化合物（volatile organic compounds：VOC）には悪臭，人体への健康被害，光化学オキシダントなどの被害を及ぼす可能性がある．このためさまざまな VOC 処理技術が開発されている．燃焼酸化法，吸着法，吸収法，光触媒法，活性汚泥法などの技術が開発されている．処理範囲濃度が高い場合は高温燃焼が有利であり，生活環境における低濃度 VOC には光触媒が有効であるが，一般的な製造工程での排ガス処理には，比較的幅広い範囲で高効率な運転が可能な触媒燃焼方式が広く用いられている．触媒としては Pd や Pt などの活性成分をハニカム状の酸化物基材に担持して用いられる場合が多い．

6・5・2 フロン分解

フロンは化学的に安定で適当な沸点をもつことから，冷媒や洗浄剤などで広く利用されてきたが，オゾン層破壊の原因であることが明らかとなってその分解処理が急務となった．フロン分解法には種々の方法があるが，中でも触媒分解法は安全で低コストである．リン酸アルミニウム系触媒がフロン分解に高い活性および耐久性をもつことが見出されている[4]．

$$CCl_2F_2 + 2H_2O \xrightarrow{AlPO_4} CO_2 + 2HCl + 2HF$$

この触媒は，400 °C でフロンを完全分解し，1000 時間反応を行っても劣化しない特性をもっており，実用プラントの操業に至っている．

6・5・3 アメニティ触媒(生活関連機器触媒)

各種の工業プロセスにおける触媒だけでなく，われわれの身の回りをクリーン，快適，健康的に改善するための触媒技術もある．住宅の外壁などに用いられる光触媒はその好例である(詳細は5・9節を参照)．また，燃焼触媒を利用したセルフクリーニング機能付きの電子レンジ，煙の出ない魚焼き器がパナソニックから市販されている．これらにはFe–Mn–Co系複合酸化物が用いられ，低温($\sim$300℃)の加熱でも油脂やそのほかの汚れを燃焼させる．

また，家庭用生ゴミ処理機や石油ストーブの着火元など，悪臭の原因となる機器にも触媒が使われている．悪臭の原因物質は油，アミンなどさまざまであるが，これらは燃焼することで脱臭される．加熱の可能な機器では，担持Pt触媒などの燃焼触媒が用いられる．また，加熱が不可能な冷蔵庫には光触媒と青色発光ダイオードからなる脱臭装置が使われており，悪臭の分解などによりわれわれの生活環境を快適な状態に保持している．

6・5・4 水質浄化

廃水処理あるいは上水の浄化に関しても，河川水質の保護や，飲料水からのダイオキシンおよび環境ホルモンの除去など，対策が急がれる分野であり，すでにさまざまな対策技術が開発されつつある．水質の指標の一つに化学的酸素要求量(chemical oxygen demand：COD)があり，これは水中の被酸化性物質量を酸化するために必要な酸素を表す．有機物が多く水質が悪くなるほどCODは高くなる．COD値の高い排水については栗田工業によりNiあるいはCo酸化物を用いた触媒が開発され，COD成分の酸化分解技術として実用化されている．あるいは光触媒を応用した水質浄化システムも開発されている．

また，地下水の硝酸汚染に対しても固体触媒による浄化法が研究されている．農場における過剰施肥や酪農における家畜し尿あるいは一般排水から，硝酸が飲料用地下水へ混入する場合があり，乳児におけるメトヘモグロビン症などの障害の原因となる．触媒による硝酸の無害化には，水素による窒素への還元が検討され，担持Cu–Pd触媒が有効であることが報告されている．ただし，実用化には飲料水の供給を可能にする十分な反応速度と，逐次的に還元されたアンモニアの副生を許容量(0.5 ppm)以下に抑えられるかどうかが課題である．

6・6 グリーン・ケミストリー

これまで紹介した有害物質の除去・分解といった後処理技術のみならず，近年では有害物質そのものを排出しない技術が注目されグリーン・ケミストリー(green chemistry)あるいはサステイナブル・ケミストリー(sustainable chemistry)とよばれる環境調和型の化学のあり方が指向されている．グリーン・ケミストリーの概念はAnastas と Warner により 12 か条のガイドラインとして提示されている(表 6・2)．このガイドラインは資源，エネルギー，廃棄物，化学物質の有害性などに配慮しており，かつ資源の効率的な利用と安全性の確保への指針を示している．さらに，グリーン・ケミストリーは，廃棄物の後処理コストの削減，生産現場の安全性向上，プロセス単純化による省エネなど，コストダウンによる産業競争力の強化にも寄与する．

化学プロセスの環境負荷を表す尺度として，製品製造時に発生する廃棄物の製品に対する比率である E ファクターが用いられる．廃棄物とは化学プロセスで生成する目的物質以外のすべての物質であり，たとえば溶媒，中和処理工程で生成する無機塩，化学量論的な反応に用いられる反応物質などがそれにあたる．化学産業における E ファクターのおおよその目安を表 6・3 に示した．大規模プロセスである石油精製部門および石油化学部門，すなわち化成品の上流では廃棄物の割合は極力抑えられている．E ファクターを低く抑えれば，産業廃棄物を削減し，省資源，低環境負荷を実現できる．石油精製部門および石油化学部門では生産量が膨大であるためその影響はきわめて大きい．しかしながらファインケミカルや医薬品の生産においては，それらが

表 6・2 グリーン・ケミストリーの 12 か条のガイドライン

1. 廃棄物は生成してから処理するのではなく，生成させない．
2. 原料をなるべく無駄にせず原子効率の高い合成をする．
3. 人体と環境に害の少ない反応物を用い，有害物質を生成させない．
4. 機能が同じなら，毒性のなるべく小さい物質をつくる．
5. 補助物質はなるべく減らすか，無害なものを使う．
6. 省エネを心がけ，環境と経費への負担を最小限にする．
7. 原料には再生可能な資源を使用する．
8. 途中の修飾反応はできるだけ避ける．
9. できるかぎり触媒反応を目指す．
10. 使用後に環境中で分解する製品を設計する．
11. プロセス計測を導入する．
12. 化学事故を起こさない安全な物質を使用する．

表 6・3　種々の化学産業分野におけるEファクター

産業分野	生産量/トン	廃棄物(kg)/製品(kg)
石油精製	$10^6 \sim 10^8$	<0.1
大量生産型化学品	$10^4 \sim 10^6$	$<1 \sim 5$
ファインケミカル	$10^2 \sim 10^4$	$5 \sim >50$
医薬品	$10 \sim 10^3$	$25 \sim >100$

［御園生誠, 村橋俊一　編, "グリーンケミストリー——持続的社会のための化学", 講談社, p.3 (2001)］

多段階合成プロセスであることや，量論反応を多用しているためEファクターが大きくなる．環境への負荷が懸念されるとともに，廃溶媒や廃触媒などの発生に伴う処理費用は製品のコストを押し上げ，結果的に競争力を低下させる．また化学反応そのものは，生成物に反応物の原子がどの程度取り込まれるかを示した原子効率(atom efficiency)で評価できる．たとえばディールス・アルダー(Diels–Alder)反応やアルドール(aldol)縮合では副生物がほとんど(あるいはまったく)できないから原子効率が高いが，ハロゲン化物を使った置換反応ではHClなどの副生が避けられない．このため，目的生成物をより直接的に生成する反応ルートの選択が望ましい．グリーン・ケミストリーの概念が広がる以前から国内外の化学企業では，プロセス転換や原料転換により廃棄物が少なく安全性の高い化学プロセスの開発が行われてきた．多くの場合，触媒開発が成功の鍵となっている．以下には，国内におけるいくつかの例を紹介する．

6・6・1　液相法から気相法へのプロセス転換

　液相法プロセスから気相法プロセスへの転換は，プロセスの効率化と廃溶媒処理が不要となる点でEファクター低減の効果が大きい．液相法プロセスから気相法プロセスへの転換の好例として，住友化学の ε-カプロラクタムの気相合成があげられる(図6・15)．従来法では ε-カプロラクタムは発煙硫酸を用いたシクロヘキサノオキシムのベックマン(Beckmann)転位により生産される．このプロセスでは発煙硫酸の処

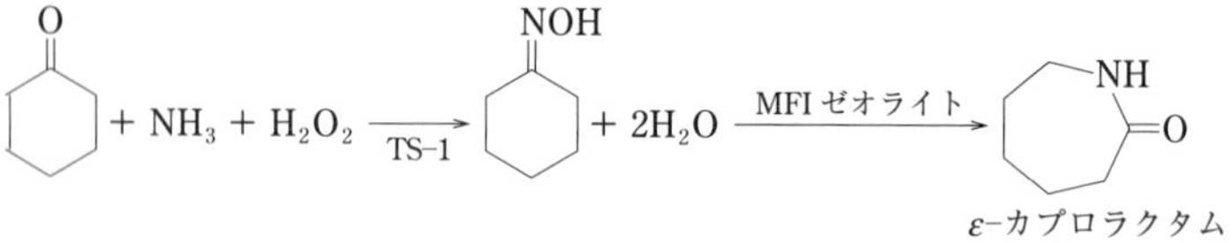

図 6・15　世界初の硫安を副生しないカプロラクタム製造
［H. Ichihashi, M. Kitamura, *Catal. Today*, **73**, 24 (2002)］

理により製品の 1.7 倍の硫酸アンモニウム（硫安）が副生するため，新たなプロセスの開発が切望されていた．これを可能にしたのがハイシリカの MFI 型ゼオライト触媒である．ゼオライトはシリカの骨格を基本とし，Si と置換した Al により固体酸性を発現する．またベックマン転位は通常酸触媒により進行する．ところが，このプロセスには Al 量の多いゼオライトよりも Si/Al 比が 100 000 以上のほとんど Al を含まない MFI ゼオライトが有効である．このためベックマン転位に有効な活性サイトは，Al 原子により発現する固体酸ではなく，ゼオライト内の格子欠陥に形成した Si-OH サイト（図 6・16）であると解釈されている．さらにこのプロセスでは前段のシクロヘキサノンからシクロヘキサノンオキシムまでの行程でイタリアの EniChem 社で開発されたチタノシリケート TS-1 によるアンモキシメーションを採用し，オキシム製造工程での硫酸アンモニウムの副生もゼロとしている．全行程において唯一の副生物は水であり，世界で初めての硫酸アンモニウムを副生しないプロセスである．すでに 1999 年から 5000 トン/年規模の実証プラントを運転して技術を確立し，2003 年より商業運転が開始されている．

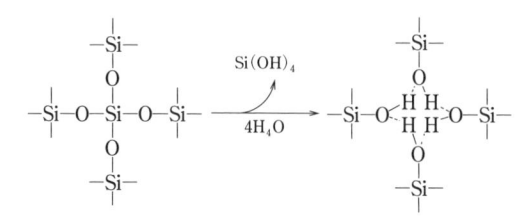

図 6・16　ハイシリカ MFI 中のゼオライト格子内に形成するベックマン転位の活性サイト

そのほかにも気相法プロセスへの転換例は多い．たとえば日本触媒によるエチレンイミン製造プロセスも触媒開発が鍵となった（図 6・17）．環状アミンであるエチレンイミンは医薬・農薬あるいは高分子分野において原料，修飾剤として広く用いられている．原料であるモノエタノールアミンを硫酸でエステル化した後，水酸化ナトリウ

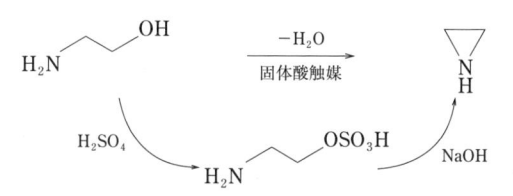

図 6・17　モノエタノールアミンからのエチレンイミン合成

ムを加えて環化する液相プロセスが従来の主流であり，大量の硫酸ナトリウムの副生や毒性の強いエチレンイミンの液相からの分離が問題となっていた．これに対して，日本触媒は気相での1段の脱水反応による合成法を確立させた．このプロセスでは，シリカをベースとし，酸性成分としてのリン化合物，塩基性成分としてのアルカリ金属，アルカリ土類金属を組み合わせ，適切な酸度関数をもつ触媒が用いられている．

6・6・2 原料の転換

　原料転換によっても低環境負荷型プロセスへの移行が可能となる．典型的な例として，宇部興産によるアルキルナイトライト法炭酸ジメチル製造プロセスがあげられる．炭酸ジメチル（$(CH_3O)_2CO$, DMC）はカルボニル化剤，メチル化剤としてホスゲン（$COCl_2$）やクロロギ酸メチルに代わるものであり，毒性が低く取扱いも容易である．これまでは安価で大量生産に向いた製造法がなかったため汎用的には使用されていなかった．DMCは従来ホスゲンとメタノールからクロロギ酸メチルを経由して製造されていたが，毒性の高いホスゲンを使用する点で環境面，安全面で問題があった．宇部興産のアルキルナイトライト法ではメチルナイトライト（CH_3ONO, MN）を巧みに使い，2段の気相反応によりDMCが合成される（図6・18）．1段目のDMC合成では担持Pd触媒上での低圧気相反応でCOとMNよりDMCが合成される．プロセス開発の鍵はPd触媒であり，Pdを2価の高酸化状態を保つことで高い活性が維持できるため，助触媒として塩化銅などが添加されている．2段目はメタノール，NO，O_2による気相反応でMNが合成され，NOはほぼ100%の選択率でリサイクルされる．全体ではメタノール，CO，O_2を原料としてDMCが製造されるユニークなプロセスである．アルキルナイトライト法で製造されたDMCは，ホスゲンフリーのポリカーボネート製造，ポリウレタン用イソシアネート製造などの各種化学プロセスに利用されている．

$$CO + 2\,CH_3ONO \xrightarrow{Pd触媒} CO(OCH_3)_2 + 2\,NO$$

$$2\,CH_3OH + \frac{1}{2}O_2 + 2\,NO \longrightarrow 2\,CH_3ONO + H_2O$$

図6・18　炭酸ジメチル(DMC)製造法

　原料転換により高いアドバンテージの獲得をなし得たプロセスには，メタクリル酸メチル（MMA）製造プロセスがある（図6・19）．MMAはメタクリル樹脂のモノマーであり塗料などへの用途が大きい．アセトンシアンヒドリン法が1937年にICI社に

よって商業化されたが，この製造法では毒性が高く供給が不安定であるシアン化水素酸(HCN，青酸ともいう)を用いることと，硫酸アンモニウムが副生する点が問題であった．これに対してイソブテンの二段酸化とエステル化による直接酸化法(直酸法)が開発されている．三菱レイヨンによるMMA合成プロセスでは，2段の空気酸化よりイソブテンをアルデヒド，酸へと酸化する．前段ではMoをベースとした多成分系触媒，後段ではヘテロポリ酸が用いられている．ヘテロポリ酸は高温条件下で熱的に不安定であるが，その触媒寿命を上げたことが本プロセスの実現を可能にした．

　直酸法よりもさらにシンプルなプロセスとして，旭化成では直メタ法とよばれる，イソブテンのメタクロレインの酸化とそれに続くメタノール存在下での酸化エステル化によるMMA合成を，1999年からPd_3Pb_2金属間化合物を触媒として商業運転した．メタクロレインまでの酸化は基本的に直酸法と同じであるが，後段の酸化エステル化が1段の工程になっている．2009年からは，さらに高活性，長寿命であり，96%の高い選択性を示すコアシェル型の金/酸化ニッケルナノ粒子触媒が導入されている．このプロセスは金ナノ粒子が触媒として化学プラントに初めて実用化された例としても注目される．

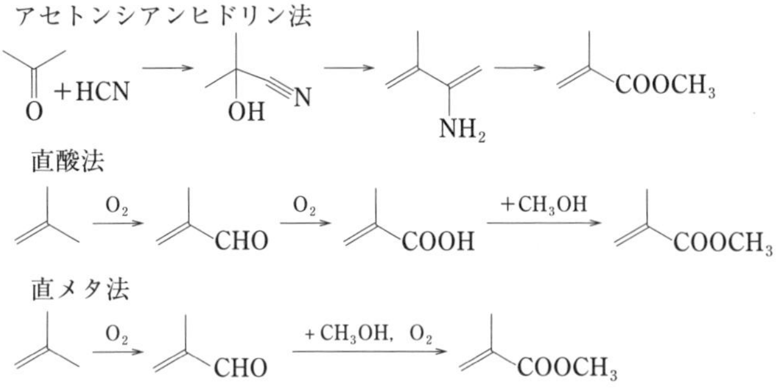

図 6・19 さまざまなメタクリル酸メチル(MMA)製造法

　三菱化学(旧三菱化成)の芳香族アルデヒド類製造プロセスでは，世界で初めて芳香族カルボン酸の直接水素化反応からの芳香族アルデヒド合成を実現した[5]．従来はハロゲン法で行われていたが，新規プロセスでは直接水素化反応とすることによりハロゲンフリーとした．この方式はプロセスが単純，コンパクトといった点で優れている．開発は直接水素化反応のためのCr修飾酸化Zr触媒の寄与が大きい．触媒には① 酸度関数の特定化，② Cr添加による表面積の増加，結晶化抑制，カーボン付着の抑制，③ 触媒の成形，焼成技術の確立など，数々の技術が盛り込まれた．

6・6・3　プロセスの改良

　触媒の開発のみならず，反応工学的な工夫により廃棄物を少なくし，環境に優しい化学プロセスを実現することも可能である．たとえば，水着などの伸縮性繊維として用いられるポリオキシテトラメチレングリコール(PTMG)はテトラヒドロフラン(THF)を開環重合して合成される．従来法ではTHFをフルオロ酢酸のような超強酸を利用して開環しており，工程を無水条件での反応とその後の加水分解とに分離するしかなく，触媒が分解するため再利用不可能であり，また廃水処理の負担が重かった．

● **コラム** ●

ナノテクノロジーとグリーン・ケミストリー

　ナノレベル，分子レベルでの材料設計により，難易度の高い化学反応をも制御することが可能となる．たとえば，ポリオキソメタレート(ヘテロポリ酸)の活性点を均一に合成することにより，選択性の高い酸化反応触媒のデザインが可能であることが示されている(図1)[6]．図1のようにケギン型構造の$SiW_{12}O_{40}$は，隣り合う二つのWO_6ユニットをFeやVで置換(構造Ⅲ)したり，欠損型(Ⅱ)とすることにより，過酸化水素によるオレフィンやアリルアルコールのエポキシ化に高い選択性を示す．

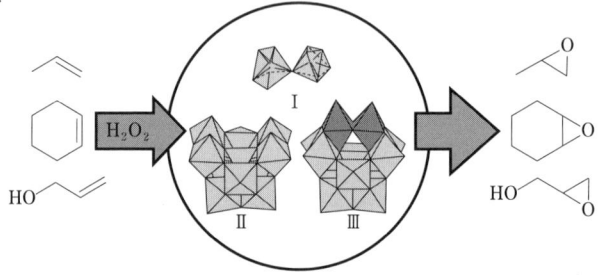

図1　分子レベルでデザインされたポリオキソメタレート(ヘテロポリ酸)は過酸化水素によるオレフィンやアリルアルコールのエポキシ化に高い選択性を示す．
　　　［N. Mizuno, K. Yamaguchi, *Chem. Rec.*, **6**(1) (2006) (DOI：10.1002/tcr. 2006)］

これに対して，旭化成は一段反応で直接 PTMG を得るきわめてシンプルなプロセスを開発し，1987 年に工業化した．このプロセスではヘテロポリ酸触媒を工業的には非常識な 60～70 wt％ という高濃度の条件で用いている．この条件では反応器内で高濃度のヘテロポリ酸相(THF とヘテロポリ酸によるエテラートとよばれる錯合体)と THF 相の二液相に分離する．THF はヘテロポリ酸相に移行し，反応した後，再び THF 相に戻るため分離が容易である．また，三菱化学では ZrO_2/SiO_2 固体酸触媒を用いた固体酸スラリーによる連続プロセスを開発し，2000 年より工業プロセスを稼働させている．いずれのプロセスも触媒の独特な使い方により，低廃棄物，低環境負荷，経費負担減，工程単純化を実現している．

6・7 バイオマスの利用

バイオマス(biomass)とは生態学で生物資源(bio)の量(mass)を表す概念であるが，転じて再生可能な生物由来の有機性資源を指す．バイオマスの燃焼により放出される CO_2 は生物の成長過程で光合成により大気中から吸収した CO_2 であり，バイオマスはライフサイクルの中で大気中の CO_2 を増加させない"カーボンニュートラル"とよばれる特性を有している．地球温暖化の要因とされる温室効果ガスの排出削減が世界的な急務となっており，CO_2 排出削減の有力な手段として，生命と太陽がある限り再生可能な資源であるバイオマスを用いた，エネルギーや化学製品の供給が注目されている．ただしトウモロコシなどの穀物を原料とすると食物との競合が起きてしまい，食物価格の高騰を引き起こす．現在の研究の中心は建築廃材や間伐材などを起源とする非食物系バイオマスの利用である．

バイオマスをエネルギーや化学原料へ転換するプロセスとしては，ガス化，セルロースの加水分解による糖化(図 6・20)，油脂からのバイオディーゼル合成(図 6・21)などが研究され一部が実用段階にある．バイオマスのガス化では廃材などから高温で CO と H_2 からなる合成ガスを製造する．合成ガスを原料とすると，既存の触媒技術によりメタノールやガソリン留分への合成ルートが展開できる．無触媒でのバイオマスのガス化ではタールとよばれる重い炭化水素成分の生成を防ぐために非常に高温を必要とするのに対して，触媒の使用により反応温度を下げガス化においてタールの生成を抑制することが可能となる．

木質バイオマスはおもに細胞壁構成成分であるセルロース，ヘミセルロース，リグニンを主要成分として構成されている．もっとも豊富に存在するセルロースは D-グ

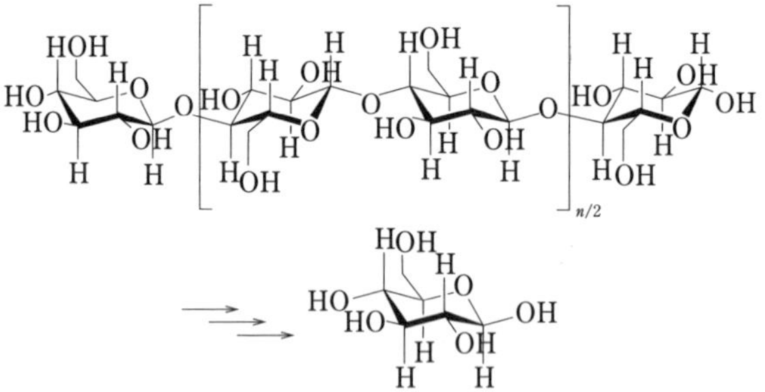

図 6・20 セルロースの加水分解によるグルコースの生成

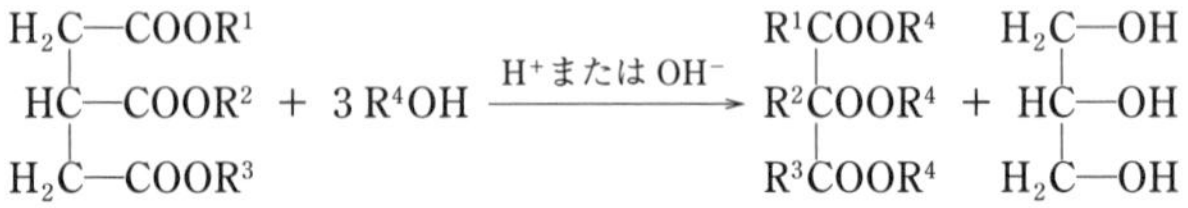

図 6・21 油脂のトランスエステル化によるバイオディーゼル（脂肪酸エステル）の合成

ルコースが 1,4-β-グルコシド結合した直鎖状高分子であり，加水分解により糖であるグルコースを得ることができる（図 6・20）．セルロースの糖化反応は，酸触媒法，超臨界水法（亜臨界水法），酵素糖化法が研究・開発段階にある．酸触媒法のプロセス開発には現在，おもに硫酸が用いられているが，容器の腐食，安全性，廃酸処理に課題が多く，低腐食性で回収・再利用が容易な固体触媒が求められており，ユニークな触媒が報告されている．アモルファスカーボンを SO_3H 基で修飾したプロトニックソリッドが一例としてあげられる（図 6・22）[7]．手で触っても安全であり，回収が容易，再利用可能と硫酸にはない長所をもちながら，硫酸よりも高いセルロース加水分解活性を示す．この触媒は，油脂のトランスエステル化によるバイオディーゼルの合成にも高い活性を示す．また，Pt/Al_2O_3 などの担持 Pt 触媒を用いて水素共存下でのセルロース分解が，糖アルコール（主にソルビトール）生成に有効であることが見出されている．Pt 表面の水素の解離吸着と酸性担体へのスピルオーバーにより，オンサイトで生成する固体酸点が有効に作用していると考えられている[8]．

バイオマス関連では，グルコース，フルクトースなどの糖，あるいはバイオディーゼル合成で副生するグリセリンを原料，化学製品製造のネットワークを構築する"バイオリファイナリー"の構想があり，化学産業における脱石油の技術開発が進められている．カーボンニュートラルを実現する化学産業が将来は到来するであろう．

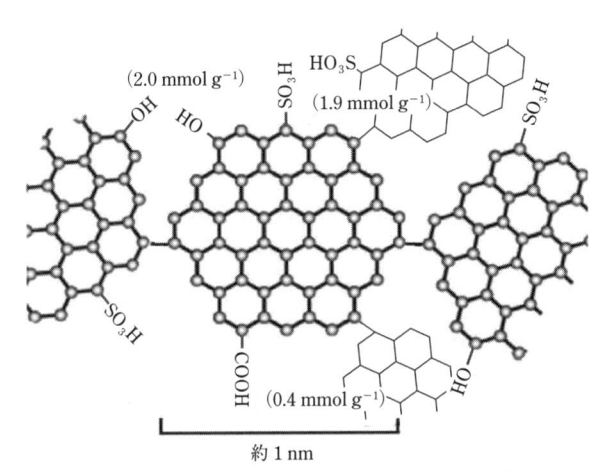

図 6・22 セルロース分解,バイオディーゼル合成に高活性なプロトニックソリッド
[S. Suganuma, K. Nakajima, M. Kitano, D. Yamaguchi, H. Kato, S. Hayashi, M. Hara, *J. Am. Chem. Soc.*, **130**, 12789 (2008)]

参 考 文 献

後処理技術の総合的な解説書.大学学部生向け
1) 日本表面化学会 編,"環境触媒",共立出版 (1997).

触媒化学の基本的な教科書.大学学部生向け
2) 菊池英一,瀬川幸一,多田旭男,射水雄三,服部 英,"新しい触媒化学 第2版",三共出版 (1988).

後処理技術を中心とした技術の詳細な解説書.専門家向け
3) 岩本正和 監修,"環境触媒ハンドブック",エヌ・ティー・エス (2001).

グリーン・ケミストリーに関するオリジナルの考え方に触れられる
4) P. T. Anastas, J. C. Warner 著,渡辺 正,北島昌夫 訳,"グリーンケミストリー",丸善 (1999).

グリーン・ケミストリーを詳しく学びたい大学学部生にはお薦めの本.均一触媒,不均一触媒,バイオ触媒などさまざまなアプローチが紹介されている.
5) 御園生誠,村橋俊一 編,"グリーンケミストリー ——持続的社会のための化学",講談社 (2001).

自動車触媒,廃棄物処理などの後処理技術,ファインケミカル分野でのグリーン・ケミストリーを目指した研究開発が紹介されている.やや専門的な内容
6) 御園生誠 監修,"環境に優しい科学技術の開発",シーエムシー (2006).

反応工学的な側面からグリーンケミストリーを特集
7) 化学工学会 編,"化学工学の進歩 40 進化する反応工学——持続可能社会に向けて——",槙書店 (2006).

バイオリファイナリーの構想がよくわかる
8) 地球環境産業技術研究機構 編,"バイオリファイナリー最前線"工業技術調査会(2008).

引用文献

1) A. Miyamoto, M. Inomata, Y. Yamzaki, M. Murakami, *J. Catal.*, **57**, 526(1979).
2) M. Iwamoto, *Stud. Surf. Sci. Catal.*, **130**, 33(2000).
3) S. Satokawa, *Chem. Lett*, **2000**, 294.
4) Y. Takita, T. Ishihara, *Catal. Surv. Jpn.*, **2**, 1998, 2, 165(1998).
5) 真木隆夫, 横山壽治, 藤井和洋, 触媒, **35**, 2(1993).
6) N. Mizuno, K. Yamaguchi, *Chem. Rec.*, **6**(1), 12(2006).
7) S. Suganuma, K. Nakajima, M. Kitano, D. Yamaguchi, H. Kato, S. Hayashi, M. Hara, *J. Am. Chem. Soc.*, **130**, 12789(2008).
8) A. Fukuoka, P. L. Dhepe, *Angew. Chem. Int. Ed.* **45**, 5161(2006).

7 最新の触媒化学

- さまざまな分野で活躍する最先端の触媒について知る．
- 未開拓な触媒材料や反応場を利用した触媒分野の新展開について知る．
- 新しい触媒設計概念を考える契機とする．

7・1 硫酸代替カーボン系固体酸触媒

硫酸に代表される液体酸は，石油化学品，化成品，医薬品などの製造に不可欠な触媒であり，年間 2000 万トン以上の硫酸が消費されている．しかしながら硫酸はリサイクル不可能で，反応後の生成物の分離回収や中和に膨大なエネルギーを要し，さらに廃棄物の排出が環境に大きな負荷を与えている．

高密度の強酸性反応活性サイト(スルホン酸基)を結合した大きさ 1 nm 程度の小さなカーボンシートで構成されたアモルファスカーボンは有望な硫酸代替固体酸触媒となる．この触媒は濃硫酸中での多環式芳香族炭化水素の加熱，あるいは不完全に炭化した有機物のスルホン化によって簡単に合成できる(図 7・1)．原料は，糖類，デン

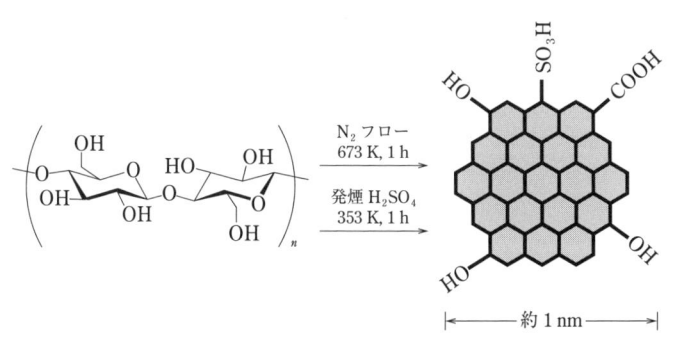

図 7・1　カーボン系固体酸の調製と構造模式図

プン,セルロースといった天然有機物,あるいは重油,タール,ピッチなどの物質であり,安価で豊富な原料からきわめて簡便な方法で大量に得られる.スルホン酸密度は $0.7 \sim 4.9$ mmol g^{-1} であり,その酸強度は硫酸に匹敵,あるいはそれを上回る(pK_a $=-8 \sim -11$).また,カーボンシートはフレキシブルなため,バルク内での反応基質の拡散が容易であり多孔体内部を反応場として使えることや,熱的・化学的に安定で繰り返し使用が可能であるといった特徴も有する.

上記のカーボン系固体酸触媒は,エステル化,水和,加水分解といった工業上きわめて重要な酸触媒反応はもとより,バイオディーゼル製造を革新する固体触媒となる.さらに,セルロースの糖化にも有効であることが最近明らかになっている.セルロースの糖化(加水分解)は食糧を使うことなく,雑草,廃木材,農産廃棄物からバイオエタノールを製造するためのキーテクノロジーである.欧米では,酵素を用いる研究開発が盛んであるが,天然セルロース資源を迅速に糖に変換することができない.現状では,天然セルロース資源をも素早く糖化できる濃硫酸法が大型プラントとして稼動しているが,反応後の分離・回収,および再利用操作に多大なエネルギーを要する.一方,カーボン系固体酸触媒存在下では,セルロースは単糖と水溶性オリゴ糖に効率よく加水分解される.その速度は硫酸法の2倍以上であり,また,反応後の分離・回収の煩わしさもなく再利用も可能である.

7・2 金属ナノ粒子触媒

7・2・1 金ナノ粒子

ナノテクノロジーの発展に伴い,遷移金属,あるいは金属酸化物ナノ粒子の合成に関しては,基礎から応用まで幅広い分野の研究者が猛烈な競争を繰り広げている.バルクやコロイド状態の金属と単分子の金属錯体との中間のサイズ($1 \sim 50$ nm)を有する金属ナノ粒子は,量子サイズ効果や特異な表面構造に由来する独特な物理・化学的性質を示すことが知られている.サイズ制御に加え,ワイヤー,チューブ,立方体などの球形以外の形状,異種金属からなる複合ナノ粒子の組成などの構造も近年任意に制御できるようになってきている.さらに,金属ナノ粒子を一次元,二次元,三次元的に配列させたナノ構造体の調製法も確立されつつある.

一般に金属粒子径を小さくすることで外表面積が大きくなり,触媒の活性は向上する.また,白金(Pt)などの貴金属は高価であるため,少ない担持量で最大限の効果を得るために,各種触媒担体上に分散担持して用いられる.金属の粒子径を小さくする

試みの中で，その化学的な安定性から触媒としてはまったく不活性な金(Au)が，ナノ粒子として金属酸化物粒子上に分散・固定化されると高い触媒活性が発現することが見出されている．とくに室温付近での一酸化炭素(CO)酸化反応は，喫煙室の空気浄化や固体高分子型燃料電池用の水素燃料の精製にきわめて重要な反応であるが，Auナノ粒子触媒はこの反応に対して抜群の性能を発揮する．この触媒作用の発現機構は，単核のAu^{n+}が活性点であるとするAuカチオン説，Auのサイズが小さくなることによるサイズ効果や立体構造効果であるとする量子サイズ効果説，Auと担体との接合界面が重要な役割をしているとする接合界面説がある．Auでは，球状のAuが単に担体に接触しているものと，半球状のAuがぴったりと吸着しているものでは，後者のTOFが約1万倍にもなることが実験的に確かめられ，接合界面説がもっとも有力な説として支持されている．

　Auナノ粒子触媒は気相反応だけでなく，液相反応によるファインケミカル合成にも有効な触媒となる．有機高分子，活性炭，金属酸化物，イオン交換樹脂などの各種触媒担体上に合成したAuナノ粒子を利用し，アルコールの選択酸化，フェニルホウ酸のカップリング反応，水中でのシランからシラノールへの酸化反応，ジオールからラクトン合成などが行われている．また，各素反応を組み合わせたワンポット反応も研究されており，① アルコールからアルデヒドへの酸素酸化，② アルデヒドとアニリンからイミン生成，③ イミンの水素化による第二級アミンの合成の3ステップの反応をワンポットで行うことが可能である．ワンポット反応は，一つの反応容器で複数の反応を連続して行うので，試薬使用量や廃棄物に低減，分離・精製プロセスにおけるエネルギーを大幅削減できる(図7・2)．

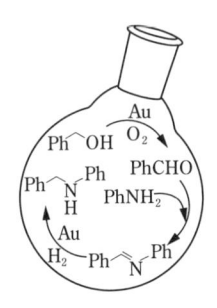

図7・2　Au触媒を用いたワンポット反応

7・2・2　ジングルベル型半導体ナノ粒子

　酸化チタン(TiO_2)や硫化カドミウム(CdS)のような半導体ナノ微粒子は量子サイズ

効果により，酸化・還元力を調節することができ，またバルク粒子では成し得ないユニークな光触媒活性が期待される．コア-シェル構造をもつ半導体ナノ粒子複合体に，レーザー光を照射することによりコアである半導体ナノ粒子のサイズのみを減少させることで，内部にサイズ制御された空隙をもつナノ構造体（ジングルベル型構造体）を作製できる（図7・3）．これは半導体ナノ粒子に，その吸収端よりも短い波長の単色光を照射することで，選択的に光励起して光酸化溶解させ，より小さな半導体ナノ粒子にする方法であり，光エッチングとよばれる．半導体ナノ粒子の量子サイズ効果と光酸化自己溶解反応とを組み合わせた一般性が高い手法である．従来法で作製したナノ粒子は，凝集しやすく，光触媒としての利用は難しいが，ジングルベル型構造をもつ SiO_2/CdS 粒子は，半導体ナノ粒子コアがシリカシェルで被覆されているために光触媒反応中においても凝集せず，メタノール脱水素反応に対して高い光触媒活性を示す．また，ニトロベンゼンの光触媒的還元に対しても高い活性を示すとともに，構造体粒子のそのナノ構造に依存して，還元生成物が変化する．

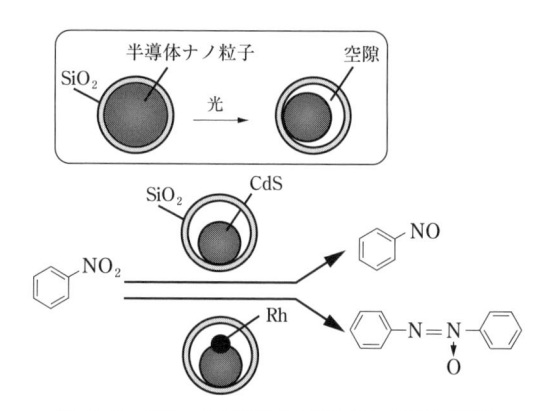

図 7・3 光エッチングによるジングルベル型半導体ナノ粒子の作製と光触媒反応

7・2・3 金属ナノ粒子担持触媒の新規調製法

サイズ・形状の均一な単分散金属ナノ粒子合成のため，世界中の幅広い分野の研究者が猛烈な競争を繰り広げている．しかしながら，サイズ・形状・組成が高次制御された金属ナノ粒子の担体上での創成は，活性な金属触媒を設計するうえで不可欠な技術であるが汎用性のある有効な手法は少ない．

末端にカルボキシル基，もう一方に金属と配位するようなチオール基をもった

3-メルカプトプロピオン酸を保護剤とした均一なナノ粒子を利用すると担持金属触媒の粒子径制御が簡便にできる(図7・4). 原理はいたって簡単であり，高い pH 領域では，カルボキシル基は COO⁻ の状態で存在するため静電的な反発力がはたらき，コロイド状ナノ粒子は高い分散状態を保つのに対して，低い pH 領域では，強い分子間水素結合により粒子同士が会合した状態になる. つまり，異なる分散状態を pH 調製によりつくり出し，そこに，触媒担体を加えることで，最終的に担持される金属ナノ粒子の粒子径が制御される. 平均粒子径 10 nm 程度の Ag ナノ粒子を用いた場合，おおよそ 10～30 nm の間で，任意の平均粒子径をもった担持金属触媒が合成できた. 本手法は，種々の金属への応用も可能でありきわめて汎用性の高い手法である.

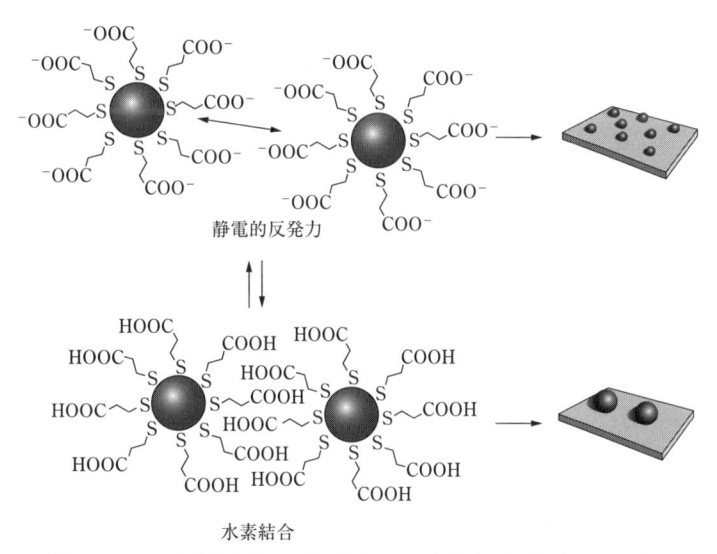

図 7・4 pH 応答性金属ナノ粒子を利用した担持金属触媒の粒子径制御

7・2・4 シングルサイト光触媒と光析出法を利用した新規ナノ粒子合成法

ゼオライトやメソポーラスシリカの骨格に組み込んだ孤立四配位 Ti 種(シングルサイト光触媒)はユニークな光触媒特性を示すことから注目を集めている. このシングルサイト光触媒を担体に用い，紫外光照射することにより骨格内の Ti サイトのみを活性化させ，相互作用した金属前駆体を Ti サイトに固定化する光析出法(photo-

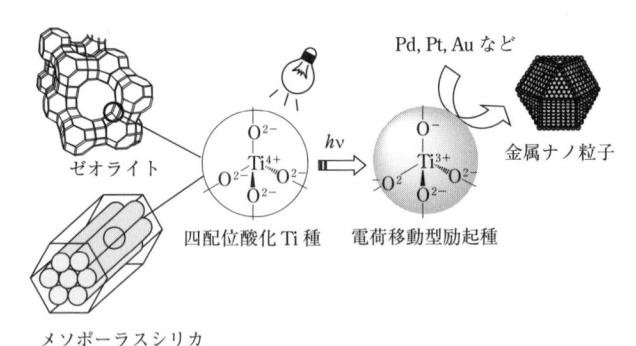

図7・5 シングルサイト光触媒を利用する金属ナノ粒子の光固定化

assisted deposition:PAD)は,高分散ナノ粒子調製の強力な手段となる(図7・5).

5 nm 程度の均一な細孔を有する Ti 含有メソポーラスシリカ担体に,PAD 法を用いて固定化した Pt は,きわめて高分散状態で 4 nm 程度の均一な Pt ナノ粒子として固定化されることが,XAFS 解析および TEM 観察より確認されている.同様に,Ti 含有ゼオライトを担体とした Pd ナノ粒子の合成においても PAD 法は有用である.これらの Pt, Pd ナノ粒子は,従来法で担持した金属ナノ粒子に比べサイズ・形が高度に制御され,高い触媒能を発揮することができる.また,コア–シェル構造など特異構造を有するナノサイズの Pd–Au 合金も合成できる.さらに紫外光照射に代わり,マイクロ波照射下でもシングルサイト光触媒は有効な高分散ナノ粒子の担体となる(7・4・2項参照).

7・3 多孔体材料の新展開

7・3・1 ゲート機能による触媒反応制御

メソポーラスシリカは均一な細孔,大きな比表面積($1000 \text{ m}^2\text{g}^{-1}$)を有する材料であり,大表面積代替物質,転写材料の鋳型,あるいは形の揃った触媒担体や反応場として活発に研究されているだけでなく,ナノ細孔空間特有の触媒反応なども発見されている.また,ナノサイズの微小空間内では,分子レベルの微細な形態変化でも共存分子の移動に決定的な影響を及ぼすことができる.このような特徴を利用し,メソポーラスシリカ細孔に刺激応答性を有する官能基を修飾することで,触媒反応の制御が可能となる.細孔に修飾する分子ゲートとしては,酸化還元で可逆的に開閉するジスルフィド基を有するジシラン化合物が用いられている.この化合物は用いたアルミニウ

ムメソポーラスシリカの細孔径に比べ大きいため，触媒外表面と細孔入口近傍のみ修飾していると考えられる．

α-メチルスチレンの二量化反応を行ったところ，未修飾のアルミニウム導入メソポーラスシリカでは良好に反応が進行する．次にジシラン化合物で修飾したものではまったく反応が進行しないが，ジスルフィド基を還元剤DDT(ジチオスレイトール)により解裂して細孔のゲートを開くとほぼ定量的に生成物を与える．さらにヨウ素による酸化処理で細孔ゲートを閉じると，再び反応は進行しなくなり，細孔内で起こる触媒反応を完全に制御している(図7・6)．

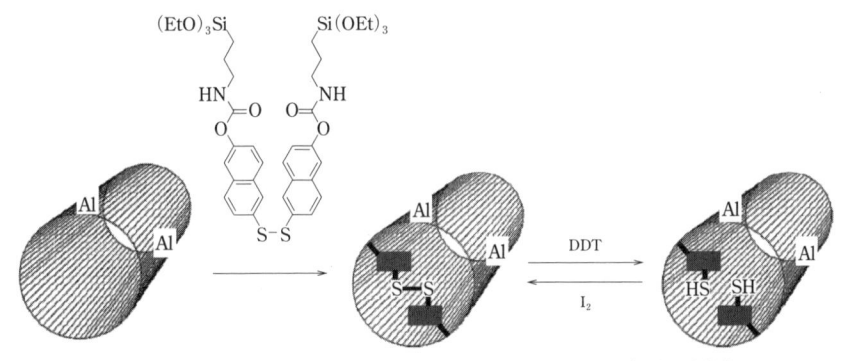

図7・6 応答性有機基を修飾したメソポーラスシリカによる触媒反応制御

7・3・2 多孔性金属錯体

有機配位子と遷移金属イオンの溶液を室温でビーカー内にて混合すると，自己集積的に金属錯体からなる均一な多次元骨格が構築される(図7・7)．中でも，ナノサイズの空間を有する物質群は多孔性金属錯体(metal organic frameworks：MOF)とよばれ，無機材料や有機材料といった従来の分類に属さない新規な材料である．多孔性金属錯体が構成する細孔は一般的にミクロ孔($<2\,\mathrm{nm}$)であり，孔のサイズが分子のサイズに近く，吸着した分子はバルクの状態とは異なる特異な凝集状態をつくりやすい．また，従来材料を凌駕する高い比表面積を有することから吸蔵・貯蔵能に優れ，ゼオライトを超えるメタン吸着能を示す．さらに以下のような特徴から触媒材料としても活躍が期待されている．

① 結晶性かつ分子性であることから，用いる架橋配位子を変化させるだけで$0.01\,\mathrm{nm}$の範囲で細孔サイズや形状を変化させることが可能である．

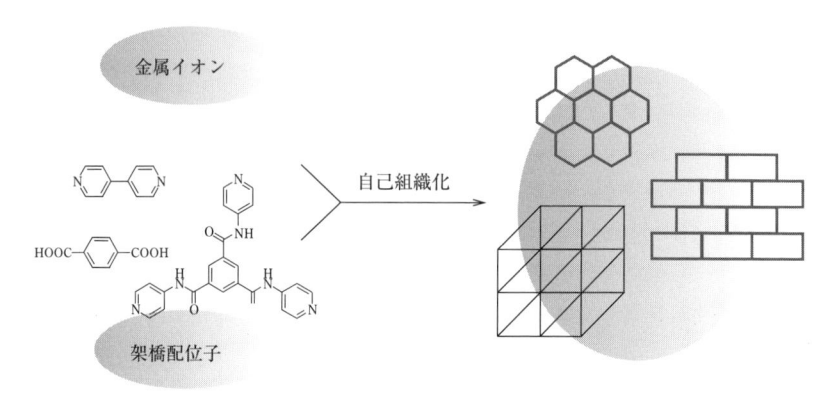

図 7・7 自己集積的な多次元骨格の構築

② 錯体が結晶性であることから，きわめて高度な規則性を有しており，細孔サイズや細孔表面ポテンシャルに分布がない．
③ 触媒反応の活性点を任意に骨格に導入でき，細孔表面に選択的に露出できる．
④ 剛直で動き得ない多孔性骨格(ゼオライトやメソポーラスシリカ)とは異なり，ゲスト分子の吸脱着に応答して構造を変化させるなど，柔軟で動的な骨格を有する．

7・4 マイクロ波，超音波の利用

7・4・1 マイクロ波誘電加熱

電子レンジの加熱源として広く使われているマイクロ波は，周波数 300 MHz～3 THz，波長 100 μm～1 m の振動電磁波として定義される．マイクロ波加熱とは，マイクロ波の振動電磁場と誘電体物質との相互作用において，誘電体を構成している双極子，空間電荷，イオンなどがより激しく振動・回転することによって起こる内部加熱である．この特殊加熱モードにより，巨視的には，熱伝導および滞留に無関係な均一加熱状態が達成され，微視的には通常の温度計では測定できない局所的な高温状態が形成されると考えられている．マイクロ波誘電加熱の特徴を以下に示す．

① 高温加熱：被加熱物質自身が発熱するため，外部からの熱伝導による加熱に比べ高速に加熱できる．
② 高効率：被加熱物質自身が発熱するので，熱効率が高い．
③ 選択加熱：誘電率が高く，誘電損失が大きいもの以外の物質にはエネルギーが

伝わらず加熱しない．つまり発熱部分を限定した局所的な加熱が可能．このような特徴を生かして，消費エネルギーを大幅に抑えた新規な触媒合成，有害物質の高効率分解などが行われている．

7・4・2 マイクロ波誘電加熱による触媒合成

金属酸化物などの固体触媒調製段階において，たとえば焼成過程をマイクロ波誘電加熱により行うと，従来の電気炉による外部加熱とは異なった結果が得られる（図7・8）．この場合，マイクロ波をよく吸収する酸化物を用いる必要がある．酸化物の種類により，マイクロ波の吸収しやすさは異なり，たとえば5～6gのCuOを500Wのマイクロ波で30s処理すると800℃まで温度が上昇する．触媒ではないが，$YBa_2Cu_3O_{7-x}$超伝導体はCuO，$Ba(NO_3)_2$，Y_2O_3から合成する場合，マイクロ波加熱を用いると反応時間を1/10以下に短縮できる．

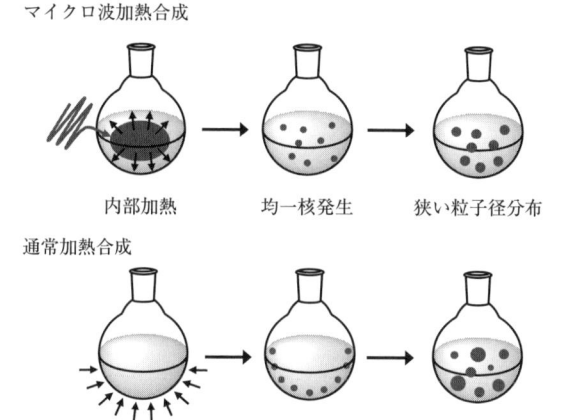

図7・8 マイクロ波誘電加熱を利用したナノ粒子合成

また，前述した金属ナノ粒子もマイクロ波加熱により合成されている．たとえば銀(Ag)の長鎖アルキルカルボン酸塩($CH_3(CH_2)_nCOOAg$, $n=8\sim16$)を前駆体とし，アルコール溶媒中でマイクロ波還元を行うと，通常加熱による手法に比べて粒子径分布の狭いナノ粒子が得られる．マイクロ波加熱では図に示すように内部加熱のため，加熱された部分でAg塩の還元反応が進行し，Ag原子が数個集合したクラスターが核として生成する．この核生成が溶液全体で均一に起こり，その後は核発生よりも粒径成長反応が支配的となるため粒子径分布の狭いナノ粒子が合成可能となる．一方，通

常加熱では核生成は壁内部に接触した温度上昇が高い部分でまず起こり，対流に乗って移動する．その結果，広い粒子径分布のナノ粒子が生成する．

7・4・3 マイクロ波を用いる触媒反応

マイクロ波の利用が化学反応プロセスに有効であることが見出され，たとえば，加水分解，エステル化，ディールス・アルダー(Diels–Alder)反応などの反応速度が1〜3桁向上することや，特異な立体・位置選択性を示すことなどが報告されている．触媒反応系に応用したものとしては，Pt担持活性炭(Pt/C)を用いた有害物質の高効率分解が報告されている．触媒にマイクロ波を照射すると担体の活性炭がエネルギーを吸収してわずかな時間で急速加熱される．高温のPt上では還元剤であるH_2は原子状に解離し4-クロロフェノールの脱ハロゲン化が通常の外部加熱よりも効率よく進行する．そのほかにも，Pt触媒やTiO_2触媒存在下，マイクロ波照射によりジクロロメタン，トリクロロエチレン，トリクロロエタンなどの有機塩素化合物を分解している報告がある．いずれもマイクロ波は局所加熱，選択加熱により低エネルギーで反応部位のみを高温に加熱し，そこで効率よく分解しているのが特徴である．

また，最近では精密有機合成反応にもマイクロ波が使われている．炭素−炭素結合形成反応は，有機合成反応においてもっとも重要な反応であるが，たとえばPd触媒を用いた有機ハロゲン化物と有機金属種の反応である辻−トロスト反応では，多量の塩の副生を伴う(図7・9(a))．一方，マイクロ波照射を利用すると，アルコールと活性メチレン化合物を原料としてカップリング反応が安価なFe触媒存在下で進行し，また副生成物は水だけの理想的な反応となる(図7・9(b))．通常加熱の場合，反応温度100℃でまったく反応が進行しないことから，マイクロ波効果が顕著に表れているといえる．また溶媒に，マイクロ波吸収が低いトルエン，クロロベンゼンなどを用

(a) 辻−トロスト反応

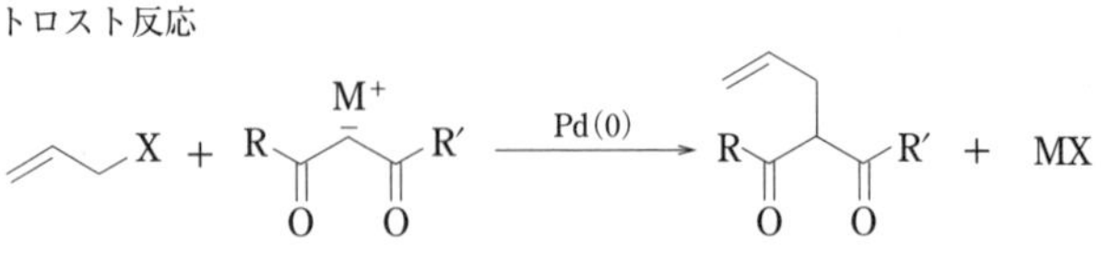

(b) マイクロ波−Fe カップリング反応

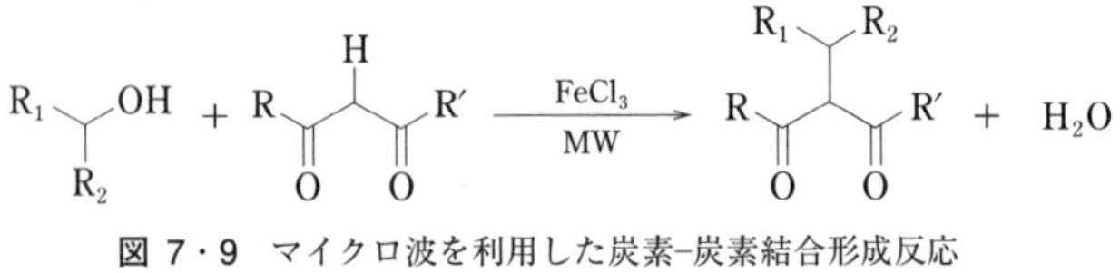

図 7・9 マイクロ波を利用した炭素-炭素結合形成反応

いたときより顕著に効果がみられることから，触媒と反応基質に直接マイクロ波は作用し，反応が加速されていると考えられる．

7・4・4 超音波を用いる触媒反応の促進

周波数 20 kHz 以上の超音波は，定常音として耳には聞こえない音波である．この周波数は分子の振動に比べると低く，エネルギーの直接の授受による反応促進は現実的でないが，液体中に超音波を照射すると，キャビテーションとよばれる気泡の発生，圧縮，崩壊過程が起こり，数千度，数千気圧の特殊な反応場が形成される．超音波を利用する化学はソノケミストリーとよばれ，マイクロ波と同様に触媒合成，反応の促進に顕著な効果が見出され近年急速に発達している分野である．たとえば TiO_2 を光触媒に用いたシュウ酸の分解反応では，H_2，CO_2，CO が生成するが，光触媒反応のみあるいは超音波触媒反応のみではこれらの生成速度はそれほど高くないのに対して，同時照射による超音波光触媒では，CO_2 の生成速度が著しく増大し協同効果が得られる．これは超音波照射により H_2O_2 が生成し，光触媒による O_2 生成が起こるが，この過程で生成する活性酸素種がシュウ酸の分解を促進したと考えられる．つまり溶媒の水が超音波により活性化され，シュウ酸の分解反応を促進したと考えられる．このような超音波光触媒反応系における協同効果は，2-プロパノールからのアセトン生成，トリクロロエチレン，テトラクロロエチレンなどの有機塩素化物の水中での分解やジオキサンの分解などにもみられている．

索　引

A〜Z

AES　　*61*
AFM　　*64*
Arrhenius 式　　*6, 26*

BET 法　　*28*
Bi–Mo–O 触媒　　*128*
Born–Oppenheimer 近似　　*90*
Bragg の式　　*59*

CASSCF　　*94*
CeO_2–ZrO_2 複合酸化物　　*201*
CI 法　　*94*
complete active space–SCF 法　　*94*
configuration interaction 法　　*94*
Cu–ZnO–Al_2O_3 系触媒　　*179*

density functional theory　　*94*
DFT　　*94*
DMS　　*176*
DOC　　*203*
DPF　　*203*
DPNR　　*205*
DSS　　*174*

ECP　　*93*
effective core potential　　*93*
Eley–Rideal 機構　　*32*
EPMA　　*63*
ESR　　*64, 72*

EXAFS　　*62*

FCC　　*113*
Fe_3O_4–Cr_2O_3 系触媒　　*179*
Fischer–Tropsch 合成　　*135*

GHSV　　*22*
GTL　　*135*

H_2–O_2 滴定　　*68*
Hartree–Fock 法　　*93*
HF 法　　*93*
highest occupied molecular orbital　　*92*
HOMO　　*92*
Hüttig 温度　　*42*
Hydrogen effect　　*207*

incipient wetness 法　　*49*
IR　　*66*

Kelvin 式　　*30*
Kennedy 線図　　*53*

Lambert–Beer の法則　　*66*
Langmuir 型の吸着式　　*26*
Langmuir–Hinshelwood 機構　　*26, 31*
LCAO　　*92*
L–H 機構　　*31*
LHSV　　*23*
LNT　　*204*
lowest unoccupied molecular orbital　　*92*

LUMO　92

Mars–van Krevelen 機構　126
MAS NMR　70
metal organic frameworks　225
MO　92
Mo–V–O 系触媒　127
MOF　225
molecular orbital　92
Moller–Plesset 摂動論　94

Ni/Mg(Al)O 触媒　178
NIR　66
NMR　65, 74
normal strike　46

ONIOM 法　96
operando 分析　76, 86
Ostwald 熟成　53

PAD　224
PCM 法　96
PEFC　174
　定置用——　175
photo-assiste deposition　224
PM　203
pore-filling 法　49
post-HF 法　93
PROX　180
Pt–Fe–モルデナイト触媒　180

QM/MM 法　96

Raman　66, 73
reverse strike　46

Scherrer の式　60
Schrodinger 方程式　90
SEM　63

Slater 行列式　91
SOFC　174
STM　64

Tammann 温度　42
TBM　176
TEM　63
TPD　67, 71, 74
TPO　67
TPR　67, 75

UPS　61
UV/VIS（スペクトル）　66, 83

Vegard 則　60
VOC 燃焼触媒　191
VR　134

Wacker 反応　126

XAFS　62, 76
XANES　62
XMA　63
XPD　61
XPS　70
XRD　59
XRF　61

Ziegler–Natta 触媒　153, 154, 155, 158
Z-matrix　100
ZSM-5　53

索　引

あ　行

アスファルテン　134
アセチレン
　　――の重合　164
　　――の選択的水素添加　131
圧縮成型法　55
アミン製造　131
アメニティ触媒　208
アルキルナイトライト法炭酸ジメチル製造　212
アルキレーションプロセス　116
アルコール製造　131
アレニウス式　6, 26
アレニウスプロット　26
アンサンブル効果　16
アンモキシメーション法　123
アンモニア
　　――(の)合成　165
　　――合成触媒　2
　　――選択触媒還元　192
　　――脱硝　192

イソタクチックポリプロピレン　158
一酸化炭素(CO)
　　――(の)酸化反応　2
　　――選択酸化(反応)　175, 180
イーレイ・リディール機構　32
in-situ キャラクタリゼーション　76
in-situ IR スペクトル　76
in-situ STM　85
in-situ UV/VIS スペクトル　83
インテリジェント触媒　199

エチルベンゼン製造　151
エチレンイミン製造　211
エチレンプラント　133
エポキシ化　123

塩基強度　151
塩基触媒　143

オキソニウムイオン　141
オクタン価　114
押出成型法　56
オストワルド熟成　53
オペランド分析　76, 86
オレフィン
　　――酸化　127
　　――重合　155
　　――製造　132
オレフィンメタセシス　162

か　行

開環メタセシス重合　163
改質反応　175
界面活性剤　55
解離吸着　2
化学吸着　7, 26
核発生　44
過酸化水素の合成　172
火山型(触媒)序列　12
ガソリンリーンバーンエンジン　201
活性化エネルギー　5
活性サイト　14
活性中心説　14
活性点　14
カプロラクタムの気相合成　210
カルベニウムイオン　141
カルボニウムイオン　143
環境の化学式　117
環境触媒　191
還元的酸化反応　120, 124
還元ニッケル(Ni)触媒　131
還元反応　129
含浸法　48
間接脱硫　109

234　索引

完全活性空間自己無撞着法　94
完全酸化　116

幾何学的因子　16
擬晶　41
p-キシレンの酸化　120
気相合成法　45
気相法プロセス　210
基底関数　93
軌道エネルギー　92
揮発性有機化合物処理　207
吸蔵還元触媒　201
吸着　7
吸着活性錯合体　5
吸着剤　176
凝集　40
共沈法　46
均一系触媒反応　1
均一沈澱法　42
キンク　14
金(Au)触媒　125
銀(Ag)触媒　128
(金属)アルコキシドの加水分解　43, 46
金属ナノ粒子　220
金ナノ粒子　220

空間速度　22
クエン酸錯体法　47
クメン製造　151
クラスター展開法　94
グリーン・ケミストリー　209
クリーンディーゼル　203

計算化学　88
ケネディ線図　53
ケルビン式　30
減圧蒸留残渣油　134
限界核発生濃度　44

光合成　117
格子定数　59
構造規定剤　53
構造最適化　99
構造敏感反応　15
コジェネレーション　175
固相法　45
固体塩基　144
固体酸　144
固体酸塩基触媒　144
固体酸触媒　219
固体酸性質　150
固定床流通系反応器　22
固定流動床(フィッシャー・トロプシュ合成)　139

さ　行

最高被占軌道　92
最低空軌道　92
錯体重合法　47
サステイナブル・ケミストリー　209
サルファーフリー　110
酸解離定数　150
酸化-還元機構　120, 126
酸化剤　119
酸化スズ(SnO_2)　74
酸化チタン(TiO_2)　73, 185
酸化反応　116
　夢の――　129
酸強度　149
三元触媒　194
酸触媒　141
酸性イオン交換樹脂　145
酸性ヒドロキシ基　77
酸素移項反応　120, 123
三相界面　181
三相反応　131
酸素酸化反応(高難度の)　129

索 引   235

酸素種　117
　　——の反応性　119
酸素貯蔵能　198
酸素電極反応　183
酸素分子　117
　　——の活性化（還元）　117
酸　点　144
酸　量　150

シェラーの式　60
ジオレフィンの選択的水素添加　131
時間分解XAFS法　83
シクロヘキサンの酸化　120
g 値　65
自動酸化反応　120
自動車三元触媒　197
自動車触媒　191
シフト反応　106
自由エネルギーの直線関係　12
重合触媒　153
重質残油　134
寿　命　17
シュレーディンガー方程式　90
循環型流動床（フィッシャー・トロプシュ合成）　139
焼　結　42
硝酸の合成　169
硝酸汚染の浄化法　208
焼　成　41
触媒活性点　14
触媒化DPF　204
触媒材料　35
触媒担体　48
触媒毒　19
触媒反応速度　⇨　反応速度
シングルサイト触媒　157
シングルサイト光触媒　189, 223
シンジオタクチックポリスチレン　159

シンタリング機構　19
シンタリング抑制機構　200
深度脱硫　108

水質浄化　208
水蒸気改質触媒　178
水蒸気改質反応　177
水蒸気改質法　106
　（H_2製造）　166
水性ガスシフト（反応）　175, 178
水素化処理　133
水素化精製　105
水素化脱金属　106
水素化脱硫　107
水素化脱硫触媒　107
水素化分解　104, 106, 110
水素消費量　112
水素製造　106
水素添加　129
水素電極反応　181
水熱合成法　51
スチームリフォーミング法　106
ステップ　14
ストーバー法　43
スーパーオキシド　117
スピン多重度　99
スラリー床反応器（フィッシャー・トロプシュ合成）　138
スレーター行列式　91

生活関連機器触媒　208
成　型　55
ゼオライト　51, 127, 145, 176, 189
石油精製プロセス　103
接触改質　114
接触改質触媒　114
接触改質反応　115
接触時間　22, 25
接触分解　104, 112

接触分解触媒　113
セリア系酸化物　179
セルフクリーニング　187
セルロースの糖化反応　216
遷移状態　98
選択酸化　116
選択率　9

速度定数　6
ソーダライトケージ　51
ソノケミストリー　229
その場測定によるキャラクタリゼーション　76
ゾル–ゲル法　43
ソルボサーマル法　53

た 行

多管熱交換型反応器（フィッシャー・トロプシュ合成）　139
多形　39
多元系複合酸化物触媒　127
多孔性金属錯体　225
脱臭　208
脱硫　133
脱硫触媒　191
脱硫反応　176
ターンオーバー数　6, 25
ターンオーバー頻度　6
炭化水素–SCR　205
炭酸ジメチル製造　212
担持　48
炭素析出　19
単独酸化物の合成法　37
単分散粒子　43
タンマン温度　42

チオフェン類　107
逐次反応　32

チーグラー・ナッタ触媒　153, 154, 155, 158
チタニア担持酸化バナジウム触媒　193
チタノシリケート　123
窒素酸化物の削減　192
超安定化Y型ゼオライト　110
超音波　229
超微細構造定数　65
直鎖状低密度ポリマー　154
直接脱硫　109
直線自由エネルギー関係　10
沈殿析出法　51
沈殿法　37

T元素　51
ディーゼルエンジン　202
デカンテーション　40
テラス　14
テールエンド水素添加　133
電荷移動型励起種　189
転化率　9
電極触媒　181
電子吸収スペクトル　83
電子相関　93
電子的因子　16
転動成型法　56

銅イオン　72
銅クロム酸化物触媒　131
動的平衡状態　8
トポタクティック　41

な 行

ナフサ　114
難脱硫性化合物　108

2元機能触媒　104, 114

索　引　　237

二酸化炭素（CO$_2$）削減　*174*
尿素-SCR　*205*

熱分解　*104*
燃焼触媒　*208*
燃料改質　*175*
燃料電池システム　*174*

NO$_x$吸蔵還元方式　*201*

は　行

バイオディーゼルの合成　*216*
バイオマス　*215*
廃水処理　*208*
配置間相互作用法　*94*
バッチ式反応器　*22*
発電効率　*174*
波動関数の反対称性　*91*
ハートリー・フォック法　*93*
バナジウム(V)　*73*
ハーフチタノセン触媒　*162*
ハーフメタロセン　*156*
ハーフメタロセン型チタン(Ti)触媒
　　158, 162
パルス法　*68*
反応器
　　固定床流通系――　*22*
　　バッチ式――　*22*
　　フィッシャー・トロプシュ合成の――
　　　139
　　連続式――　*22*
反応速度　*5, 21*

比活性　*6*
光エッチング　*222*
光化学反応　*185*
光触媒　*185, 208*
光触媒反応　*185*

光析出法　*223*
光誘起超親水化特性　*186*
被　毒　*19*
微分反応器　*24*
非メタロセン触媒　*158*
ヒュティッヒ温度　*42*
表面ヒドロキシ基　*77*
ピロリン酸バナジル触媒　*127*

フィッシャー・トロプシュ合成　*135*
　　――の反応器　*138*
不均一系触媒反応　*1*
複核アルコキシドの加水分解　*47*
複合効果　*127*
複合酸化物　*147*
　　――（の）合成法　*45*
ブタン酸化　*127*
物理吸着　*7, 28*
部分酸化　*116*
部分酸化法　*106*
　　（H$_2$製造）　*167*
ブラッグの式　*59*
ブレンステッド塩基　*140*
ブレンステッド塩基強度　*140*
ブレンステッド酸　*140*
ブレンステッド酸強度　*140*
プロトニックソリッド　*216*
プロパン酸化　*127*
プロピレン酸化　*128*
プローブ分子　*77*
フロンティア軌道　*92*
フロントエンド水素添加　*132*
フロン分解　*207*
分子軌道　*92*
分子軌道法　*91*
分子篩　*52*
粉末XRD測定　*59*
噴霧熱分解法　*45*

238　索　引

平衡吸着法　50
平衡定数　8
ベガード則　60
ヘシアン　98
β水素脱離反応　157
ヘテロポリ酸　127, 145
ヘテロポリ酸塩　123
ペルオキシド　117
変分法　93

芳香族アルデヒド類製造　213
ポテンシャルエネルギー　5, 97
堀内-Polanyi の規則　10
ポリ酸　74
ボルン・オッペンハイマー近似　90

ま　行

マイクロ波加熱　226
マクロ細孔　54
マーズ・ヴァン・クレベーレン機構　126

ミクロ細孔　54
密度汎関数理論　94

メソ構造体　54
メソ細孔　54
メソ多孔体　189
メソポーラス材料　54
メソポーラスシリカ　224
メタクリル酸メチル製造　212
メタセシス重合　162
メタノールの合成　173
メタラサイクル　162
メタロセン触媒　156, 157
メラー・プレセット摂動論　94

毛細管凝縮　30

モノリス　195

や　行

有効内殻ポテンシャル　93
溶解度積　38

ら　行

ラングミュア型の吸着式　26
ラングミュア・ヒンシェルウッド機構　26, 31
ランベルト-ベールの法則　66

リガンド効果　16
リサイクルプロセス　105
立体特異性重合　158
立体特異性の発現モデル　161
リビング重合　158
　――の阻害　163
リフォーミング　114
硫酸の合成　170
粒子状物質　203
流動接触分解　113
リーン NO_x トラップ触媒　204

ルイス塩基　140
ルイス酸　140

連鎖移動反応　158
連鎖成長確率　136
連続式反応器　22

わ　行

ワッカー反応　126
ワンスループロセス　105
ワンポット反応　221

化学マスター講座
触 媒 化 学

平成 23 年 6 月 30 日　発　　　行
令和 6 年 8 月 20 日　第 6 刷発行

編著者　江　口　浩　一

発行者　池　田　和　博

発行所　丸善出版株式会社
〒101-0051　東京都千代田区神田神保町二丁目17番
編集：電話(03)3512-3262／FAX(03)3512-3272
営業：電話(03)3512-3256／FAX(03)3512-3270
https://www.maruzen-publishing.co.jp

ⓒKoichi Eguchi, 2011

組版印刷・中央印刷株式会社／製本・株式会社 松岳社

ISBN 978-4-621-08405-2 C 3343　　　　Printed in Japan

JCOPY 〈(一社)出版者著作権管理機構　委託出版物〉
本書の無断複写は著作権法上での例外を除き禁じられています．複写される場合は，そのつど事前に，(一社)出版者著作権管理機構(電話 03-5244-5088, FAX 03-5244-5089, e-mail : info@jcopy.or.jp)の許諾を得てください．